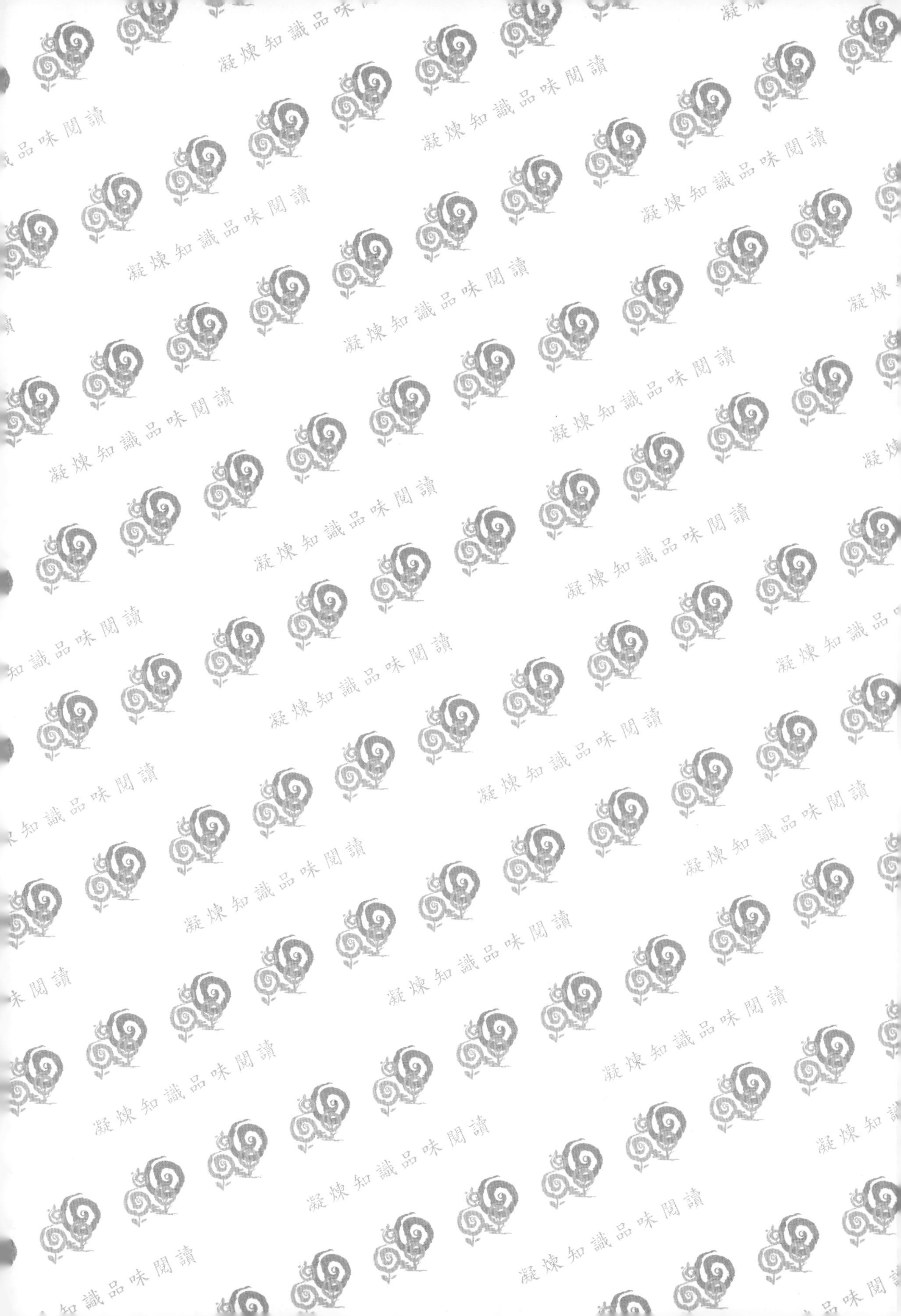
凝煉知識品味閱讀

實用微生物免疫學

汪蕙蘭◆著

自序

出版一冊有別於坊間多數微生物免疫學相關書籍是撰寫此書的初衷，歷經千餘日子的構思與付諸行動，終於完成《實用微生物免疫學》。它得以順利付梓必須感謝王總編輯利文的全力支持與相挺，責任編輯金明芬更是功不可沒，過程中的大小事皆在其細心處理下迎刃而解。

本書計有七大篇，每一篇再分成數章；第一篇談的是微生物學發展史，按照時間序寫入科學家及他／她們的貢獻，二至五篇說明的是細菌、病毒、眞菌、寄生蟲的構造、特性、種類、相關疾病與臨床治療。本人特意將免疫學安排在第六篇，期盼讀者在學習簡單的基礎微生物學後，再接觸難度較高的免疫學，才不致阻斷他／她們學習路。

第七篇是此書的最大賣點與特色，因它是從「人類」的角度，放眼微生物引起的病變。內容包括最嚴重的中樞神經感染症，最常見的皮膚、呼吸道、胃腸道疾病，最錯綜複雜的生殖泌尿道感染症，及種類不多卻來勢洶洶的眼、耳感染症。這不僅符合臨床上的分類，亦能讓學生得有複習解剖生理學之機會。

《實用微生物免疫學》經多次審愼校閱後出版，倘有掛漏錯誤之處，懇請同業、專家給予指正。

目錄

第一篇 微生物學史

The History of Microbiology

吾人今日所研讀之微生物學其實是累積眾多前輩的發現與實驗結果而成，這些科學家中有醫師、化學家、數學家、物理學家及後期出現之微生物學家，他們不僅戮力研究，甚至為確定細菌的感染力而犧牲生命，因此學習微生物學之際應心懷感恩。

十七世紀中葉，荷蘭科學家李文虎克 (Antonie van Leeuwenhoek) 從自製的顯微鏡觀察到尿液、池水與糞便中的球狀與桿狀活動小生物，李文虎克稱它們為微動物 (animacles)。從此繁雜多變、奇妙無比的微生物隨著顯微鏡的改良逐一呈現在人類眼前，微生物學因此誕生；後人感念李文虎克的貢獻，尊稱他為「微生物學之父」(Father of Microbiology)。

一個世紀後，英國醫生琴納 (Edward Jenner) 證實坊間說法——「感染過牛痘者極少感染天花」；他採集患者皮膚的牛痘瘡，乾燥後接種至數名孩童（包括其園丁之子）的手臂內。數個月後再為他們接種天花病毒，結果全數未出現症狀。琴納使用之牛痘病毒不僅是史上第一種疫苗，更是天花能於 1979 年絕跡的主因；後世稱他為「免疫學之父」(Father of Immunology)。

生於十九世紀之法國化學家巴斯德 (Louis Pasteur)，一生貢獻極多，其中最重要者為：(1) 證明「生命來自生命」，而非「布袋生鼠、腐肉生蛆」；(2) 提出選種理論，解決「酒變醋」的問題，減少酒商的損失；(3) 發明處理酒與牛乳之巴氏消毒法，使人在飲後不致染病；(4) 研發狂犬病與炭疽病疫苗。巴斯德與柯霍 (Robert Koch)、孔恩 (Ferdinard Cohn) 齊名，微生物學史稱三人為「微生物學締造者」(Founders of Microbiology)。

英國醫師李斯特 (Joseph Lister) 發現以酚（石碳酸）消毒手術房、手術衣、手術部位，不但能降低微生物感染傷口的機率，亦能減少手術死亡的人數。他是首位建立無菌觀念的醫師，因此被稱為「現代外科學之父」(Father of modern surgery)。

柯霍根據碳疽桿菌的研究結果，提出定義病原菌之柯霍假說 (Koch postulates)：(1) 病獸體內含有特定病原菌；(2) 病原菌可以被分離且培養；(3) 將培養的病原菌注入健康動物，亦會出現相同疾病；(4)

李文虎克 (1632-1723)

琴納 (1749-1823)

巴斯德 (1822-1895)

李斯特 (1827-1912)

柯霍 (1843-1910)

同一病原菌能再由新感染動物分離出。儘管此假說已被部分修改，但在當時仍是擲地有聲的新觀念。柯霍的另一項重大貢獻是創立微生物的基本檢驗法。

馬奇尼可夫 (Elie Matchnicof) 是俄國知名生物學家與寄生蟲學家，他不僅發現吞噬細胞、且定義其種類，繼而提出免疫學說與吞噬作用；因此於 1908 年和艾利胥 (Paul Ehrlich) 共同獲得諾貝爾醫學獎。蘭士台納（Karl Landsteiner，奧地利籍醫師）首先發現 ABO 血型，更鑑定出紅血球上的 Rh 抗原，對輸血與移植貢獻頗巨。他於 1930 年榮獲諾貝爾醫學獎，後人尊為「輸血醫學之父」(Father of transfusion medicine)。丹麥細菌學家革蘭 (Hans Christian Gram) 發明革蘭氏染色法 (Gram stain)，之後再根據染色結果，將細菌分為革蘭氏陽性菌與陰性菌兩大類。

俄國植物學家伊凡諾斯基 (Dmitri Ivanoski) 檢查煙草花葉病時，發現能通過磁製過濾器、比細菌更小的微生物，將它塗抹在健康煙葉上，結果發生相同病變。他雖是首位發現病毒 (virus) 的科學家，但病毒一詞卻是由荷蘭微生物學家貝傑尼克 (Martinus Beijerinck) 創作發想而成。

艾利胥（Paul Ehrlich，德籍醫師）合成砷化合物 606(salvarsan)，成功治療梅毒病患，此舉不但為微生物感染症覓得有效治療劑，亦建立化學治療的新觀念。另一位德國知名的病理學家多馬克 (Gerhard Domagk) 緊隨艾利胥腳步，發現更具療效之磺胺藥 (Sulfonamidochrysoidine, KI-730)，因而獲得 1939 年諾貝爾醫學獎。

蘇格蘭病理學家佛萊明 (Alexander Fleming) 自污染的細菌培養皿上發現青黴菌 (*Penicillium notatum*)，並且從其中分離出抑制細菌生長的青黴素 (penicillin)；經佛羅利 (Howard W. Flory) 與錢恩 (Ernst Chain) 證實其療效後，再交由藥廠大量製造，此劑曾在第二次世界大戰中救人無數。佛萊明、佛羅利、錢恩三人於 1945 年同獲諾貝爾醫學獎，1999 年時報周刊 (Time) 更選他為「二十世紀最風雲人物之一」。

十餘年後，魏克斯曼 (Selman Waksman) 在灰黴菌 (*Streptomyces griseus*) 的代謝產物中發現鏈黴素 (streptomycin)，此項成就讓他獲得 1952 年諾貝爾醫學獎。魏克斯曼將所得款項全數捐與培植他的羅格斯大學 (Rutgers University)，該校利用捐

馬奇尼可夫
(1845-1916)

蘭士台納
(1868-1943)

革蘭
(1850-1938)

伊凡諾斯基
(1864-1920)

艾利胥
(1854-1915)

款成立魏克斯曼微生物研究中心(Waksman Institute of Microbiology, WIM)以造就更多優秀研究人才。幾乎與此同時，沙克(Jonas Salk)與沙賓(Albert Sabin)分別發明注射型與口服型小兒麻痺疫苗，它們的問世不僅使脊髓灰白質炎感染者大為減少，小兒麻痺病毒亦將繼天花之後，成為第二種被人類以疫苗完全消滅的病毒感染症。

十七世紀至二十世紀中葉是傳統微生物學時代，微生物外型、特性、致病機轉與疾病防治為研究的主軸。自1950年以降，部分學者逐漸將研究方向轉入極度需要想像的分子生物學(molecular biology)，他們以微生物為材料、生物化學為工具，開始探究屬於核酸(DNA, RNA)與蛋白質的超微世界。

艾佛利(Osward Avery)、馬克勞德(Colin Macleod)與麥卡錫(Maclyn McCarty)根據觀察肺炎鏈球菌的菌落變化與實驗動物存亡，提出細菌間可以利用形質轉換(transformation)傳遞遺傳物質，且進一步證實DNA是遺傳物質。三人雖獲提名，卻未能得到諾貝爾獎評審委員的青睞。

華特生(James Watson)與克里克(Francis Crick)緊隨三位大師的研究腳步繼續研究DNA，最後發現其結構竟是互相纏繞的雙股螺旋。二人不僅將分子生物學研究向前推進一大步，更開啟分子遺傳學大門，因此於1962年獲得諾貝爾醫學獎。赫西(Alfred Hershey)與契絲(Matha Chase)研究噬菌體（感染細菌的病毒）時，發現參與病毒複製的是核酸，而非蛋白質，赫西於1969年獲得諾貝爾獎。

巴爾地摩(David Baltimore)、帖明(Howard Temin)與杜爾別可(Renato Dulbecco)研究RNA病毒時發現反轉錄酶(reverse transcriptase)，繼而提出RNA亦可以被製成DNA的證據，「DNA → RNA →蛋白質」因此被改寫，成為「DNA ⟷ RNA →蛋白質」。三人於1975年獲得諾貝爾獎。

柏格(Paul Berg)、吉爾伯特(Walter Gilbert)與山格(Frederick Sanger)利用基因重組發展出生物技術(biotechnology)——一種與人類的食品、醫藥、環保息息相關的重要技術。三人於1980年獲諾貝爾化學獎的殊榮，值得一提的是，山格在1958年已獲相同獎項，二度獲此尊榮，足見他

多馬克
(1895-1964)

佛萊明
(1881-1955)

艾佛利
(1877-1955)

對化學與分子生物學投注之卓越貢獻。

近年來微生物學的研究多與人類免疫缺失病毒（即愛滋病毒）有關，雖然距離它的發現已有三十餘年，世界各國業已投入大量人力、物力與財力，但尚未有預防性疫苗問世。儘管如此，我們仍深切期盼二十一世紀的第二個十年裡，能有令人振奮的研究成果。

第二篇 細菌學 Bacteriology

地球上充滿著各式各樣的微生物，有些能為肉眼所見，如靈芝、蠕蟲，有些必須先染色再以顯微鏡觀察。學理上按照組成與外型，將這些微生物定義為細菌 (bacterium, bacteria)、黴菌 (fungus, fungi)、藻類 (algae, algae)、寄生蟲 (parasite, parasites) 與病毒 (virus, viruses)；爾後又依據構造的複雜度再將它們分為三類：(1) 原核微生物 (prokaryotic microbes)：構造最為簡單，屬於單細胞生物，缺乏細胞核（膜）與其他胞器*，如細菌、藍綠藻菌 (blue-green algae)；(2) 真核微生物 (eukaryotic microbes)：構造較複雜，細胞數目不一，有些為單細胞，有些為多細胞，但它們皆擁有細胞核與其他胞器，此類微生物包括真菌（黴菌）、藻類、寄生蟲；(3) 無細胞微生物 (non-cellular microbes)：缺乏細胞構造、僅能在活細胞內繁殖之病毒屬於此類，有時亦稱其為介於生物與無生物之間的物種。

本篇以細菌為主題，探討其構造與組成（第一章）、生長代謝與繁殖（第二章）、致病機轉與感染症（第三章），接續之兩章（第四、五章）分別說明消毒、滅菌，抗細菌劑與抗藥性 (drug resistance)。

---

* 胞器 (organelle)：細胞內執行特定功能之構造，它們多由脂質雙層 (lipid bilayer) 包裹，如液泡 (vesicle)、核仁 (nucleolus)、細胞核 (nucleus)、中心體 (centriole)、粒線體 (mitochondria)、葉綠體 (chloroplast)、內質網 (endoplasmic reticulum)、溶小體 (lysosome)、高基氏體 (Golgi apparatus) 等。

第一章 細菌解剖學
Bacterial Anatomy

第一節　大小與分布

細菌既是原核生物、亦是微小的單細胞生物，因此必須以光學顯微鏡 (light microscope) 觀察；若要研究其細部結構則需使用電子顯微鏡 (electron microscope)。測量細菌長、寬、直徑時使用的單位是微米 (micrometer, μm)，每一微米等於百萬分之一米，即 10^{-6} 公尺。

此種原核微生物存在地表、土壤、淡水、空氣、牛乳，動物與人類的體表、腸道，酸、鹼、海水、熱泉、凍原帶等極端環境中亦有其蹤跡。它們的數目雖如恆河沙般眾多，但能引起傳染性疾病者僅其中少數而已。

第二節　外型

學理上依據外型將細菌分為四大類：球菌、桿菌、弧菌與螺旋菌，如圖 2.1.1 所示。

1.球菌 (coccus, cocci)

外觀似乒乓球，它是所有細菌中數目最多者。有些成對如淋病雙球菌、腦膜炎雙球菌，有些成鏈如肺炎鏈球菌、化膿性鏈球菌、草綠色鏈球菌。除此之外，尚有些堆疊成串，如金黃色葡萄球菌、表皮葡萄球菌、腐生性葡萄球菌。

2.桿狀 (bacillus, bacilli)

外型似麵桿或棒球棍，它們可以單獨存在或成對、成鏈，臨床上常見者包括大

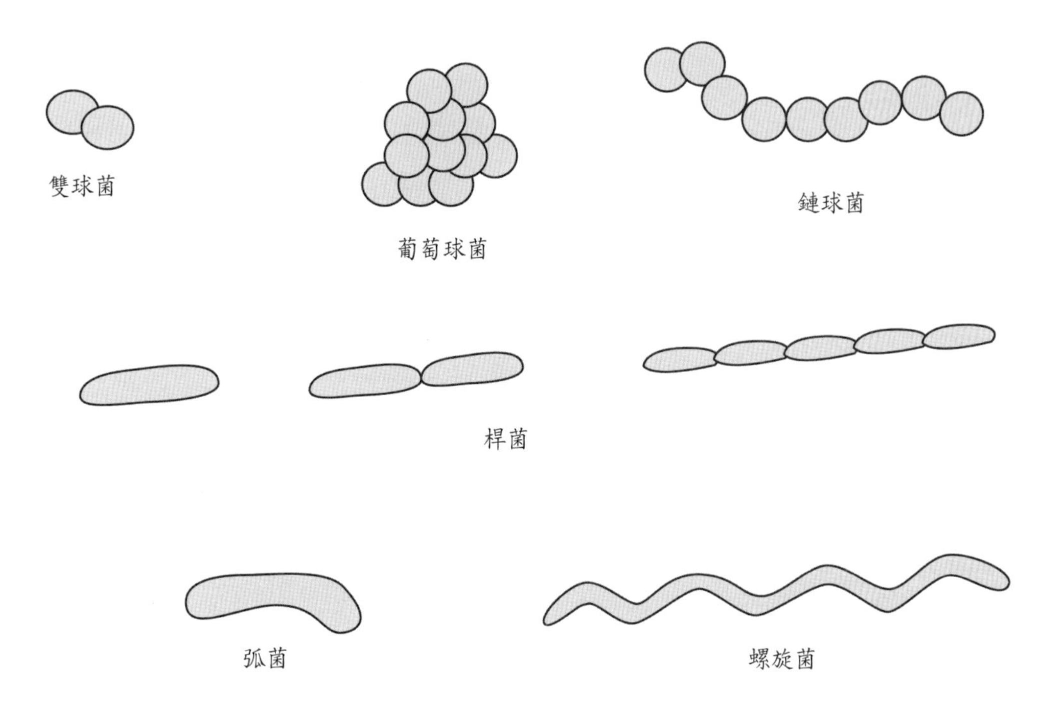

圖 2.1.1　細菌的外形

腸桿菌、炭疽桿菌、結核桿菌、破傷風桿菌、退伍軍人桿菌、流感嗜血桿菌等。值得一提的是，桿菌的種類居所有細菌之冠。

3.弧菌 (vibrio, vibrios)

外型似逗點「，」之弧菌多生長在湖泊與海洋中，它們具有嗜鹼、嗜鹽或二者兼具之特性，其中能感染人類造成病變者包括霍亂弧菌、腸炎弧菌、創傷弧菌。

4.螺旋菌 (spirillium, spirillia)

螺旋菌具有彎曲、細長的外型，生長速度較一般細菌緩慢、菌體不容易染色。學理上依據其螺旋數多寡分為下列三類。

(1) 疏螺旋菌屬 (*Borrelia*)：擁有 5-10 個呈不規則排列之螺旋，如包氏疏螺旋菌、回歸熱螺旋菌。

(2) 密螺旋菌屬 (*Treponema*)：擁有 8-14 個間距相近之螺旋，如梅毒螺旋菌、雅司螺旋菌、品它螺旋菌。

(3) 鉤端螺旋菌屬 (*Leptospira*)：菌體的一端或二端有鉤，螺旋規則排列，數目為 12-18 個，如問號螺旋菌（腎臟螺旋菌）。

第三節　共同構造

細菌皆擁有生存所需之共同構造 (common structure)── 細胞壁、細胞膜、細胞質、染色體與核糖體。如圖 2.1.2 所示。

1.細胞壁 (cell wall, cell envelope)

維持外型與對抗滲透壓之細胞壁位於菌體最外層，溶菌酶 (lysozyme) 與抗生素 (penicillin, cephalosporin, vancomycin, bacitracin) 均能使其崩解或無法形成，最終成為無細胞壁之 L 型菌 (L-form bacteria)，它因無法存活於高張或低張環境而死亡。

外型多變之黴漿菌 (mycoplasma)、尿漿菌 (ureaplasma) 亦缺乏細胞壁，但二者

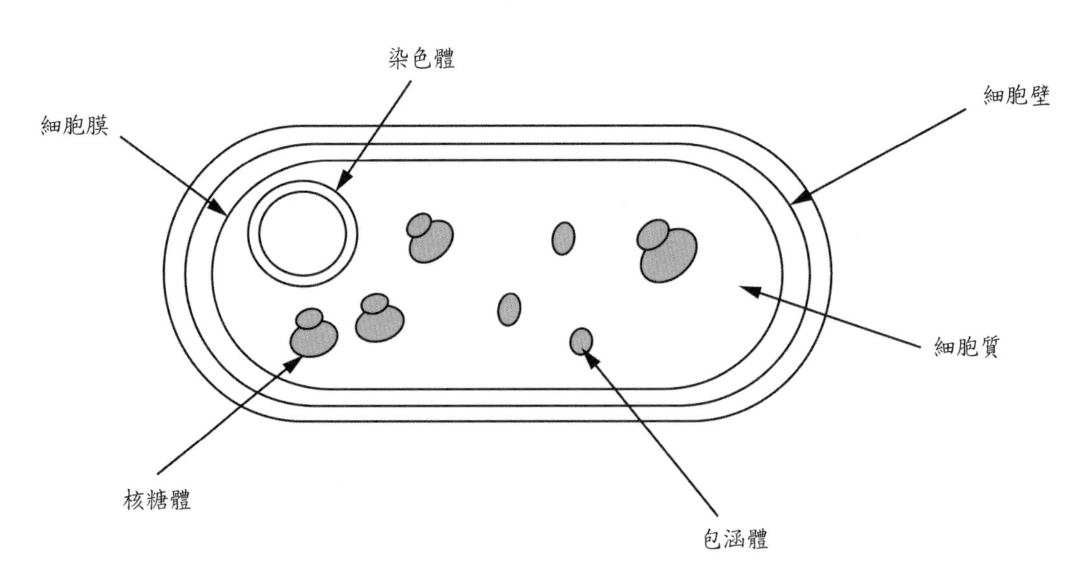

圖 2.1.2　細菌的共同構造

生來便如此，非酵素或藥物作用所致。為提高對抗滲透壓的能力，它們的細胞膜中含有韌性極強的固醇。

胜肽聚醣（胜醣，peptidoglycan，圖 2.1.3）為細菌細胞壁的固有成分，它由 N- 乙醯葡萄糖胺 (N-acetylglucosamine, NAG)、N- 乙醯壁酸 (N-acetylmuramic acid, NAM) 與 4 個胺基酸組成之寡胜肽。除胜醣外，細胞壁中尚有其他成分，它們是區別革蘭氏陽性菌與革蘭氏陰性菌的關鍵。

(1) 革蘭氏陽性菌【Gram-positive bacteria, G(+) 菌】：此類細菌的細胞壁（圖 2.1.4）含有胜醣、台口酸（壁酸、teichoic acid）與脂台口酸 (lipoteichoic acid)，其中胜醣約占菌體總重量之半。台口酸（壁酸）的成分為磷酸甘油、磷酸核醣醇，脂台口酸則由脂質與台口酸組成。革蘭氏陽性菌的細胞壁的通透性較大、選擇性亦較低，因此染劑、抗生素、溶菌酶等較容易進入菌體造成傷害。

(2) 革蘭氏陰性菌【Gram-negative bacteria, G(-) 菌】：此類細菌的細胞壁較為複雜，如圖 2.1.5 所示；它由胜醣與外膜 (outer membrane) 所組成，後者的構造包括孔洞 (proin)、脂質雙層 (lipid bilayer) 與脂多醣 (lipopolysaccharide, LPS)。孔洞是蛋白質圍成一圈後形成，專門控制物質進出；它的存在使革蘭氏陰性菌對染劑、藥物、溶菌酶的感受性皆低於革蘭氏陽性菌。

脂質雙層在外觀上與細胞膜十分相似，脂多醣由脂質 A(lipid A) 與多醣類 (polysaccharide) 組成，前者為內毒素 (endotoxin) 的主成分，後者構成菌體蛋白

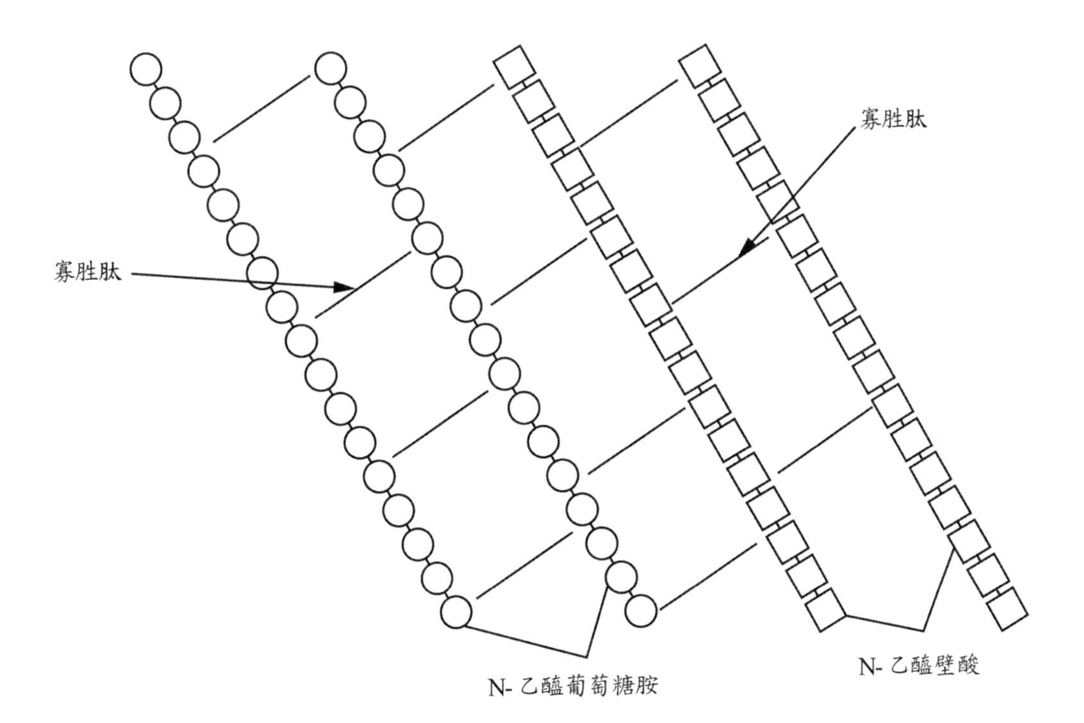

圖 2.1.3　胜醣的結構與組成

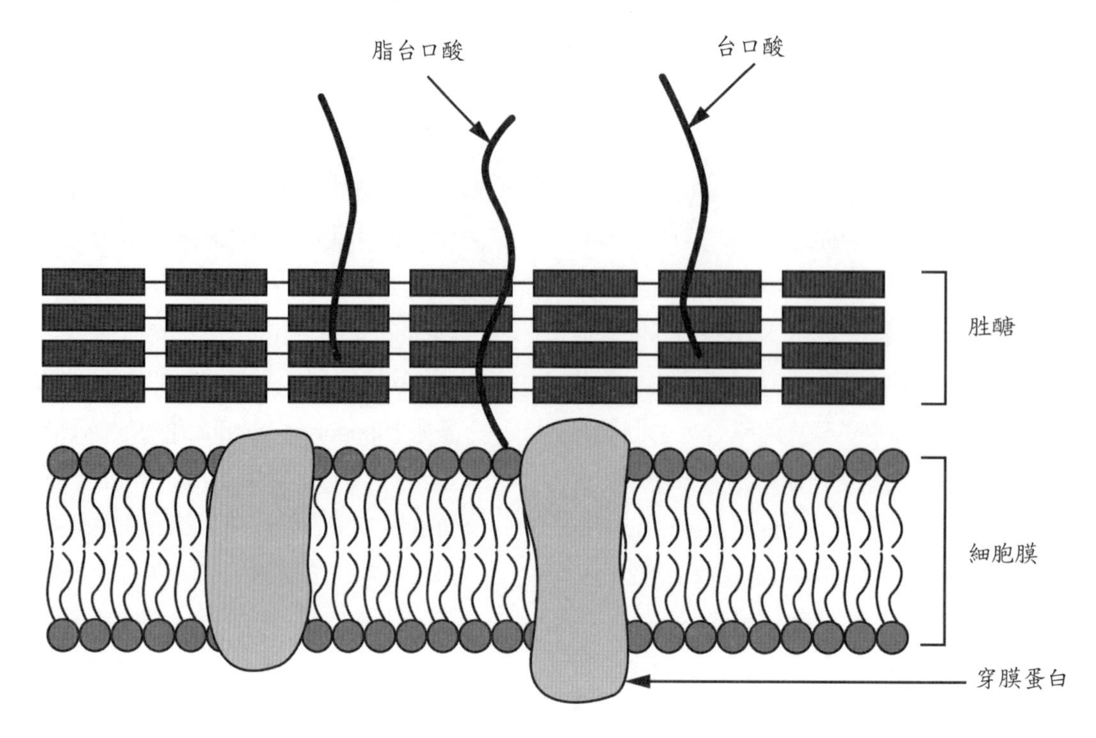

圖 2.1.4 革蘭氏陽性菌的細胞壁構造

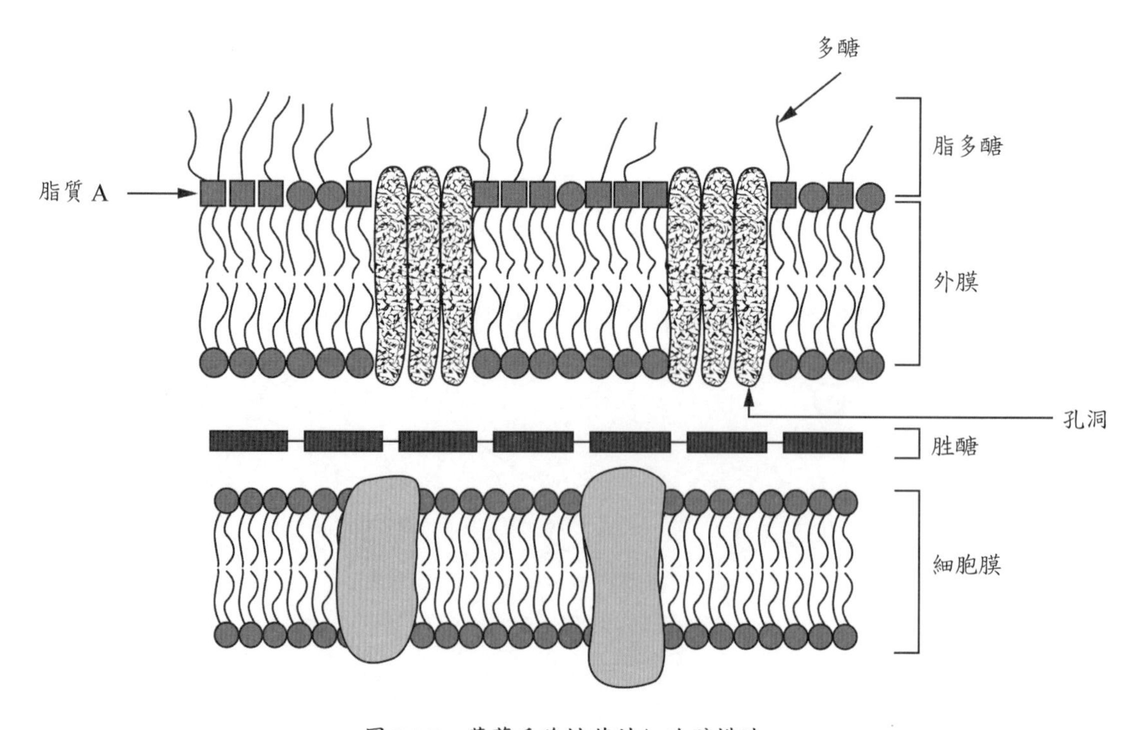

圖 2.1.5 革蘭氏陰性菌的細胞壁構造

（O 抗原、O antigen），能用於分類腸道細菌。

細胞壁與細胞膜間存有富含酵素之膜層間隙 (periplasmic space)，此種構造在革蘭氏陽性菌較不明顯。

2.細胞膜 (cell membrane, plasma membrane)

細胞膜位於膜層間隙之下，由磷酸、脂質與蛋白質組成；其中磷酸與脂質分別形成親水區 (hydrophilic region) 與厭水區 (hydrophobic region)，兩個親水區之間夾著厭水區（圖 2.1.6），此種排列使細胞膜看似彈簧床墊或夾心餅乾，學理上常稱其為脂質雙層。醣蛋白 (glycoprotein) 與穿膜蛋白 (transmembrane protein) 嵌入細胞膜中，執行著以下的功能。

(1) 運輸 (transport)：小分子物質，如水、氨、氧氣、二氧化碳、離子能經由穿膜蛋白進出菌體；養分、代謝廢物等則需在膜上的通透酶 (permease) 或其他酵素協助下，才能藉擴散 (diffusion)、被動運輸 (passive transport) 或耗能之主動運輸 (active transport) 進出細胞。

(2) 分裂 (division)：細菌的部分細胞膜會向內延伸捲曲形成間體 (mesosome)，目前學界尚未完全明瞭其確實功能；但研究者在電子顯微鏡下觀察到細菌分裂時，染色體會附著在間體上進行複製，爾後再分配兩個新形成的菌體中，如圖 2.1.7 所示。

(3) 分泌 (secretion)：醣類、脂質、蛋白質等營養素因分子量較大，無法進入菌體成為產能的原料，為解決此問題，細菌會分泌多種水解性酵素至環境或培養基中，將前述物質分解為可運送之單醣、脂肪酸、胺基酸。它們進入菌體後會經由不同的代謝途徑產生能量 (adenosine triphosphate, ATP) 或再合成細菌分裂所需的成分。

(4) 產能 (energy production)：細菌缺乏粒線體，產能工作因此由細胞膜上與細胞質內的蛋白質負責執行。它們將進入菌體的單醣、脂肪酸、胺基酸分解為 ATP 及其他產物，細菌獲得能量後便可進行運輸、感應、運動、呼吸、分裂等生命現象。詳細內容見第二章。

(5) 趨化 (chemotaxis)：細胞膜上的醣蛋白

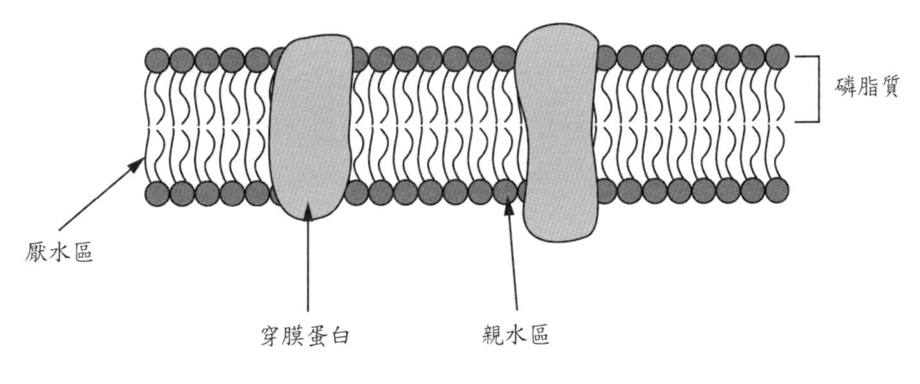

圖 2.1.6　細胞膜的構造

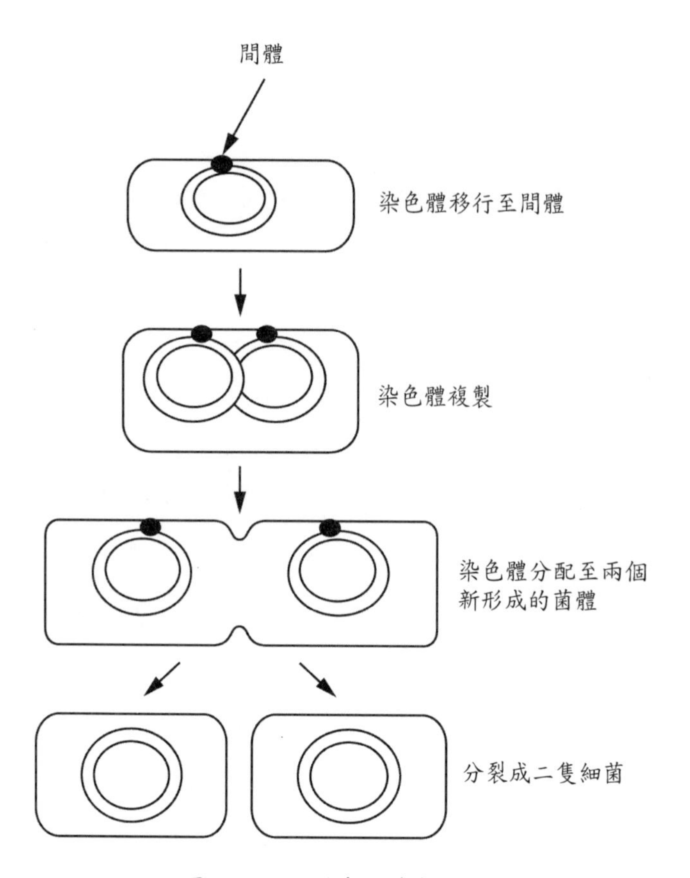

圖 2.1.7　間體與細菌分裂

質（即接受器，receptor）具有偵測環境變化的能力，因此能使細菌趨近營養素等化學引誘劑 (chemoattractants)，或離開消毒劑等化學排斥劑 (chemorepellents)。

3.細胞質 (cytoplasm)

膠狀物質組成且具流動性之細胞質位處細胞膜內，其中存在酵素與多種執行特定功能之胞器 (organelle)，如染色體、核糖體、包涵體。相較於真核生物，細菌的細胞質內無粒線體、內質網、葉綠素、高基氏體。

(1)核糖體 (ribosome)：合成蛋白質是核糖體的主要工作，其成分為蛋白質與核醣 RNA (ribosomal RNA, rRNA)，二者必須組合為次單位後才具有活性。原核與真核生物皆擁有此種胞器，但前者較小 (70S)，次單位分別為 30S 與 50S；後者較大 (80S)，次單位分別為 40S 與 60S。細菌製造蛋白質時需多個核糖體共同參與，因此細胞質內總是存在著大量核醣體（圖 2.1.8）。

(2)染色體 (chromosome)：細菌以去氧核糖核酸 (deoxyribonucleic acid, DNA) 組成之染色體決定形性，DNA 的單位

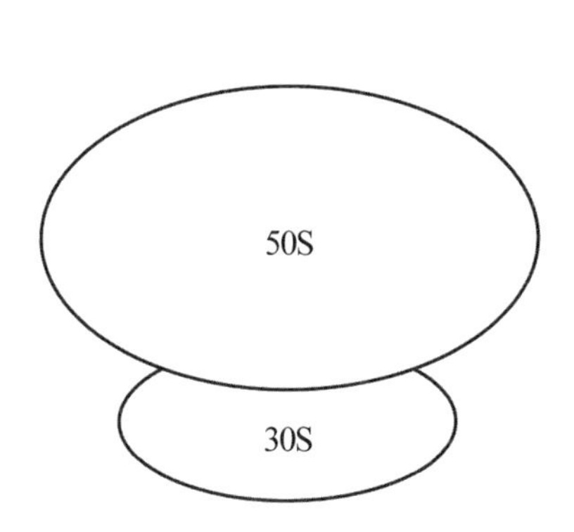

圖 2.1.8 核糖體的構造

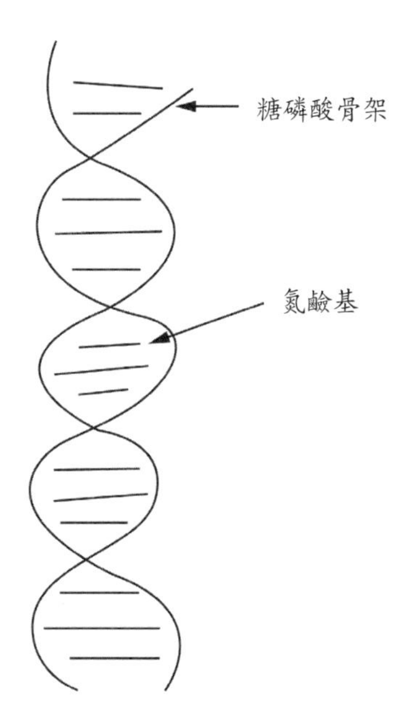

圖 2.1.9 DNA 的環狀雙股結構

為核苷酸 (nucleotide) ，其成分為磷酸根 (phosphate)、氮鹼基 (nitrogenous base)、去氧核糖 (deoxyribose)。氮鹼基計有四種，即腺嘌呤 (adnine, A)、鳥糞嘌呤 (guanine, G)、胞嘧啶 (cytosine, C) 以及胸腺嘧啶 (thymine, T)。雙股之間的 A 與 T，G 與 C 會利用氫鍵 (hydrogen bond) 鍵結而合，如圖 2.1.9 所示。

氮鹼基的數目與序列因物種而不同，染色體的外觀亦有差別。原核生物的染色體為單套 (haploid)、環狀、雙股，散布在細胞質內，其所在位置為核區或類核體 (nuclear body)；真核生物的染色體為雙套（diploid ，極少數為單套）、線狀、多條，存在細胞核中。

(3) 包涵體 (inclusion body)：細菌將多餘的物質或養分貯藏於包涵體內以備不時之需，其名稱因貯藏物而不同，例如異染顆粒 (metachromatic granule) 儲存的是磷酸鹽、脂肪體與多醣類；硫磺顆粒 (sulfur granule) 儲存的則是脂肪、醣類與硫磺。

第四節 特殊構造

除共同構造外，部分菌種尚有無關生存之特構造 (special structure)，如鞭毛、菌毛、莢膜、芽孢、質體，見圖 2.1.10。

1. 莢膜 (capsule)

多糖或胜肽組成之莢膜包覆在細胞壁外，如圖 2.1.10 所示，它能：(1) 對抗吞噬，使細菌存活於吞噬細胞中；(2) 防止菌體內水分、養分流失；(3) 協助細菌吸附在細胞或固體表面。

擁有多糖型莢膜之菌種包括綠膿桿

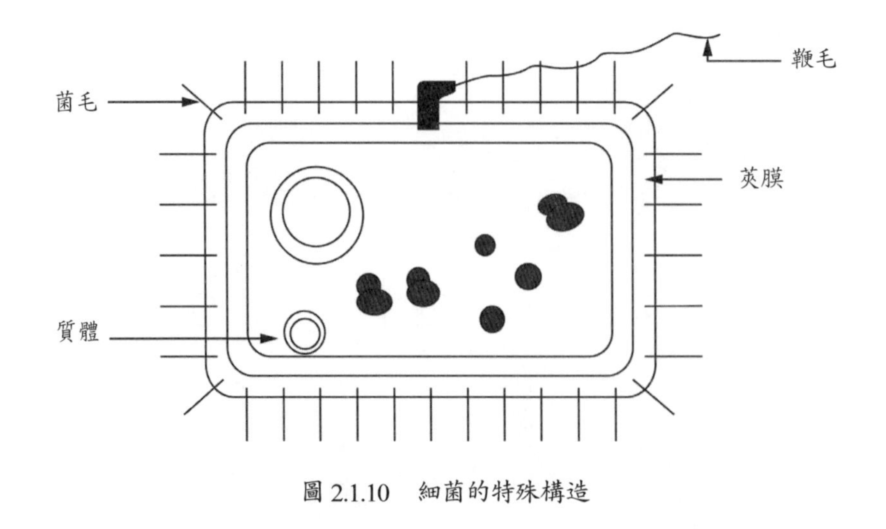

圖 2.1.10　細菌的特殊構造

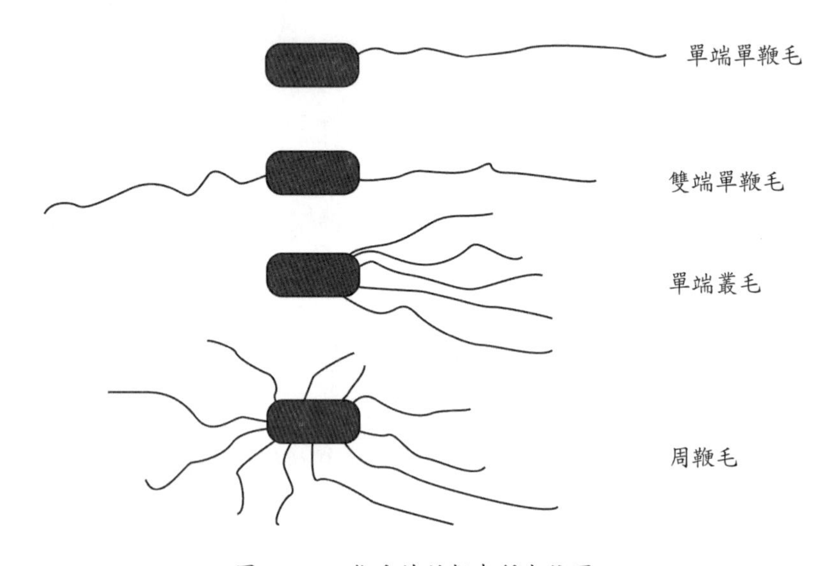

圖 2.1.11　鞭毛的種類與所在位置

菌、肺炎鏈球菌、克雷白氏桿菌、流感嗜血桿菌；胜肽組成之莢膜較為少見，擁有者如炭疽桿菌及鼠疫桿菌。

2.鞭毛 (flagellum, flagella)

具有運動、感應力之鞭毛由蛋白質組成，它根著於細胞質（圖 2.1.11），固定在細胞膜及細胞壁上，最後延伸出菌體。根據數目及部位可將鞭毛分為四種。

(1) 單端單鞭毛 (monotrichous)：菌體的一端具一條鞭毛，如綠膿桿菌、霍亂弧菌等，但最新研究發現它們擁有的可能是雙鞭毛。

(2) 單端叢毛 (lophotrichous)：菌體一端長有兩條以上鞭毛，如幽門螺旋桿菌、惡臭假單胞桿菌。

(3) 雙端單鞭毛 (amphitrichous)：菌體兩端各有一條鞭毛，如空腸曲狀桿菌，但亦有學者認為它擁有單端單鞭毛。

(4)周鞭毛 (peritrichous)：鞭毛均勻分布，數目通常大於 3，擁有者多是腸內菌，如大腸桿菌、變形桿菌、傷寒桿菌、肉毒桿菌、破傷風桿菌等。

3.菌毛 (pilus, pili)

此種特殊構造亦稱繖毛 (fimbrium, fimbriae) 或纖毛，其成分為蛋白質，較鞭毛短，能使細菌吸附在宿主細胞 (host cell) 表面，加強感染的強度與效度。

4.性毛 (sex pilus)

參與遺傳物質交換之菌毛稱為性毛，它是接合生殖 (conjugation) 進行時不可或缺之要素，如圖 2.1.12 所示；學理上將擁有性毛者命名為雄性菌 (F^+)、無者為雌性菌 (F^-)。當雄性菌接近雌性菌時，它會將性毛伸向後者，性毛末端釋出之酵素會分解雌性菌細胞壁，使二者得以結合；於此同時，質體由雄性菌進入雌性菌體內。二菌分開後，雌性菌因獲得質體而成為能製造性毛之雄性菌。

5.質體 (plasmid)

質體的組成、功能與外型皆與染色體相似，因此經常被稱為染色體外的遺傳物質 (extrachromosomal genetic material)。但質體與染色體亦有不同之處，例如前者能隨時複製（可多達數十個），後者僅能在

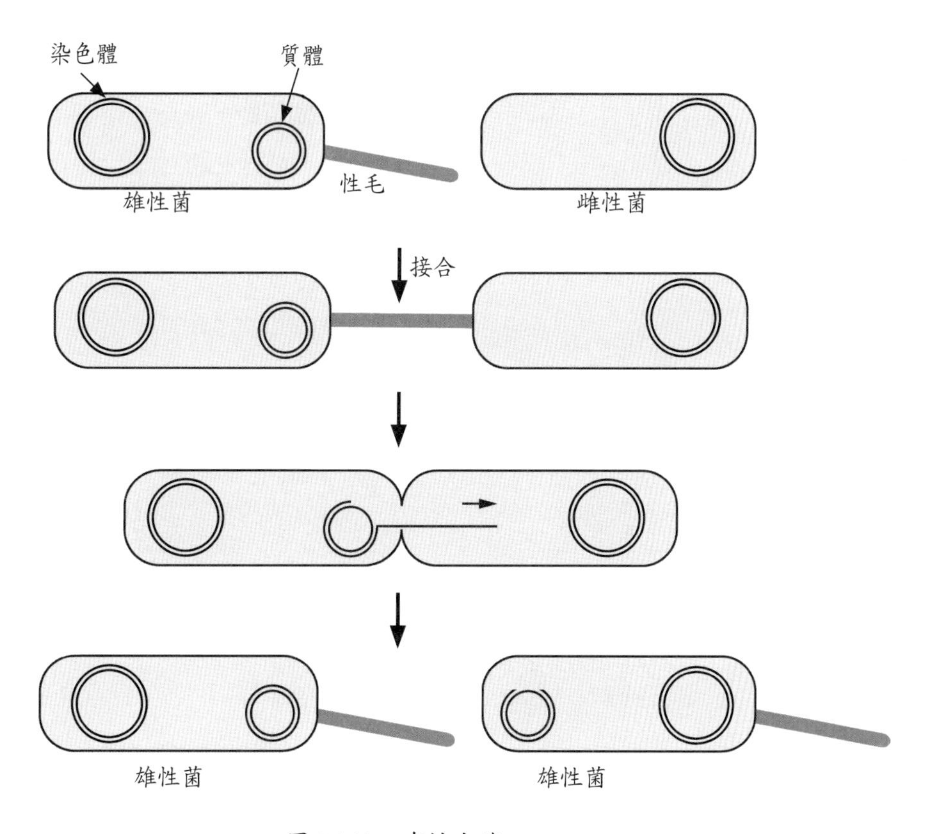

圖 2.1.12　有性生殖

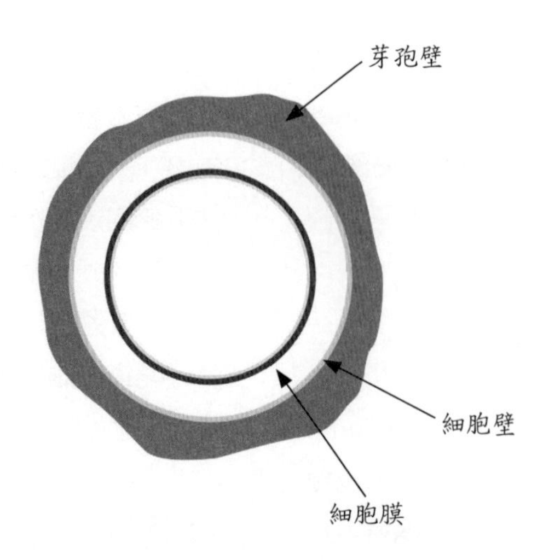

圖 2.1.13　芽孢的構造

分裂時複製。質體有多種，常見者包括：(1) F(fertility) 質體：製造性毛，使相近細菌間能發生有性生殖；(2) R (resistance) 質體：合成破壞藥物之酵素，產生抗藥性；(3) V(virulance) 質體：製造外毒素，使細菌具致病能力。

6. 芽孢 (spore)

寒冷、乾燥、炎熱、抗菌劑、養分缺乏等因素能使部分菌種形成芽孢進入休眠期，形成過程如圖 2.1.13 所示。由於芽孢內的水分僅 10%，新陳代謝與細胞分裂均無法順利進行。芽孢有著厚壁包裹，因此能休眠至惡劣因子消失後，再長成細菌原樣（繁殖體，vegetative cell），恢復代謝功能。有些芽孢形成後仍存在菌體內，成為內生性芽孢 (endospore)。

第二章　細菌生理學

Bacterial Physiology

細菌與人類均擁有生命現象，但前者在群聚時才能顯示出如此的特徵。它們能生長在極端環境中，能在有氧或無氧下代謝，再以所獲 ATP 進行二分裂、增加數目。研究人員利用各種適宜之培養基繁殖細菌，將生長過程繪製成圖（生長曲線），由它可知細菌的生長速度，亦能進一步探討細菌的特性。

第一節　生長

細菌由單細胞組成，其生長 (growth) 能增加重量，其分裂 (division) 能增加數量。適宜的溫度、氧氣與酸鹼值，再加上能源及營養素（碳、氫、氮、硫、磷），即構成細菌生長所需的要件。對養分需求較高的菌種而言，生長時尚需血液或其他特殊物質；無法合成能量之披衣菌、立克次菌則依賴活細胞提供的能量才能繁殖，學理上將二者視為絕對細胞內寄生菌 (intracellular parasite)。

1.溫度 (temperature)

細菌生長的溫度區間較其他生物寬廣，學理上依此特性將細菌粗略分為以下三大類。

(1)嗜冷菌 (psychrophile)：生長溫度為 -20℃至 10℃，一旦上升至 22℃以上，嗜冷菌即死亡。它們通常存在冷藏的海鮮或其他食物中，引起食物中毒、胃腸道感染症。

(2)嗜溫菌 (mesophile)：此類細菌最多，由於適合其生長之溫度 (20℃-50℃) 與人類、動物的體溫相仿，因此病原菌通常屬於嗜溫菌。

(3)嗜熱菌 (thermophile)：適合嗜熱菌生長的溫度為 25-80℃，堆肥、污泥、溫泉、地熱層、熱泉（90℃以上）中皆有其蹤跡。實務上，常以嗜熱性芽孢桿菌 (*Bacillus stearothermophilus*) 為殺菌效果之參考指標，若高溫滅菌後它仍存活，即表示效果不佳、滅菌未完全。

2.酸鹼值 (pH value)

細菌可以生長在各種酸鹼值的環境中，有些偏好酸性，有些偏好鹼性，有些則僅能在中性環境下繁殖。

(1)嗜酸性菌 (acidophile)：此類菌種可以生長在酸性 (pH1-5) 環境中，例如存在女性陰道中的乳酸桿菌，酸性礦水中的嗜酸硫桿菌、氧化亞鐵硫桿菌。

(2)嗜鹼性菌 (alkalophile)：有些菌種僅能在鹼性 (pH8-10) 湖水或泉水中生長，例如黃桿菌、霍亂弧菌、腸炎弧菌、創傷弧菌。

(3)嗜中性菌 (neutrophile)：中性 (pH 6.5-7.5) 環境適合多數細菌生長，其中包括能感染人類與動物之病原菌。

3.氧氣 (oxygen)

氧氣是多數生物代謝時的絕對要件，但部分細菌卻因無法代謝氧化後產生之毒性物質，僅能存活於無氧環境中。微生物學上，依據細菌對氧氣之需求，將它們分為以下五類。

(1)絕對需氧菌 (obligate aerobes)：簡稱為

嗜氧菌 (aerobes) 或好氧菌。氧含量 20% 之大氣適合肺炎披衣菌、結核桿菌、綠膿桿菌、立克次菌、百日咳桿菌、腎臟疏螺旋菌、嗜肺性退伍軍人桿菌等嗜氧性病原菌生長繁殖。

(2) 微需氧菌 (microphilic aerobes)：顧名思義，此類細菌生長時僅需少量氧氣 (5%)，一般空氣反而對它們有害；微需氧性病原菌的種類較少，其中能感染人類者如空腸曲狀桿菌、幽門螺旋桿菌。

(3) 絕對厭氧菌 (obligate anaerobes)：亦稱厭氧菌 (anaerobes)。此類細菌缺乏觸酶 (catalase)、過氧化酶 (peroxidase) 以及超氧化物歧化酶 (superoxide dismutase)，無法分解 O_2^-、H_2O_2 等代謝產物，因此僅能生長在氧含量極低 (<0.5%) 的環境中，如土壤、罐頭、真空包裝食物、草食性動物腸道。肉毒桿菌、破傷風桿菌、產氣莢膜桿菌、困難梭狀芽孢桿菌等，是其中最為人所熟知者。

(4) 兼性厭氧菌 (facultative anaerobes)：兼性厭氧菌主要生長在有氧環境中，氧氣耗盡時它們能利用無氧呼吸或發酵反應製造能量，因此擁有最大的生存空間。人類腸道中的益生菌或感染胃腸道的病原菌多屬於此類，例如大腸桿菌、變形桿菌、沙門氏桿菌、志賀氏桿菌、克雷白氏桿菌。

(5) 耐氧厭氧菌 (aerotolerant anaerobes)：此類細菌（如乳酸桿菌）擁有觸酶、過氧化酶、超氧化物歧化酶，因此能存活於有氧環境；但它們的能量卻來自有機物的發酵反應，耐氧厭氧菌同時具有需氧菌與厭氧菌的特性，卻又不同於兼性厭氧菌（圖 2.2.1）。

4. 能源 (energy source)

細菌利用日光或化學反應產生能量，前者為光合菌，後者為化合菌。

(1) 光合菌 (photosynthetic bacteria)：多存在土壤、海洋、湖泊中的嗜氧性或厭氧性革蘭氏陰性菌，例如綠硫菌、紅硫菌、紅螺菌。此群細菌擁有類胡蘿蔔素或細菌葉綠素，能執行光合作用；它們不僅可以淨化水源，亦能促進河川與海洋生物的生長。

(2) 化合菌 (chemosynthetic bacteria)：此類細菌通常生活在陽光無法照射之極地、冰層、火山、海洋底部等極端地帶，如硝化菌、硫化菌、亞鐵桿菌，它們以分解鐵、胺、氫氣、硫化氫後所得之能量進行生長與繁殖。有些採礦者會利用亞鐵桿菌將亞鐵分子氧化為鐵，以提高礦脈的價值。

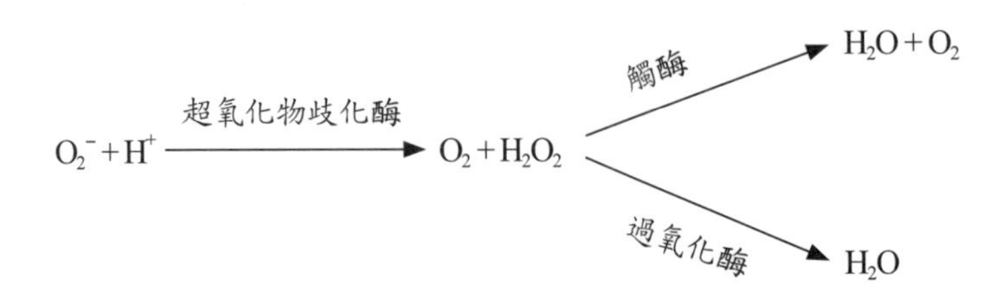

圖 2.2.1　觸酶、過氧化酶、超氧化物歧化酶的作用

5.碳源 (carbon source)

碳是脂肪、醣類、蛋白質的必要成分，其來源包括無機物 (CO_2) 與有機物，以二氧化碳為碳源者為自營菌 (autotrophic bacteria)，以有機物為碳源者為異營菌 (heterotrophic bacteria)。必須一提的是，感染人類的病原菌僅能以有機物為能量及碳素來源，因此屬於化合異營菌 (chemoheterotropjic bacteria)。

第二節　代謝

細菌生長、繁殖時需要能量，無能量便無生命，但它來自何處？簡單而言，能量來自代謝。然代謝 (metabolism) 又為何物？它是生物體內酵素 (enzymes) 催化下的分解與合成之總和，如圖 2.2.2 所示。

1.分解代謝、異化作用 (catabolism)

此種作用負責分解營養素，產生小分子以及可以直接使用之能量。分解代謝能在有氧或無氧環境下進行，前者為有氧呼吸，後者則包括發酵反應與無氧呼吸。

(1) 有氧呼吸 (aerobic respiration)：需氧菌、微需氧菌、兼性厭氧菌皆能利用有氧呼吸產生能量（圖 2.2.3）。過程中單醣 (monosaccharide)、脂肪酸 (fatty acid) 與胺基酸 (amino acid) 先分解為丙酮酸 (pyruvic acid)，再形成乙醯輔酶 A (acetyl CoA)，最後進入克氏循環 (Kreb's cycle) 或檸檬酸循環 (citric acid cycle)，產生 NADH、FADH、水、二氧化碳與多種三羧酸。由於 FADH 與 NADH 無法直接為細菌所用，因此必須進入電子傳遞鏈 (electron transport chain) 與氧化磷酸化反應 (oxidative phosphorylation)，再分別轉換出 2 個與 3 個 ATP。

原核與真核生物以葡萄糖為主要的能量來源，1 莫爾（180 公克）葡萄糖在有氧呼吸下，能產生 38 莫爾 ATP。

(2) 發酵反應 (fermentation)：糖解 (glycolysis) 是無氧下將單醣分解為丙酮酸的反應，後者若進入檸檬酸循環、電子傳遞鏈、氧化磷酸化反應，即為前段所言之有氧呼吸；若持續在無氧下進行則為發酵反應（圖 2.2.4），它能將丙酮酸

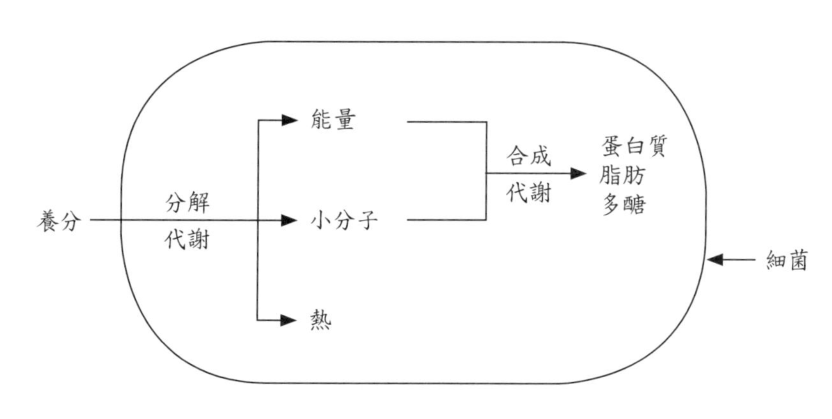

圖 2.2.2　代謝的概念

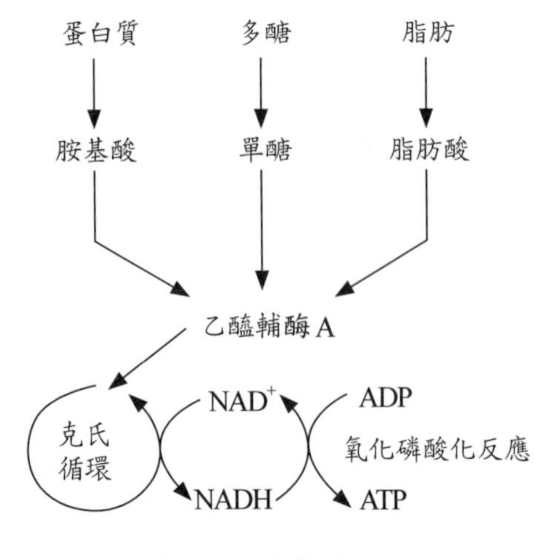

圖 2.2.3　有氧呼吸

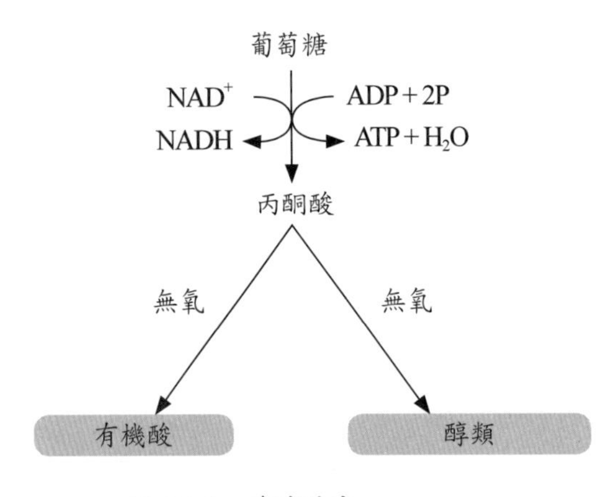

圖 2.2.4　發酵反應

代謝醇類或有機酸，如乙醇 (ethanol)、丁醇 (butanol)、丁二醇 (butanediol)、醋酸 (acetic acid)、乳酸 (lactic acid)、丙酸 (propionic acid)、蟻酸 (formic acid)、琥珀酸 (succinic acid) 等。由於發酵產物與菌種有關，因此臨床上常以它為鑑定依據。

利用發酵反應產生能量者包括厭氧菌與兼性厭氧菌，由於過程中缺少電子傳遞鏈與氧化磷酸化反應，因此產生的能量較少，1 莫爾葡萄糖僅能生成 2 莫爾 ATP。酵母菌與缺氧肌肉細胞亦能進行發酵反應，前者產生的是乙醇，後者產生的則是乳酸，當它累積過多時肌肉即出現痠痛。

(3) 無氧呼吸 (anaerobic respiration)：此種產能方式雖在無氧下進行，卻能以胺、硝酸、亞硝酸、硫化氫等無機物為電子接受器（圖 2.2.5）。1 莫爾葡萄糖經此途徑代謝後可產生 34 莫爾 ATP。

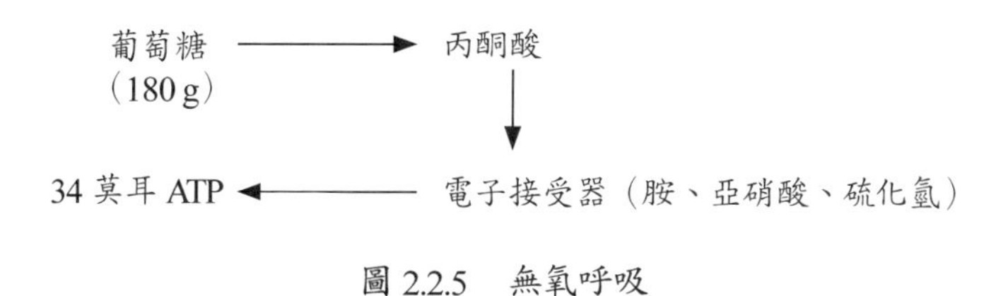

圖 2.2.5 無氧呼吸

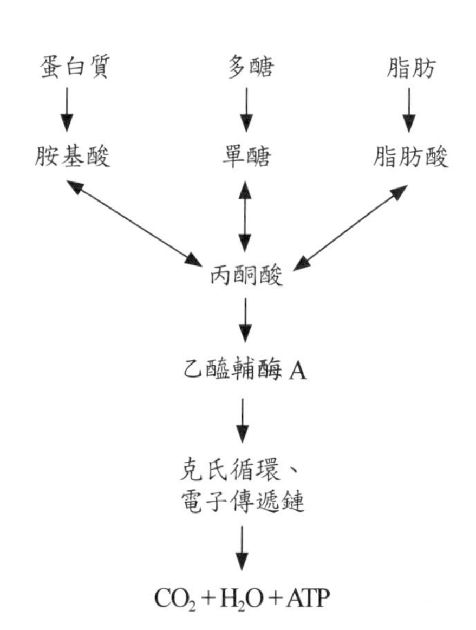

圖 2.2.6 營養素的轉換

2. 合成代謝、同化作用 (anabolism)

能量存在下，合成代謝負責將小分子組合為多醣、脂肪、蛋白質，它們是細菌生長繁殖時的必要材料。舉例而言，磷酸、脂肪、蛋白質能組成革蘭氏陰性菌的外膜，醣類與蛋白質組成胜醣，多醣與蛋白質形成細胞膜上的醣蛋白，負責偵測環境訊息。

3. 營養素的轉換

環境無法隨時提供細菌生長所需之醣類、脂肪與蛋白質，因此三者之間必須存在能互換之機制，如圖 2.2.6 所示，其關鍵為代謝中間產物（丙酮酸、乙醯輔酶 A 等）。多醣可經此途徑成為脂肪或蛋白質，脂肪亦可轉換為多醣或蛋白質，蛋白質則能轉變為脂肪或多醣，如此一來便能確保細菌擁有分裂時所需之材料。

第三節　分裂

細菌利用分解有機物或無機物所得之能量、單醣、脂肪酸、胺基酸進行二分裂或橫分裂 (binary fission)，增值後代。其步驟包括：(1) 核糖體數目增加，環狀雙股染色體複製為二；(2) 啟動新細胞膜與細胞壁的合成；(3) 染色體逐漸向兩端移動，細胞壁向內凹陷形成中央隔板；(4) 二菌分離，成為新生的子細胞 (daughter cell)，即新生之細菌，如本篇第一章圖 2.1.7 所示。

為便於評估細菌繁殖速度，學理上將重量或數目倍增所需之時間定義為世代時間 (generation time)；一般細菌之世代時間為 20-30 分鐘，但產氣莢膜桿菌繁殖一代僅需 6-8 分鐘、結核桿菌需 18-24 小時，梅毒螺旋菌則長達 30-50 小時。其他菌種，如黴漿菌、披衣菌、立克次菌的分代時間為 5-8 小時。

第四節　生長曲線

進行細菌相關研究或利用它製造蛋白質時，必須選用型態、特性最為一致的細胞；因此工作人員會將細菌接種至液態培養基，每隔數小時取出一定量的培養液。計算出其中所含之菌量後，再以 X 軸為時間，Y 軸為菌數的對數值進行繪圖，所得結果便是生長曲線 (growth curve)，如圖 2.2.7 所示。

1.遲滯期 (lag phase)

接種至新培養基的細菌不會立即分裂，而是先代謝存在其中的營養素、產生能量，合成繁殖所需之材料，因此菌體的重量會增加，但活菌數幾乎不變。遲滯期的長短與菌種、接種量、代謝速度及細菌適應新環境的能力有關。

2.對數期 (log phase)、指數期 (exponential phase)

細菌進入對數期後開始大量繁殖，數目以幾何級數 (2^n) 之速度增加；其外型、特性最為一致，因此是極佳的研究材料。此期的細菌對毒物、抗生素或其他化學物質最為敏感、極容易死亡。前節曾提及之世代時間即是對數期細菌繁殖一代所需之時間。

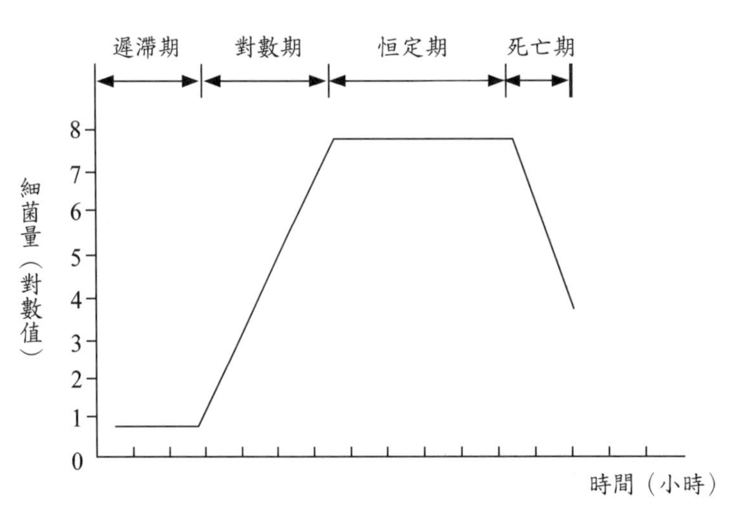

圖 2.2.7　細菌的生長曲線

3.恆定期 (stationary phase)

對細菌而言，試管內的培養基是封閉的生長環境。經過快速分裂之對數期後，空間將不足、營養素逐漸耗盡、廢物亦不斷累積。繁殖速度會逐漸趨緩，繼而進入恆定期；此時，新生與死亡細菌的數目相等，因此總菌量既不增加、亦不會減少。部分菌種（如放線菌）會在此時製造鏈黴素、四環黴素等抗生素，能形成芽孢之菌種亦準備進入休眠期。

4.死亡期 (death phase, decline phase)

恆定期之後為死亡期，菌體內的代謝趨緩或停滯，多數細菌因腫脹、變形而死亡；存活者將對藥物或其他化學物質產生抗性。

第三章　細菌病理學

Bacterial Pathology

細菌是所有微生物中種類最多者，環境中的營養素提供它們繁殖後代所需的能量與物質。這些形體極小的生物多數好氧、少數厭氧，有些生長在 20-40℃，少數能在熱泉或凍原生長。它們當中大多對人無害，少數具有致病因子 (virulent factor)，成為醫學上所稱之病原菌 (pathogen)。

第一節　致病因子

來自細菌且能破壞感染者（宿主，host）細胞的即是致病因子，它可以是細菌的莢膜 (capsule)、菌毛 (pili)，亦可以是菌體分泌之酵素、內毒素 (endotoxin) 或外毒素 (exotoxin)。

1. 莢膜

擁有莢膜之菌種具有對抗吞噬的能力，因此不僅存活於單核球、巨噬細胞中，甚至能在其中繁殖。此類菌種包括肺炎鏈球菌、化膿性鏈球菌、腦膜炎雙球菌、流行性感冒嗜血桿菌、克雷白氏肺炎桿菌等；莢膜的相關敘述見本篇第一章「細菌解剖學」。

2. 菌毛

由蛋白質組成之菌毛可以吸附在宿主細胞表面，使病原菌取得繁殖場所；淋病雙球菌利用它啟動泌尿道感染的第一步驟、霍亂弧菌亦能利用相同機轉引起胃腸道病變。

3. 酵素、細胞外酶 (exoenzyme)

細菌進行代謝時會使用多種酵素，其中有些被分泌至環境中分解多醣、脂肪、蛋白質等；它們亦是病原菌在宿主體內擴散、突破免疫防線的利器，之後成為破壞細胞、組織、引起病變的元凶。

(1) 玻尿酸酶 (hyaluronidase)：此種酵素能分解上皮細胞與結締組織外的基質——玻尿酸 (hyaluronic acid)，降低其濃稠度，使化膿性鏈球菌、金黃色葡萄球菌、氣性壞疽桿菌等病原菌更容易在細胞與組織間擴散。

(2) IgA 蛋白酶 (IgA protease)：淋病雙球菌、腦膜炎雙球菌、肺炎鏈球菌、流感嗜血桿菌等病原菌能釋出蛋白酶，分解黏膜上的抗體 IgA1，導致宿主呼吸道、胃腸道、生殖泌尿道之抗菌能力降低，感染因此發生。

(3) 激酶 (kinase)：激酶能活化纖維蛋白溶酶原，使血液無法凝固，此種現象有助於病原菌在宿主體內的擴散。能製造此種酵素者包括化膿性鏈球菌、金黃色葡萄球菌，前者產生的是鏈球菌激酶 (streptokinase)，後者產生的是葡萄球菌激酶 (staphylokinase)。業界利用激酶的特性，將其製成肺栓塞、心肌梗塞之治療藥物。

(4) 彈性蛋白酶 (elastase)：此種酵素能分解補體 (C3b)、抗體 (IgA, IgG) 與細胞激素 (cytokine)，降低嗜中性白血球的吞噬能力。除此之外，宿主的特異性及非特異性免疫功能亦會受到干擾。

(5) 凝固酶 (coagulase)：此種酵素擁有兩種

型態，其一存在細胞壁上，能直接將纖維蛋白原轉變成纖維蛋白；其二游離於血液中，能將凝血酶原 (prothrombin) 轉化為凝血酶 (thrombin) ，再將纖維蛋白原 (fibrinogen) 活化為纖維蛋白 (fibrin)。纖維蛋白能進一步誘導血液凝固，或附著於細胞壁，使菌體產生對抗吞噬的能力。鼠疫桿菌、金黃色葡萄球菌能製造凝固酶者。

4.毒素 (toxin)

(1) 內毒素：脂多醣 (lipopolysaccharide, LPS) 組成之內毒素，原是革蘭氏陰性菌外膜中的成分，因此一般認為僅在細菌死亡後才會釋出，但愈來愈多證據顯示活菌亦能分泌此種毒素。其抗熱性較高，一旦進入血液即引起內毒素血症 (endotoxemia)，傷害多種器官，導致發燒、休克、死亡。

(2) 外毒素：此種毒素由蛋白質組成，抗熱性因此較內毒素低，它主要產自革蘭氏陽性菌，部分革蘭氏陰性菌亦能製造，但為數較少。外毒素從菌體釋出後能侵犯血液引起毒血症 (toxemia) ，破壞特定器官，導致嚴重病變。常見之外毒素計有以下數類。

A. 腸毒素 (enterotoxin)：專門作用在腸壁頂細胞，增加其通透性，使大量氯、鈉與水分排入腸腔中，引起噁心、嘔吐、腹瀉、腹痛等症。能分泌此種毒素者多屬腸道致病菌，如霍亂弧菌、大腸桿菌、腸炎桿菌、氣性壞疽桿菌、志賀氏痢疾桿菌、金黃色葡萄球菌、困難梭狀芽孢桿菌。值得提醒的是，加熱無法解除腸毒素之毒性，此點不同於其他外毒素。

B. 神經毒素 (neurotoxin)：目前所知的神經毒素主要來自肉毒桿菌與破傷風桿菌，前者產生的外毒素能抑制神經末梢釋出乙醯膽鹼 (acetylcholine, ACH) ，造成肌肉麻痺；後者製造的破傷風毒素 (tetanospasmin) 能抑制甘胺酸 (glycine) 釋放，引起肌肉強直收縮。醫美界早已將肉毒桿菌外毒素 (botulinum toxin) 應用在消除皺紋上，效果極為顯著，但每 3-6 個月必須注射一次才能維持。

C. 細胞毒素 (cytotoxin)：此種毒素能直接破壞宿主細胞或抑制其功能，醫學上重要的細胞毒素包括以下數種。

(a) 白喉毒素 (diphtheria toxin)：抑制宿主細胞合成蛋白質，造成組織壞死、器官失能。產生此種毒素者為白喉桿菌，其他如大腸桿菌、綠膿桿菌、志賀氏痢疾桿菌亦能分泌作用機轉相同之外毒素。

(b) 溶血素 (hemolysin)：此種外毒素能溶解細胞膜中的磷脂質，破壞紅血球、白血球、單核球、淋巴球、吞噬細胞；大腸桿菌、金黃色葡萄球菌、單核球增多性李斯特桿菌、A 族 β 型溶血性鏈球菌等病原菌皆能分泌溶血素。

(c) 脫皮毒素 (exfoliative toxin)：產自金黃色葡萄球菌，它既能分解細胞間的黏著劑——胞橋小體，亦能使顆粒層 (stratum granulosum) 與棘狀層 (stratum spinosum) 分離，導致原本緻密的表皮變得鬆散，甚至脫落。缺乏抗體之嬰幼兒對此種毒素最為敏感，一旦感染極可能出現脫皮症候群。

(d) 中毒休克症候群毒素 (toxic shock syndrome toxin)：金黃色葡萄球菌與化膿性鏈球菌皆能分泌此種毒素，它能誘導 T 細胞與巨噬細胞產生細胞激素，引起皮疹、發燒、血壓降低等症狀。

第二節　傳染性疾病

1.呼吸道感染症 (respiratory tract infection)

細菌經由空氣或患者呼吸道分泌物進入人體，引起咽炎、傷風、流感、肺炎、結核、氣管炎、支氣管炎等臨床上極為常見之疾病。值得一提的是部分呼吸道感染症不會在人與人之間交互感染，如 Q 熱、鸚鵡症、退伍軍人症。

2.胃腸道感染症 (gastrointestinal tract infection)

遭細菌汙染之飲水、食物若進入人體，即能引起腹瀉、腹痛等胃腸道感染症。一般而言，此種感染症多屬緩和，然部分疾病可能導致嚴重病變，如傷寒、偽膜性腸炎、出血性結腸炎及其併發之溶血性尿毒症候群。

3.生殖泌尿道感染症 (genitourinary tract infection)

此類疾病多經由性行為感染，因此有時稱它們為性行為感染症 (sexually transmitted diseases, STD)，然二者稍有不同；理由是前者的病變處在生殖道或泌尿道，後者則可能出現在其他組織或器官，例如愛滋病雖經性行為感染，病變處卻在免疫系統。常見之細菌性生殖泌尿道感染症包括淋病、梅毒、陰道炎、骨盆炎、睪丸炎、副睪炎、軟性下疳、子宮內膜炎、花柳性淋巴肉芽腫等。

4.中樞神經系統感染症 (central nervous system infection, CNS infection)

細菌或其毒素必須進入血液或脊髓，才能進一步引起中樞神經系統病變，過程中它們尚需突破血腦障壁層 (blood-brain barrier, BBB) 的堅實防線。此類疾病包括腦膜炎、腦膿瘍、腦結核、破傷風、肉毒桿菌症、神經性梅毒等。值得注意的是腦結核，它源自於瀰散性結核（或稱粟狀結核），通常發生在免疫力極差之個體，如愛滋病患者。

5.皮膚感染症 (skin infections)

此類病變是病原菌或正常菌叢 (normal flora) 入侵皮膚傷口所致，亦可能是個人衛生習慣不佳、自體免疫疾病引起。臨床上常見之皮膚感染症包括癰、癤、膿疱、丹毒、痲瘋、萊姆症、氣性壞疽、蜂窩性組織炎、皮膚性炭疽病、壞死性筋膜炎等。

6. 心臟血管感染症 (cardiovascular infections)

此類感染症的危險性居所有感染症之首，若再加上糖尿病與心肺功能不佳等因素，死亡率恐因此上升。常見的疾病如心肌炎、風濕熱、心內膜炎；風濕熱的成因較為特殊，它是化膿性鏈球菌感染後併發之免疫疾病。

7. 血液感染症 (blood infection)

(1) 菌血症 (bacteremia)：血中有菌者即為菌血症，這些細菌可以來自：(1) 侵入性治療：如開刀，裝置導管、人工關節、心臟支架或節律器；(2) 其他部位的感染：如傷寒、鼠疫、肺炎、腦膜炎。血液在感染過程中負責運輸，病原菌到達標的組織或器官後，菌血症即消失，由此可見菌血症屬於暫時性病變。

(2) 毒血症：細菌產生之毒素若進入血液即引起毒血症或內毒素血症，前者多是革蘭氏陽性菌感染所致，後者則是革蘭氏陰性菌造成。

(3) 敗血症 (septicemia, sepsis)：血中有細菌與毒素者即稱敗血症，一般出現在免疫力較差之年長者、糖尿病患、愛滋病患等，引起此種嚴重感染症的細菌包括大腸桿菌、綠膿桿菌、金黃色葡萄球菌、A 群 β- 溶血性鏈球菌等。

第四章 消毒與滅菌

Disinfection and Sterilization

生活中以冷藏、冷凍方式貯存食物，或是以肥皂、洗碗精、洗髮液等清除物體表面的細菌，即可降低感染的發生率；但醫院、診療室、製藥廠、食品工廠等，要求的卻是消毒甚至滅菌的層次。

進行消毒或滅菌時必須注意：(1) 溫度愈高，效果愈佳；(2) 物體接受處理的時間必須足夠才有效果；(3) 微生物高含量之物體，處理時間應延長；(4) 物體表面的油漬會抵消效果，應先清除再行消毒或滅菌，否則效果會大減；(5) 細菌芽孢抗熱性強，不易清除。

第一節　消毒

消毒 (disinfection) 能去除細菌、黴菌、病毒等，但無法對付細菌芽孢、真菌孢子、B 型肝炎病毒等抗熱性較強之微生物型態。目前常用的消毒法包括加熱、過濾、照射紫外線、添加消毒劑等。

1.低溫消毒法 (pasturization)

法國科學家巴斯德 (Louis Pasteur) 於 1862 年發明，亦稱巴斯德消毒法或巴氏消毒法，至今仍用來處理醋、酒類、牛油、果汁、乳製品等對熱敏感之物質。過程中，溫度必須維持在 62℃達 30 分鐘之久。國內的乳業者多用瞬間巴氏消毒法 (flash pasteurization, high-temperature short-time, HTST) 處理其產品，溫度為 72℃，時間為 15 秒。

低溫消毒法能有效清除大腸桿菌、曲狀桿菌、布魯氏桿菌、牛型結核桿菌、沙門氏桿菌、李斯特桿菌等，但乳汁中仍存在使其變質腐敗之微生物，因此必須冷藏才不致發生食物中毒。

2.煮沸法 (boiling)

此法(100℃)既能使蛋白質凝固變性，亦能令酵素喪失活性、干擾代謝的進行，最後造成細菌死亡。烹調食物或泡茶、煮咖啡時使用的水需煮沸外，鐵製、瓷製與玻璃製餐具建議應定期以煮沸法消毒，如此不僅能徹底清除存在表面的油漬，亦能降低殘留清潔劑對人的危害。

3.過濾法 (filtration)

血清、藥物、培養基等溶液需過濾後才能為臨床或實驗室所用。進行此法時需使用纖維素製成的半通透性濾紙片 (semi-permeable paper) 或簡稱濾膜 (filter paper)，其表面帶有正電，可吸附帶負電之微生物，大於濾膜孔徑之微生物亦會留置在濾膜上。去除一般細菌時會使用 0.45 微米 (0.45μm) 孔徑之濾膜，清除黴漿菌、披衣菌、立克次菌等體積較小的細菌則會選用 0.11 或 0.22 微米孔徑。孔徑愈小的濾膜可清除之微生物愈多，但液體的流速緩慢，因此較為耗時。

4.消毒劑 (disinfectants)

消毒劑僅能用於物體或人體表面，其中用於體表者應無腐蝕性、亦無組織毒性，然目前尚無此種理想型消毒劑，因此通常以低毒性之優碘與抗生素取代往昔常用且毒性較高之碘酒、雙氧水、硝酸銀、紅藥水（紅汞水）。

(1) 乙醇 (ethanol, ethyl alcohol)：即俗稱之酒精，它能溶解微生物細胞膜、使蛋白質變性，由於滲透性極高，曾是重要的傷口消毒劑。然乙醇具黏膜傷害性，其地位已被優碘取代，它的臨床用途包括：消毒器械、製作酒精棉、浸泡溫度計及消毒接受手術之皮膚。市售藥用酒精 (95%) 必須稀釋至 70-75% 後才有消毒效果。

流感與嚴重急性呼吸道症候群 (SARS) 相繼流行後，醫院的走廊上會放置酒精性乾洗手液，供家屬、病人與醫護人員使用。衛生福利部疾病管制局為嚴格管控品質，明定醫院不可自行配製，必須直接購自藥廠，且包裝上需印有藥品許可字號、酒精濃度、用於手部之字樣。

性質與乙醇極為相似之丙醇 (propanol) 或異丙醇 (isopropanol) 亦能作為消毒劑，但兩者會傷害中樞神經，引起頭痛、暈眩、噁心、嘔吐等，因此使用率較低。

(2) 碘 (iodine)：鹵族中的「碘」能氧化蛋白質，使細菌死亡。臨床上使用之碘製劑包括碘酊 (iodine tincture) 與優碘 (betadine)，前者的成分為碘、酒精、碘化鉀，因此又稱為碘酒。後者的成分為 povidone-iodine，消毒效果雖不如碘酊，但能緩慢釋出碘，對人類細胞的毒性較低，因此能直接塗在傷口上。

稀釋的優碘 (0.7%) 可作為漱口劑，耳鼻喉科醫師亦常將其塗抹於喉嚨上，緩解咽喉炎的症狀。除此之外，優碘亦能治療細菌性馬蹄感染症（蹄叉腐疽）。

(3) 氯 (chlorine)：氯的特性與碘相似，其衍生物（次氯酸，HClO）能消毒飲水、游泳池水。家中常用之漂白水含有次氯酸鈉 (NaHClO)，它是實驗室中清除病毒污染時必用之消毒劑。

(4) 界面活性劑 (surfactants)：此種製劑同時擁有厭水與親水性質，常用於清潔與消毒上。界面活性劑計有陽離子型、陰離子型、非離子型、雙極性型四大類，其中以陽離子型、雙極性型介面活性劑的消毒效果最佳。

Benzethonium chloride、Benzalkonium chloride 屬於四級銨陽離子型界面活性劑，兩者能應用在皮膚、地板與物體的消毒上，市售的洗手乳、空氣清潔劑 (Lysol) 中亦含有此類成分。

(5) 酚 (phenol)：英國醫師李斯特 (Joseph Lister) 曾將酚（石炭酸）應用在手術消毒上，但因腐蝕性極強，目前僅用於消毒患者排泄物，其稀釋液用於消毒地板。

第二節　滅菌

利用物理或化學方法去除細菌、黴菌、病毒、寄生蟲及芽孢的過程稱為滅菌 (sterilization)，當它完成後物體即呈現無菌 (sterile, sterility)。

1. 高壓蒸氣滅菌法 (autoclaving)

醫院、診所與實驗室最常使用此法處理油脂、石蠟、手術衣、棉花紗布、玻璃製品、手術器械、生理食鹽水等物件，塑膠製品與其他懼熱物質則不可使用。當壓力為 15 磅／平方英吋 (15 lb/in^2) 時，水溫能升至 121℃，若維持此種狀態 15 分鐘以上，即能使滅菌釜中的物體無菌。進行滅菌前必須在物體或包裝上黏貼滅菌指示帶，帶上的白色標記轉為黑色即表示滅菌完全。

滅菌物體積愈大或溶液量愈多，滅菌時間必須愈長。另有一種用於緊急狀況之瞬間高壓蒸氣滅菌法，其壓力為 27 磅／平方英吋、溫度為 133℃，滅菌時間則可縮短至 3 分鐘。

2.乾熱滅菌法 (dry heat sterilization)

此法是在無水狀態下進行之滅菌方式，因此必須延長時間、升高溫度才能達到和高壓蒸氣滅菌相同的效果。常用者有四：(1) 180℃、30 分鐘；(2) 170℃、1 小時；(3) 160℃、2 小時；(4) 150℃、2.5 小時。

乾熱滅菌法適用於耐高溫之石蠟、油脂、玻璃器皿、手術器械，絕對不能使用在加熱後會變形之塑膠製品，以及高熱下易燃之棉花、紗布、手術衣、患者衣褲等。

3.氣體滅菌法 (gas sterilization)

本法用於處理不耐高溫與高壓之紙張、布料、電極、橡膠、金屬、內視鏡、塑膠製品（如針筒、培養皿）等，可謂適用範圍最廣的滅菌法。過程中使用穿透力極強的氧化乙烯 (ethylene oxide, EO, ETO)，它在 20-60℃、相對濕度 40-90% 下持續 3-6 小時，即能殺滅細菌、黴菌、病毒、寄生蟲與芽孢。

氧化乙烯雖能徹底清除微生物，卻具可燃性、易爆性、致癌性與高黏膜腐蝕性，因此必須小心使用。若不慎接觸應立即處理，否則會引起水泡、噁心、嘔吐、呼吸困難。此種氣體會殘留在物體上，長期接觸者恐有罹癌之虞。

4.放射線法 (radiation sterilization)

X- 射線、γ- 射線、紫外線能破壞 DNA，抑制其複製，因此可以間接殺死微生物。γ- 射線為鈷六十 (^{60}Co) 與銫 137(^{137}Cs) 的穿透力極強，可用在液態或固態物體的滅菌上，但價錢較為昂貴。紫外線的有效殺菌波長為 254nm（相當於 UVC），由於穿透力極弱，因此僅用在消毒空氣，如實驗室、診療室、食品廠。

必須注意的是，使用紫外線時應關閉日光燈，因為它會減弱或抵消紫外線殺菌效果；除此之外，確定室內無人後，才可開啟紫外燈，否則會傷害皮膚與結膜。

5.醛類 (aldehydes)

此種化學滅菌劑 (chemical sterilizer) 具氧化性，能使蛋白質喪失活性，導致微生物死亡。目前常用之醛類為甲醛 (formaldehyde) 與戊二醛 (glutaldehyde)。

(1) 甲醛：可作為氣體滅菌劑，亦是製作疫苗時不可或缺之化學劑；外毒素經其處理成為無致病力之類毒素 (toxoid)，細菌與病毒在其處理下成為無感染力之非活性疫苗 (inactivated vaccine)。值得一提的是，若將甲醛稀釋 (35%) 即是浸泡大體之福馬林 (formalin)。

(2)戊二醛：此種醛類用於處理胃鏡、口腔鏡、大腸鏡等內視鏡，但浸泡時間需長達 22 小時以上始有滅菌效果。

第五章 抗細菌劑與抗藥性

Antibacterial Agents and Drug Resistance

抗生素(antibiotic)是鏈黴素發現者（魏克斯曼 (Selman Waksman) 於 1942 年創用的名詞。這群藥物原是黴菌或細菌的代謝產物，因具有抑菌、殺菌的能力，自二十世紀中葉起即用於治療感染症。遺憾的是在人類的誤用 (misuse) 與濫用 (abuse) 下，細菌逐漸產生瓦解抗生素療效之抗藥性。為解決此問題，科學家們戮力研發新型抗生素，但諷刺的是它們的使用卻引來更多抗藥性。

第一節　抗生素的種類

1.依據作用範圍 (scope of action) 分類

(1) 窄效型抗生素 (narrow- spectrum antibiotic)：僅能作用於特定之革蘭氏陽性菌或陰性菌，如 erythromycin、vancomycin、clindamycin 等。它們不會傷害正常菌叢、較不易引起抗藥性；但病原菌確認後使用才具效果，因此可能延誤病情。

(2) 廣效型抗生素 (broad-spectrum antibiotic)：對革蘭氏陽性菌與陰性菌皆具殺傷力，作用範圍極廣，因此是目前使用最多的抗生素，臨床上常用者包括 amoxicillin、cabapenem、chloramphenicol、streptomycin、tetracycline 等。此類抗生素誘導抗藥性發生之機率極高，再加上它們會破壞腸道菌叢間的恆定，使部分菌種過度繁殖造成偽膜性結腸炎等病變。

2.依據作用機轉 (mode of action) 分類

微生物學相關書籍多以「作用機轉」為準則進行抗生素分類，這些機轉包括：(1) 抑制胜醣合成；(2) 干擾細胞膜通透；(3) 抑制蛋白質合成；(4) 抑制核酸合成。它們的敘述見第二、第三、第四與第五節。

第二節　抑制胜醣合成

胜醣 (peptidoglycan) 是細胞壁成分之一，其合成若被抑制，細菌不僅失去原有的外型、亦喪失對抗滲透壓的能力，最後死亡。具有此種效果的抗生素包括青黴素類、頭孢菌素類、萬古黴素類、枯草桿菌素等。

1.β- 內醯胺環類 (β-lactams, beta-lactams)

(1) 青黴素類(penicillins)

見表 2.5.1。

(2) 頭孢菌素類(cephaloporins)

見表 2.5.2。

(3) 碳青黴醯類(cabapenems)

見表 2.5.3。

表 2.5.1

抗生素	說明	臨床應用	副作用
Amoxicillin	對β-內醯胺酶具感受性	腸球菌、大腸桿菌、化膿性鏈球菌、梅毒螺旋菌引起之感染症	過敏、胃腸道不適、間質性腎炎（極爲少見）等
Ampicillin			
Penicillin G			
Penicillin V			
Cloxacillin	抗β-內醯胺酶		
Dicloxacillin			
Methicillin			
Oxacillin			
Carbenicillin	對β-內醯胺酶敏具感受性		
Piperacillin			
Ticacillin			

表 2.5.2

	抗生素	臨床應用	副作用
第一代 First generation	Cefalothin	治療G(+)菌感染症	過敏、嘔吐、胃腸道障礙等
	Cefalexin		
	Cefazolin		
第二代 Second generation	Cefaclor	治療G(+)菌與G(-)菌感染症	
	Cefoxitin		
	Cefuroxime		
第三代 Third generation	Cefixime	治療G(+)菌、G(-)菌引起之感染症，效果較第二代頭孢菌素爲佳；但無法治療綠膿桿菌症	
	Cefotaxime		
	Ceftazidime		
	Ceftizoxime		
第四代 Fourth generation	Cefepime	治療G(+)菌、G(-)菌、綠膿桿菌引起之感染症	
第五代 Fifth generation	Ceftaroline fosamil	治療G(+)菌、G(-)菌、綠膿桿菌引起之感染症。但對MRSA無殺傷力	
	Zeftera		

MRSA：methicillin-resistant *Staphylococcus aureus*，抗methicillin之金黃色葡萄球菌。

表 2.5.3

抗生素	說明	臨床應用	副作用
Doripenem	抗 β- 內醯胺酶	治療 G(+) 菌、G(-) 菌感染症，無法治療 MRSA 引起的感染症；除 Ertapenem 外其他皆能治療綠膿桿菌症。	過敏、抽搐、頭痛、胃腸道不適等
Ertapenem			
Imipenem			
Meropenem			

表 2.5-4

抗生素	說明	臨床應用	副作用
Vancomycin	Teicoplanin, telavancin 皆屬半合成型醣胜類。目前已有抗 vancomycin 之菌種，如 VRSA 與 VRE。	治療 G(+) 菌引起之嚴重感染症，尤其是困難梭狀芽孢桿菌、MRSA 與 MRE。	腎毒性、耳毒性
Teicoplanin			
Telavancin			

VRSA：vacomycin-resistant *Staphylococcus aureus*，抗 vancomycin 金黃色葡萄球菌。
VRE：vacomycin-resistant *Enterococcus faecalis*，抗 vancomycin 腸球菌。
MRE：methicillin-resistant *Enterococcus faecalis*，抗 methicillin 腸球菌。

(4) 單內醯胺環類(monobactams)

抗 β- 內醯胺酶之合成型抗生素，其中最重要者為 Aztreonam。臨床上常將它與 Piperacin 合併治療 G(+) 菌、G(-) 菌、厭氧菌與綠膿桿菌引起之疾病。

2.醣胜類 (glycopeptides)

見表 2.5.4。

3.多胜肽類 (polypeptides)

此類抗生素中僅枯草菌素 (bacitracin) 能抑制胜醣合成，餘者則作用於細胞膜（見下節敘述）。由於 bacitracin 對腎臟、神經具破壞力，再加上口服吸收不佳，因此適合外用，治療 G(+) 菌與 G(-) 菌引起之皮膚感染症。

第三節　干擾細胞膜通透

細胞膜既是產生能量、亦是養分與廢物進出菌體的主要通道，其功能一旦遭受破壞，細菌將因無法吸收養分、排除廢物而死亡。具有此種作用之抗生素包括 polymyxin B、polymyxcin E (colistin)，兩者皆是產自桿菌屬 (*Bacillus*) 之多胜肽，專門瓦解外膜與細胞膜，因此對革蘭氏陰性菌擁有較強的破壞力。副作用包括腎毒性與神經毒性。

第四節　抑制蛋白質合成

部分抗生素透過與核糖體次單位 (30S, 50S) 的結合抑制蛋白質合成，細菌因缺乏蛋白質而無法進行代謝或分裂。此種抗生素的種類最多，包括氯黴素類、四環黴素類、胺基糖苷類、巨環內酯類等。

1.作用於 30S 核糖體

(1) 胺基糖苷類(aminoglycosides)

見表 2.5.5。

(2) 四環黴素類(tetracyclines)

見表 2.5.6。

2.作用於 50S 核糖體

(1) 巨環內酯類(macrolides)

見表 2.5.7。

表 2.5.5

抗生素	說明	臨床應用	副作用
Amikacin	產自鏈黴菌屬（外形似黴菌之細菌）	治療大腸桿菌、綠膿桿菌、克雷白氏桿菌等革蘭氏陰性菌引起之感染症。Streptomycin 與其他藥物併用時可治療結核	耳毒性、腎毒性
Gentamycin			
Kanamycin			
Neomycin			
Spectinomycin			
Streptomycin			
Tobramycin			

表 2.5.6

抗生素	說明	臨床應用	副作用
Demeclocycline	廣效型抗生素，對 β- 內醯胺環過敏者可使用此類藥物	治療黴漿菌、披衣菌、立克次菌、螺旋菌等引起之感染症	胃腸道不適、抑制骨骼與牙齒的發育，孕婦及嬰幼兒禁用
Doxycycline			
Minocycline			
Oxytetracycline			
Tetracycline			

表 2.5.7

抗生素	說明	臨床應用	副作用
Azithromycin	廣效型抗生素	治療鏈球菌症、萊姆症、以及 G(+) 菌、G(-) 菌引起之呼吸道感染症	胃腸道不適、長期使用可能造成黃疸。肝臟功能異常者不宜使用
Clarithromycin			
Erythromycin			
Spiramycin			

(2) 氯黴素(chloramphenicol)

它是一種分離自鏈絲菌代謝產物的廣效型抗生素，由於化學結構十分簡單，目前改以人工合成量產，造價較其他抗生素便宜、使用率因此較廣。氯黴素能穿透血腦障壁層，臨床用於治療腦炎、腦膜炎與腦膿瘍。引起之副作用包括抑制骨髓細胞功能，造成再生不良性貧血；它亦會累積在使用者的肝臟中造成灰嬰症。

(3) Lincosamides類

目前使用於臨床者為 Clindamycin，它具有高骨骼穿透性，能治療化膿性鏈球菌、肺炎葡萄球菌、表皮葡萄球菌、金黃色葡萄球菌、腐生性葡萄球菌等革蘭氏陽性菌引起之感染症。此種藥物的副作用包括過敏與胃腸道不適，值得注意的是長期使用後可能出現偽膜性結腸炎 (pseudomembranous colitis)。

(4) Oxazolidone類

化學合型之 Oxazolidone 能治療多種具多重抗藥性之革蘭氏陽性菌，如腸球菌 (VRE)、金黃色葡萄球菌 (MRSA)、肺炎鏈球菌。常用之藥物包括 cycloserine、linezolid、posizolid，其中 cycloserine 能進入中樞神經系統，因此不僅是第二線結核治療劑，亦是神經病變的治療藥物。

(5) Streptogramins

此類抗生素 (dalfopristin, pristinamycin, quinupristin) 產自鏈絲菌，臨床上用於治療 VRE、VRE 引起之感染症。副作用包括頭痛、靜脈炎、胃腸道不適等。

第五節　抑制核酸合成

決定物種形性之染色體（見本篇第一章）能複製 (replication)，亦能轉錄 (transcription) 為 RNA(ribonucleic acid)，後者可再轉譯 (translation) 為蛋白質，如圖 2.5.1 所示。過程中任一步驟若受抑制，細菌即因無法製造 DNA、合成蛋白質而停止繁殖。

1.抑制 DNA 複製

(1) 喹啉酮類(floroquinolone, quinolones)

見表 2.5.8。

(2) Metronidazole

此種抗生素最為特殊之處在於它能治療厭氧菌引起之感染症，如腹膜炎、肝膿瘍、卵巢癌、骨盆炎、輸卵管炎、偽膜性結腸炎，對陰道滴蟲症、梨形鞭毛蟲症等寄生蟲引起之疾病亦具療效。

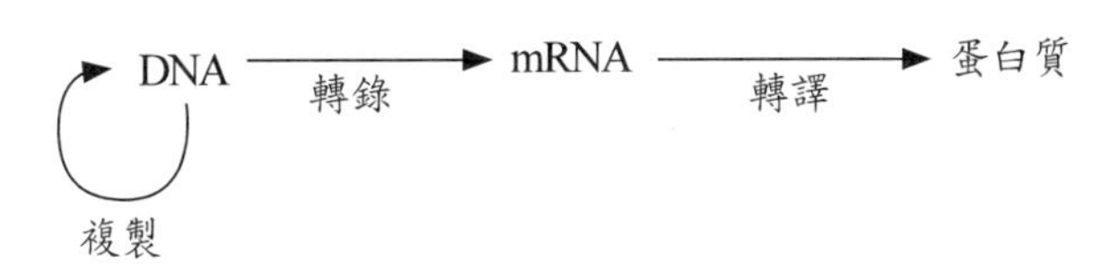

圖 2.5.1　DNA 的轉錄與 RNA 的轉譯

表 2.5.8

	抗生素	臨床應用	副作用
第一代	Nalidixic acid	抑制 G(-) 菌繁殖，目前已極爲少用	腸胃道不適、肝毒性、神經毒性
	Oxolinic acid		
	Piromidic acid		
第二代	Ciprofloxacin	抑菌效果較第一代強，治療 G(-) 菌引起之生殖泌尿道、呼吸道、胃腸道感染症。ciprofloxacin 對綠膿桿菌症最爲有效	腸胃道不適、肝毒性、神經毒性
	Enoxacin		
	Lomefloxacin		
	Norfloxacin		
	Ofloxacin		
第三代	Gatifloxacin	廣效性抗生素，除上述應用外，亦能治療鏈球菌引起的疾病	腸胃道不適、肝毒性、神經毒性
	Levofloxacin		
	Sparfloxacin		
第四代	Gemifloxacin	廣效性抗生素，治療 G(+) 菌、G(-) 菌、厭氧菌引起之感染症	腸胃道不適、肝毒性、神經毒性
	Moxifloxacin		
	Sitafloxacin		

Metronidazole 的副作用包括頭痛、胃腸道不適、口有金屬味等，值得注意的是使用者的尿液可能呈現紅褐色。

2.抑制 RNA 合成

目前使用之抗生素中僅 rifampicin (rifampin) 能抑制 RNA 合成，即 DNA 轉錄。它是法國土壤的黴菌產物，若與其他藥物 (ethambutol、isoniazid、pyrazinamide、streptomycin) 併用，可治療結核。副作用包括肝毒性、皮膚紅疹、胃腸道不適等。

3.抑制葉酸合成

葉酸 (folic acid, folate) 或維生素 B_9 是細胞內的重要元素，它不僅參與嘌呤 (purine)、嘧啶 (pyrimidine) 的合成，亦是 DNA 修補時不可或缺之要件。葉酸合成酵素或路徑一旦受抑制，DNA 即無法複製，轉錄與轉譯亦受影響。換言之，抑制葉酸合成之抗生素能間接干擾 DNA、RNA、蛋白質的合成。

(1) 磺胺藥類(sulfonamides)

磺胺藥能破壞蝶啶合成酶 (pteridine syntetase) 的功能，使蝶啶與對胺基苯酸 (p-aminobenzoic acid, PABA) 反應後無法生成二氫蝶酸，嘧啶與嘌呤的合成因此受阻，見圖 2.5.2。

見表 2.5.9。

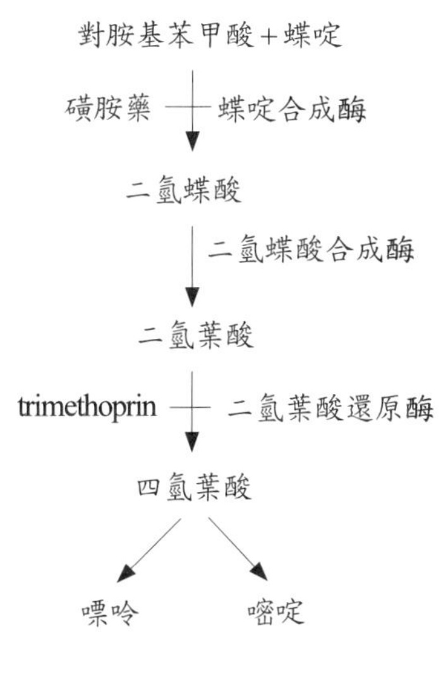

圖 2.5.2　嘌呤、嘧啶的合成

表 2.5.9

抗生素	說明	臨床應用	副作用
Sulfacetamide	化學合成之抑菌型抗生素	治療細菌性眼疾、呼吸道感染症	過敏、腎毒性、胃腸道不適等
sulfadiazine			
Sulfamethoxazole			
Sulfadimethoxine			
Sulfamethizole			
Sulfisoxazole			

(2) Trimethoprim

此種藥物能抑制二葉酸還原酶 (dihydrofolate reductase) 的活性，使二葉酸無法轉換為四葉酸，嘌呤、嘧啶因此無法合成，核酸複製亦受阻。臨床用途與磺胺藥相似，能治療革蘭氏陽性與陰性菌引起之感染症。值得一提的是，此種藥物的特異性極高，對人類的二葉酸還原酶的影響較小；但孕婦、罹患貧血症者、肝腎功能不佳者、2個月以下的嬰兒最好不要使用。

第六節　抗藥性

對人類而言，抗生素是絕佳的抑菌、殺菌劑，它既是醫學上重要的治療藥物，亦是魚、禽、畜等養殖業的救星；若再加上果農選用它為植物生長劑促進劑，抗生素已是人們每日必須接觸甚至食入的物質。

對細菌而言，抗生素是影響其生長，甚至造成死亡的製劑，若要存活便需對抗，日積月累下即形成抗藥性；但有些學者認為此種性質早已存在菌體基因內，抗生素的使用僅是令其表現(expression)而已。

本節的重點並非探討「抗生素」與「抗藥性」孰先孰後的問題，而是說明細菌如何利用不同機轉改變自身的結構、修飾抗生素構造、抑或分泌解除抗生素作用的酵素。

1.來源 (origin)

部分抗藥性與構造有關，例如黴漿菌與尿漿菌因缺乏細胞壁而能對抗抑制胜醣合成型抗生素；但大多數抗藥性來自質體與染色體。

2.質體相關抗藥性 (plasmid-associated drug resistance)

擁有抗藥質體 (resistance plasmid, R plasmid) 的菌種能製造下列酵素分解抗生素。

(1) β- 內醯胺酶 (β-lactamase)：能分解 penicillins、cephalosporins、cabapenems、monobactams 等 β 內醯胺環類抗生素，使其失去殺菌效果，目前已知之 β- 內醯胺酶約 200 餘型。近十年來流竄各大醫院之超級細菌 (superbugs)、腸道菌 NDM-1 (New Delhi metallo-β- lactamase 1 *Enterobacteriaceae*) 便擁有廣泛型 β 內醯胺酶 (extended spectrum β- lactamases, EBSL)。大腸桿菌、鮑氏不動桿菌、克雷白氏肺炎桿菌等能同時對抗多種抗生素，治療時必須改以 colistin 或坊間俗稱之老虎黴素 (tigermycin)。

值得注意的是，抗 β- 內醯胺類製劑的機轉有數種，除前段所提之酵素 (β-lactamase) 外，尚有降低抗生素與結合蛋白 (e.g, penicillin-binding protein) 的親和力、改變藥物結合蛋白的結構、或利用排出幫浦 (efflux bumps) 排除抗生素。

(2) 乙醯轉移酶 (acetyltransferase)：大腸桿菌等能製造乙醯轉移酶將乙醯基 (acetyl) 轉移至氯黴素，降低其與 50S 核糖體的親和力。

(3) 磷轉移酶 (phosphotransferase)：改變胺基醣苷類的構造，使其喪失與 50S 核糖體結合的能力，蛋白質合成得以繼續進行。擁有此種酵素者包括腸球菌、大腸桿菌、肺炎鏈球菌、金黃色葡萄球菌、鮑氏不動桿菌、空腸曲狀桿菌等。

3.染色體相關抗藥性 (chromosome-associated drug resistance)

細菌可以利用單點突變、多點突變或基因修飾：(1) 改變代謝路徑，使抗生素無著力之處；(2) 改變核糖體、細胞壁或細胞膜的構造，使抗生素無法之結合；(3) 改變酵素的作用中心，使抗生素無法抑制其功能。

4.其他

細胞壁通透性的改變能降低進入菌體的抗生素濃度，活化排除幫浦能使進入菌體的抗生素不斷被排出。有些菌種會形成具保護性的生物膜 (biofilm) 干擾抗生素的作用、逃避免疫細胞的作用。

第七節　抗藥性的因應策略

自 1960 年發現第一隻抗青黴素菌種（淋病雙球菌）後，已半世紀餘，數十年間不同的抗藥菌種前仆後繼地進入醫院與生物體內。倘使人類毫無警覺地繼續濫用、誤用抗生素，細菌將在這場大戰中贏得最後勝利。

解決抗藥性的方法看似簡單，做來其實不易，首先必須嚴守「抗生素用於治療細菌性傳染病」準則，因此病毒引起的傷風、感冒絕不可使用；其次是用藥前須確認病原菌（尤其是抗藥菌種）、有效藥物與治療劑量。接著是減少抗生素在養殖業的使用量，避免抗藥菌種在人畜間散布。積極研發疫苗應是杜絕感染的最佳途徑，但必須投入大量經費與時間進行研發；因此提升免疫力，避免遭受細菌感染應是人人皆可為的積極對抗之策。

第三篇　病毒學

Virology

病毒 (virus) 是目前所知形體最小，構造最簡單的微生物。它缺乏細胞構造，不會分泌毒素，卻能藉由與細胞的專一性結合，感染地球上包括細菌、黴菌、藻類、原蟲、蠕蟲、植物、動物、人類在內的所有生物。病毒是醫學上極為重要的微生物，臨床上半數以上之感染症因它而起，多種癌症的發生亦與它有關。

奈米 (nanometer, nm) 是測量病毒時使用的單位。B19 病毒是最小的病毒，其直徑僅 18nm；痘病毒是最大的病毒，其直徑則有 350-400nm。病毒的外型在電子顯微鏡下十分不同，有些呈球體、有些似子彈、有些細長如絲、有些則如人造衛星。

擁有一種核酸 (DNA or RNA) ，使病毒異於其他微生物之處再添一樁。它會依據核酸的種類選擇複製場所，因此 DNA 病毒在宿主細胞核（例外：痘病毒在細胞質）複製基因體，RNA 病毒則是在宿主細胞質（例外：流感病毒在細胞核）複製核酸。

病毒屬於絕對細胞內寄生性微生物 (obligate intracellular microbes) ，它進入宿主細胞（host cell, 受感染細胞）後不僅利用能量，甚至全面掌控複製機轉，號令所有細胞酵素為其進行繁殖工作。

第一章 病毒解剖學

Viral Anatomy

病毒的基本構造為殼體與基因體，部分病毒尚擁有套膜。病毒顆粒 (virus particle) 與病毒子 (virion) 為學理上常見之名稱，它指的是具有完整結構且存在細胞外的病毒。

第一節　殼體

殼體 (capsid, protein coat) 由殼小體 (capsomere) 組成，它能保護核酸、避免其遭受環境中酵素分解。殼小體的數目多寡因病毒種類而不同，其排列方式能決定殼體的外形：螺旋對稱 (helical symmetry)、二十面對稱 (icosahedral symmetry) 或複雜對稱 (complex symmetry)，如圖 3.1.1 所示。必須注意的是殼體的英文寫法有兩種，capsid 與 nucleoprotein，前者多用在二十面體對稱型病毒，後者可譯為核蛋白，通常用在螺旋對稱型病毒。

第二節　基因體

病毒僅擁有一種核酸（DNA 或 RNA），再加上它的種類、數目、形態皆異於其他微生物，學理上因此以基因體 (genome) 稱之。病毒基因體計有以下數類。

1.DNA

(1) 線狀雙股 DNA(linear double-stranded DNA)：近七成 DNA 病毒擁有此種核酸，例如腺病毒、痘病毒、EB 病毒、巨細胞病毒、單純疱疹病毒、水痘帶狀疱疹病毒、人類疱疹病毒第 6 型、人類疱疹病毒第 8 型。

(2) 環狀雙股 DNA(circular double-stranded DNA)：攜帶此種 DNA 之病毒通常與腫瘤的發生有關，例如 B 型肝炎病毒、人類乳突瘤病毒。

(3) 線狀單股 DNA(linear single-stranded DNA)：此類核酸極為罕見，它可以是正性或負性單股 DNA，所有感染人類的病毒中僅 B19 病毒（小 DNA 病毒）擁有單股 DNA。

2.RNA

(1) 不分段線狀單股 RNA(non-segmented linear single-stranded RNA)

A. 正性 (positive sense)：擁有此種核酸之病毒種類最多，如腸病毒、艾科

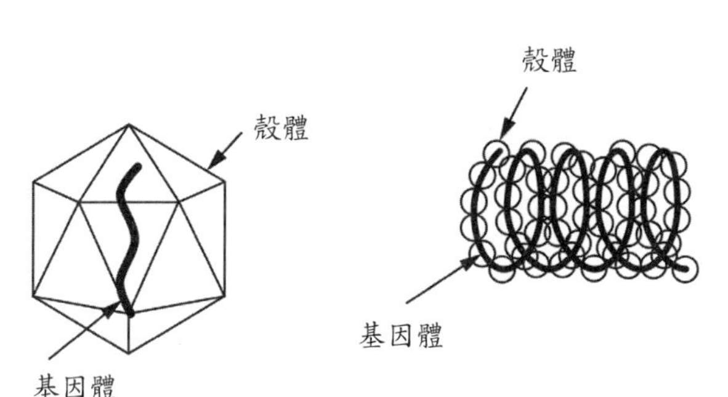

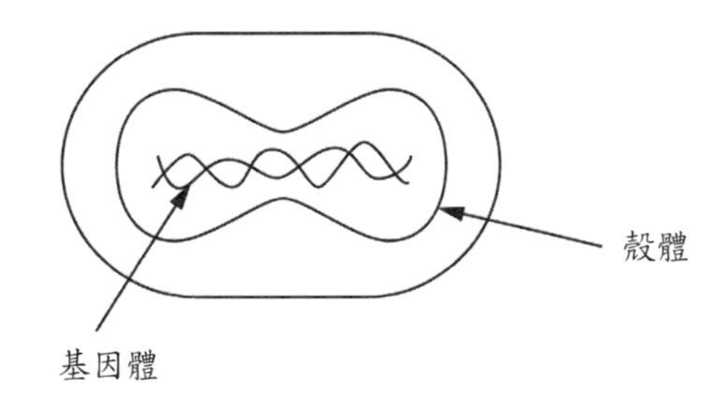

圖 3.1.1　病毒殼體外型
二十面對稱（左）、螺旋對稱（中）、複雜對稱（右）。

病毒、星狀病毒、冠狀病毒、SARS 冠狀病毒、克沙奇病毒、小兒麻痺病毒、日本腦炎病毒、A 型肝炎病毒、C 型肝炎病毒、E 型肝炎病毒、德國麻疹病毒。此種核酸可以直接轉譯出病毒蛋白質，有時亦稱它為具感染力核酸 (infectious nucleic acid)。

B. 負性 (negative sense)：負性單股 RNA 必須先轉錄成正股 RNA 後，才能製造蛋白質，學理上稱之為無感染力核酸 (non-infectious nucleic acid)；狂犬病毒、麻疹病毒、立百病毒、副流感病毒、腮腺炎病毒、伊波拉病毒、呼吸道細胞融合病毒等擁有此種核酸。

(2) 分段線狀負性單股 RNA(segmented negative sense linear single-stranded RNA)：擁有此種核酸者包括流感病毒（7-8 條 RNA）、拉薩病毒、淋巴細胞脈絡叢腦膜炎病毒（2 條 RNA）、漢他病毒（3 條 RNA）；值得注意的是，除流感病毒外，餘者之核酸兼具正性與負性。

(3) 雙套正性線狀單股 RNA(diploid positive sense linear single-stranded RNA)：反轉錄病毒的核酸為 2 條核苷酸序列完全相同之正性單股 RNA ，屬於雙套基因體 (diploid genome)；其他病毒的核酸皆為單套基因體 (haploid genome)。

(4) 多條線狀雙股 RNA(segmented linear single-stranded RNA)：呼腸病毒科擁有此種基因體，其中最為常見之輪狀病毒有 11 條雙股 RNA。

(5) 環狀單股 RNA(circular single-stranded RNA)：D 型肝炎病毒及感染植物之類病毒擁有此種核酸。

第三節 套膜

此種構造亦稱胞膜 (envelope) 、外套膜或脂質雙層 (lipid bilayer) ，如圖 3.1.2 所示，它來自宿主的細胞膜、細胞核膜或內質網膜，對酸、鹼、溫度、酒精、乙醚皆敏感；換言之，具套膜的病毒遭遇前述物質時極容易喪失感染力。套膜內有基質蛋白 (matrix, matrix protein, M) ，它是一種連接套膜與核心（核酸與殼體）的構造蛋白，參與新病毒的組合工作。

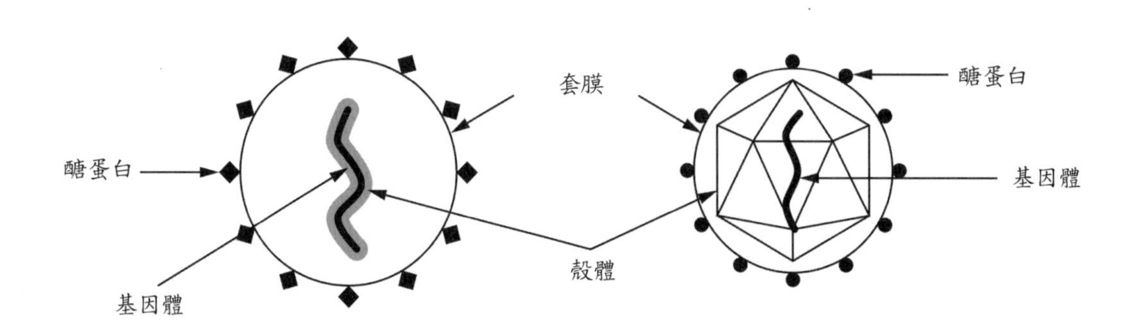

圖 3.1.2　具套膜病毒，螺旋形（左），二十面體（右）

1.套膜來自細胞膜之病毒

(1)DNA 病毒：痘病毒科。

(2)RNA 病毒：砂狀病毒科、布尼亞病毒科、黃病毒科、正黏液病毒科、副黏液病毒科、桿狀病毒科、反轉錄病毒科、套膜病毒科。

2.套膜來自細胞核膜之病毒

(1)DNA 病毒：疱疹病毒科。

(2)RNA 病毒：無。

3.套膜來自內質網膜之病毒

(1)DNA 病毒：肝 DNA 病毒科。

(2)RNA 病毒：冠狀病毒科。

第四節　醣蛋白

病毒感染細胞時必須借助套膜或殼體上的醣蛋白（glycoprotein），它能與接受器進行專一性的結合，相關說明見本篇第三章「病毒的繁殖」。

第五節　其他

病毒的大小通常與其獨立性有關，體形或核酸分子量較大的病毒能製造多種酵素或構造蛋白，因此對宿主細胞的依賴度較低。舉例而言，疱疹病毒能合成百餘種酵素，它們不僅參與複製，甚至執行複雜的調控機轉；痘病毒擁有複製所需之酵素，因此成為唯一能在細胞質繁殖後代的 DNA 病毒。相反地，形體最小的 B19 病毒需依賴細胞提供酵素才能繁殖，僅能感染有絲分裂中的骨髓細胞或前紅血球細胞。

相對於 DNA 病毒，宿主細胞無法提供 RNA 病毒複製所需之酵素，因此負性單股 RNA 病毒必須自行攜帶 RNA 聚合酶，正性單股 RNA 病毒則是在進入細胞質後立即製造。

第二章　病毒的分類

Viral classification

林奈 (Linnaeus) 於十八世紀發明二名法後，屬名與種名即代表一個物種，例如大腸桿菌為 *Escherichia coli* 、金黃色葡萄球菌為 *Staphylococcus aureua*。病毒的命名稍有不同，種名（不需屬名）便能代表一種病毒。若要進一步區分病毒種，則可使用型(serotype)、亞型(subtype)或株(strain)。

依據核酸種類、殼體對稱、套膜有無、繁殖處，可將感染人類的病毒分為 7 種 DNA 病毒科、14 種 RNA 病毒科。

第一節　DNA 病毒

1.線狀雙股 DNA 病毒

科別	套膜	殼體	臨床上重要的病毒種
腺病毒科 *Adenoviridae*	-	二十面	人類腺病毒 (human adenovirus, adenovirus)
疱疹病毒科 *Herpesviridae*	+	二十面	巨細胞病毒 (cytomegalovirus, CMV) EB 病毒 (Epstein-Barr virus, EB virus) 單純疱疹病毒 (herpes simples virus, HSV) 水痘帶狀疱疹病毒 (varicella-zoster virus, VZV) 人類疱疹病毒第六型 (human herpesvirus 6, HHV-6) 人類疱疹病毒第八型 (human herpesvirus 8, HHV-8)
痘病毒科 *Poxviridae*	+	複雜形	傳染性軟疣病毒 (molluscum contagiosum virus) 天花病毒 (variola virus, smallpox virus) 猴痘病毒 (monkeypox virus) 牛痘病毒 (cowpox virus) 痘苗病毒 (vaccinia virus)

2.環狀雙股 DNA 病毒

科別	套膜	殼體	臨床上重要的病毒種
肝 DNA 病毒科 *Hepadnaviridae*	+	二十面	B 型肝炎病毒 (hepatitis B virus)
乳突瘤病毒科 *Papillomaviridae*	-	二十面	人類乳突瘤病毒 (human papillomavirus, HPV)
多瘤病毒科 *Polyomaviridae*	-	複雜形	BK 病毒 (BK virus) JC 病毒 (JC virus)

3.單股線狀 DNA 病毒

科別	套膜	殼體	臨床上重要的病毒種
小 DNA 病毒科 *Parvoviridae*	-	二十面	B19 病毒 (B19 B virus)

第二節　RNA 病毒

1.線狀（不分段）正性單股 RNA 病毒

科別	套膜	殼體	臨床上重要的病毒種
星狀病毒科 *Astroviridae*	-	二十面	星狀病毒 (astrovirus)
杯狀病毒科 *Caliciviridae*	-	二十面	諾羅病毒 (Norovirus) 諾克病毒 (Norwalk virus) 類諾克病毒 (Norwalk-like virus) 沙波病毒 (Sapovirus)
冠狀病毒科 *Coronaviridae*	+	螺旋形	冠狀病毒 (coronavirus) 嚴重急性呼吸道症候群冠狀病毒 (severe acute respiratory syndrome coronavirus, SARS-CoV) 中東呼吸道症候群冠狀病毒 (Middle East respiratory syndrome coronavirus, MERS-CoV)
黃病毒科 *Flaviviridae*	+	二十面	登革病毒 (Dengue virus) 日本腦炎病毒 (Japanese encephalitis virus) 黃熱病病毒 (yellow fever virus) 西尼羅病毒 (West-Nile virus) 聖路易腦炎病毒 (St. Louis encephalitis virus) C 型肝炎病毒 (hepatitis C virus) G 型肝炎病毒 (hepatitis G virus)
微小 RNA 病毒科 *Picornaviridae*	-	二十面	克沙奇病毒 (Coxsackie virus) 艾科病毒 (Echovirus) 腸病毒 (enterovirus) 小兒麻痺病毒 (poliovirus) 鼻病毒 (rhinovirus) A 型肝炎病毒 (hepatitis A virus)

科別	套膜	殼體	臨床上重要的病毒種
套膜病毒科 *Togaviridae*	+	二十面	德國麻疹病毒 (rubella virus, German measles virus) 羅斯河病毒 (Ross River virus) 曲弓病毒 (Chikungunya virus) 東部馬腦炎病毒 (Eastern equine encephalitis virus) 西部馬腦炎病毒 (Western equine encephalitis virus) 委內瑞拉馬腦炎病毒 (Venezualan equine encephalitis virus)

2.不分段線狀負性單股 RNA 病毒

科別	套膜	殼體	臨床上重要的病毒種
副黏液病毒科 *Paramyxoviridae*	+	螺旋形	麻疹病毒 (measles virus) 腮腺炎病毒 (mumps virus) 人類間質肺炎病毒 (human metapneumovirus) 副流感病毒 (parainfluenza virus) 呼吸道細胞融合病毒 (respiratory syncytial virus) 尼帕病毒 (Nipah virus) 亨德拉病毒 (Hendravirus)
桿狀病毒科 *Rhabdoviridae*	+	螺旋形	狂犬病毒 (rabies virus)
絲狀病毒科 *Filoviridae*	+	螺旋形	伊波拉病毒 (Ebola virus) 馬堡病毒 (Marburg virus)

3.分段正性與負性單股 RNA 病毒

科別	套膜	殼體	臨床上重要的病毒種
沙狀病毒科 *Arenaviridae*	+	螺旋形	拉薩病毒 (Lassa virus) 淋巴細胞脈絡叢腦膜炎病毒 (lymphocytis chriomeningitis virus)
布尼亞病毒科 *Bunyaviridae*	+	螺旋形	漢他病毒 (Hantavirus) 雷夫谷熱病毒 (Rift valley fever virus) 加州腦炎病毒 (California encephalitis virus) 克里米亞剛果出血熱病毒 (Crimean-Congo hemorrhagic virus)

4.分段負性單股 RNA 病毒

科別	套膜	殼體	臨床上重要的病毒種
正黏液病毒科 *Orthomyxoviridae*	+	螺旋形	流感病毒 (influenza virus)

5.雙套正性線狀單股 RNA 病毒

科別	套膜	殼體	臨床上重要的病毒種
反轉錄病毒科 *Retroviridae*	+	二十面	人類嗜 T 細胞病毒 (human T cell lymphotropic virus)
		錐形	人類免疫缺失病毒 (human immunodeficiency virus, HIV)

6.多條線狀雙股 RNA 病毒

科別	套膜	殼體	臨床上重要的病毒種
呼腸病毒科 *Reoviridae*	-	二十面	輪狀病毒 (rotavirus) 克羅拉多蜱熱病毒 (Colorado tick fever virus)

第三章 病毒的繁殖

Viral Multiplication

一般微生物以有性或無性生殖繁衍後代，病毒則是以一步驟法 (one step multiplication) 進行複製，其過程可分為：(1) 吸附；(2) 穿透與脫殼；(3) 核酸複製與蛋白質合成；(4) 組合與釋出。如圖 3.3.1 所示。

第一節　吸附

病毒繁殖始於醣蛋白與細胞接受器的結合——吸附 (attachment, absorption) ，目前已知的醣蛋白如表 3.3.1 所列。它們的名稱因病毒而不同，有些直接稱醣蛋白，有些稱病毒蛋白，有些則根據位置或其他功能命名。值得一提的是人類免疫缺失病毒（愛滋病毒）的醣蛋白必需分別與接受器、輔助接受器結合後才能進行有效的感染。

第二節　穿透與脫殼

完成吸附後，病毒即利用各種穿透 (entry, penetration) 機轉進入宿主細胞。裸病毒可以直接或經由胞飲作用（endocytosis ，其過程類似吞噬作用）進入細胞內。具套膜者亦同，但它的套膜會與細胞膜融合或與吞噬泡的膜融合後再將核心送入細胞。殼體與核酸分離（即脫殼，uncoating）後，病毒基因體即展開核酸複製的工作。

第二節　核酸複製與蛋白質合成

脫殼後的 DNA 會進入細胞核內複製 (replication) ，RNA 則留在細胞質中複製；但兩者皆利用細胞質中的 tRNA 、核糖體等合成病毒蛋白。值得提醒的是痘病毒在

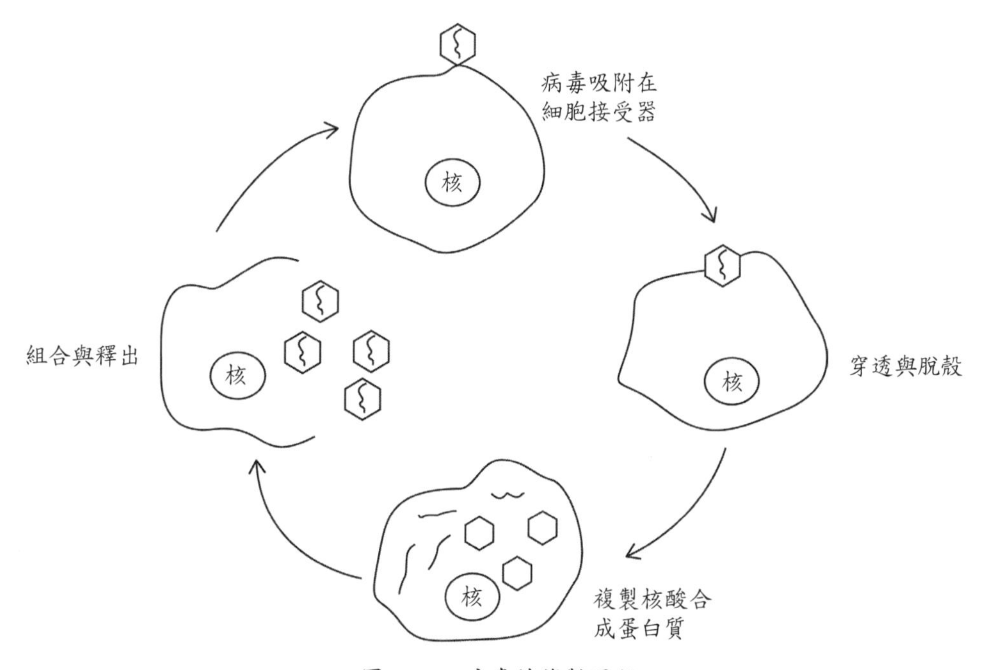

圖 3.3.1　病毒的複製過程

表 3.3.1

病毒（醣蛋白）	細胞接受器
DNA 病毒	
單純疱疹病毒（醣蛋白 B 與 C）	硫酸類肝素 (Heparan sulfate)
巨細胞病毒（醣蛋白 B 與 C）	
水痘帶狀疱疹病毒（醣蛋白 B 與 C）	
人類疱疹病毒第 8 型（醣蛋白 B）	
B19 病毒（病毒蛋白 1 與 2）	組合蛋白 (Integrin)
B 型肝炎病毒（表面抗原，HBsAg）	硫酸類肝素
RNA 病毒	
輪狀病毒（病毒蛋白 4）	組合蛋白
流感病毒（血球凝集素）	唾液酸 (Sialic acid)
冠狀病毒（突刺）	
鼻病毒（病毒蛋白 1, 2, 3）	黏附因子 (ICAM-1)
克沙奇病毒（病毒蛋白 1, 2, 3）	唾液酸或黏附因子
人類間質肺炎（融合蛋白）	硫酸類肝素
麻疹病毒（血球凝集素）	CD46
狂犬病毒（醣蛋白 G）	乙醯膽鹼接受器 (Acetylcholine receptor)
呼吸道細胞融合病毒	硫酸類肝素
人類免疫缺乏病毒（醣蛋白 120） 人類免疫缺乏病毒（醣蛋白 41）	CD4 輔助接受器 (CXCR4 或 CCR5)

細胞質複製 DNA，流感病毒與反轉錄病毒則是在細胞核內複製基因體。

1. 雙股 DNA 病毒

病毒的基因體進入細胞核後，存在其中的 DNA 聚合酶 (DNA polymerase) 或病毒自有之 DNA 複製酶會立即啟動合成新基因體的工作。緊接著，宿主或病毒轉錄酶會以基因體為模板轉錄出 mRNA，後者由細胞核轉入細胞質再製造出病毒蛋白（構造蛋白與功能蛋白）。

2. 單股 RNA 病毒

宿主細胞內無複製 RNA 之酵素，因此正單股 RNA 病毒會先製造 RNA 聚合酶，工作結束後再製造殼體、醣蛋白、基質蛋白、融合蛋白等構造蛋白。負單股 RNA 病毒必須使用自有之複製酶轉錄出

mRNA，再以其為模板合成功能蛋白。爾後之複製過程則與正單股 RNA 相同。

3. 雙套單股 RNA 病毒

反轉錄病毒雖有雙套正性單股 RNA 卻無法直接轉譯出蛋白質。過程中結合在基因體上的反轉錄酶會利用 RNA 為模板製造 DNA，後者接著嵌入細胞的染色體中，再以宿主的 RNA 聚合酶製造 mRNA 及病毒基因體。

4. 單股 DNA 病毒

此類病毒的複製步驟為：(1) 細胞核內之酵素將單股 DNA 複製為雙股；(2) 雙股 DNA 轉錄出 mRNA；(3) mRNA 移入細胞質中製造病毒蛋白；(4) 功能性蛋白以雙股 DNA 為模板合成正性與負性單股 DNA。

5. 雙股 RNA 病毒

它會利用自有之 RNA 複製酶轉錄出 mRNA 與正單股 RNA，前者繼續轉譯為病毒蛋白，後者則直接進入構造蛋白組成之殼體中；之後再以其為模板合成負單股 RNA，完成後即是名副其實之雙股 RNA。

第三節　組合與釋出

病毒的核酸、殼體與其他構造蛋白組合 (assembly) 後，新病毒會從細胞釋出 (releasing)，繼續另一個感染週期。裸病毒會直接釋出，具套膜之病毒則先裹上細胞膜、細胞核膜或內質網膜後再離開宿主細胞。

病毒的感染結果視種類而不同，其型態包括：(1) 溶解性感染 (lytic infection)：多屬急性感染，造成宿主細胞死亡；(2) 潛伏性感染 (latent infection)：病毒與宿主共存，導致疾病復發或誘導細胞癌變；(3) 變性感染 (transform infection)：病毒蛋白與抑制細胞增生之 RB 或 p53 結合，使細胞大量繁殖，最後成為腫瘤細胞。

學理上常將病毒接種至細胞，再依據其繁殖過程繪製成生長曲線（圖 3.3.2）；其中包括隱蝕期 (eclipse period)、組合、釋出。隱蝕期指的是病毒進入細胞後，開始複製核酸、合成蛋白質的階段；由於尚未生成新病毒，因此細胞外或培養基中無法測得病毒蹤跡。

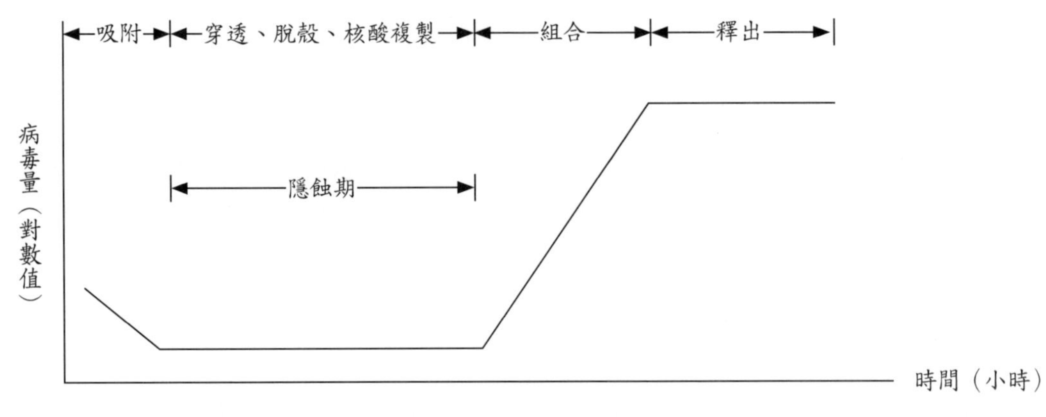

圖 3.3.2　病毒的繁殖曲線

第四章 抗病毒劑與抗藥性

Antiviral Agents and Drug Resistance

病毒的構造簡單、繁殖過程亦不複雜，再加上持有之酵素不多，臨床上用於治療病毒感染症之藥物自然比抗生素少。若根據作用機轉分類，可得以下數種：脫殼抑制劑、核酸複製干擾劑、釋出抑制劑、蛋白酶抑制劑、反轉錄酶抑制劑。

第一節　脫殼抑制劑

此類藥物包括 amantadine 與 rimantadine，它們專門作用在 A 型流感病毒的離子通道蛋白 (M2)，使細胞中的氫離子無法進入病毒，阻斷殼體與基因體分離。

第二節　釋出抑制劑

2009 年墨西哥型流感疫情發生時廣為人知的克流感 (oseltamivir, Tamiflu)，其實是一種神經胺酸酶 (neuraminidae) 抑制劑。它能破壞此種酵素分解唾液酸的能力，導致流感病毒無法自宿主細胞釋出，病程因此得以縮短。

第三節　蛋白酶抑制劑

腸病毒、愛滋病毒、A 型肝炎病毒、C 型肝炎病毒、E 型肝炎病毒、人類免疫缺乏病毒等在繁殖過程中會產生多蛋白 (polyprotein)，它必須經過細胞或病毒蛋白酶的切割後才能執行功能。若蛋白酶活性受抑制，病毒繁殖即告終止。已問世之蛋白質抑制劑 (protease inhibitor) 多用於治療愛滋病，如 Indinavir(IDV)、Saquinavir(SQV)、Ritonavir(RTV)、Nelfinavir(NFV)、Atazanavir、Tipanavir、Darunavir。

第四節　反轉錄酶抑制劑

對人類具致病性的已知病毒中僅愛滋病毒、B 型肝炎病毒、人類嗜 T 細胞病毒擁有反轉錄酶，此種酵素能將 RNA 反轉錄為 DNA。目前使用之反轉錄酶抑制劑計有兩種，其一為類核苷型，其二為非核苷型。

1.類核苷型反轉錄酶抑制劑 (nucleoside reverse-transcriptase inhibitors, NRTI)

化學結構與核苷酸 (adenosine, guanosine, cytidine, thymidine, uridine, inosine) 相似之藥物（圖 3.4.1），如 azidothymidine(AZT)、lamivudine(3TC)、abacavir(ABC)、dideoxycytidine(ddC)、didanosine(ddI)、stavudine(d4T)、tenofovir。病毒若在此類藥物下進行繁殖，會將它們置入複製中的核酸序列，導致反轉錄的終止，新病毒因此無法生成。

2.非核苷型反轉錄酶抑制劑 (non-nucleoside reverse-transcriptase inhibitors, NNRTI)

此類藥物的構造與核苷全然不同，因此作用機轉異於上述製劑。它們能與反轉錄酶的酵素中心結合，瓦解其功能，常用者如 delavirdine mesylate 、efavirenz 、nevirapine。

第五節　核酸複製干擾劑

DNA 合成抑制劑多用於疱疹病毒引起的感染症，如唇疱疹、帶狀疱疹、生殖器疱疹、新生兒水痘、新生兒疱疹等。此類製劑包括 acyclvir (aciclovir) 、brivudine 、ganciclovir 、famciclovir，其結構皆類似於核苷（圖 3.4.2），作用機轉則與第四節所述之類核苷反轉錄酶相近。

前段之 DNA 抑制劑必須先經病毒激酶 (kinase) 或胸苷激酶 (thymidine kinase, TK) 磷酸化，再經細胞胸苷激酶的二度磷酸化後，才具有干擾效果，如圖3.4.3所示。

第六節　其他

1. 干擾素 (interferon, IFN)

病毒感染個體後，T 細胞、巨噬細胞、纖維母細胞、自然殺手細胞會相繼分泌干擾素，抑制病毒繁殖。藥廠利用基因工程製造之人工干擾素 -α 已用於治療癌症、愛滋病、B 型肝炎與 C 型肝炎。

2. Ribavirin

Ribavirin 的構造類似鳥苷，細胞激酶將其磷酸化後即插入合成中的核酸 (DNA 或 RNA) 、進而干擾複製；它亦能抑制加

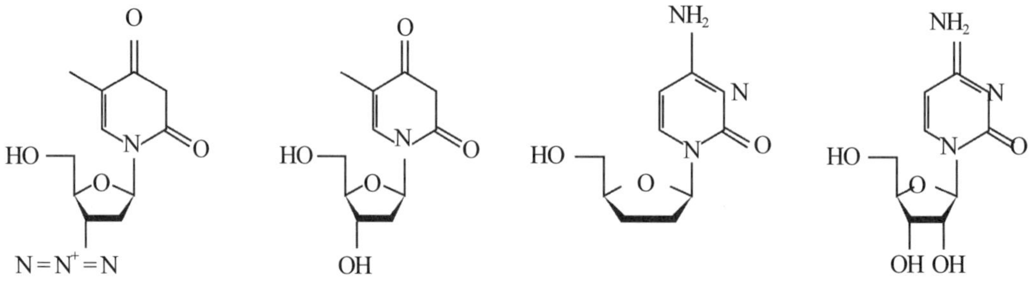

O O NH_2 NH_2
N N N N
HO N O HO N O HO N O HO N O
O O O O
$N=N^+=N$ OH OH OH

圖 3.4.1　核苷與反轉錄酶抑制劑

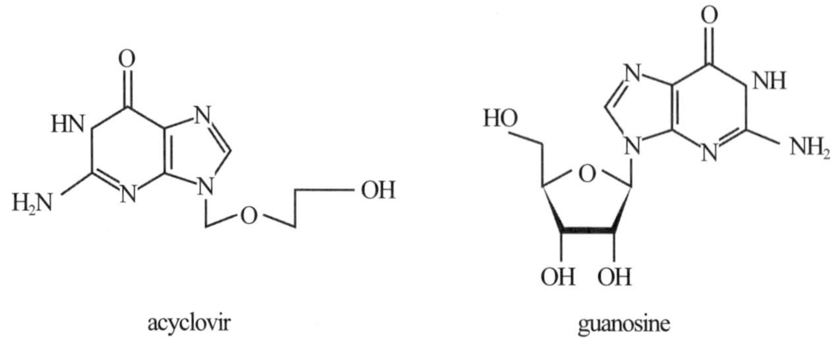

O O
HN N N NH
HO
H_2N N N OH N N NH_2
O O
OH OH

acyclovir　　guanosine

圖 3.4.2　acyclovir 與 guanosine

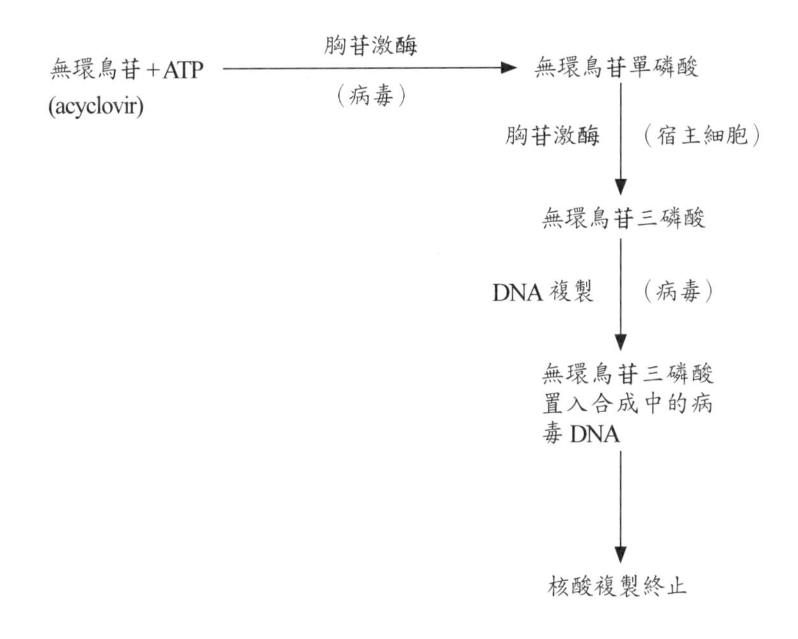

圖 3.4.3　acyclovir 的磷酸化過程與作用機轉

冒反應 (capping)，使 mRNA 無法順利進行轉譯、合成蛋白質。Ribavirin 可以治療多種 DNA 與 RNA 病毒引起的感染症，因此屬於少見之廣效型抗病毒製劑。

3.Rifampin

此種藥物既可結合至轉錄酶，抑制細菌合成 RNA ，亦能抑制病毒殼體與核酸之組合。

4.核酶 (ribozyme)

1982 年發現的核酶其實是一種存在細胞內的短鏈 RNA ，它先捲曲為類髮夾型（圖 3.4.4）或類斧頭型結構，再結合至 mRNA 上且定點地將其切斷。目前已有人工合成品，未來可以成為愛滋病治療劑的選項之一。

5.反義寡核苷酸 (antisense oligonucleotide)

根據病毒特定序列合成之短單鏈 DNA 或 RNA 即為反義寡核苷酸，它能與 mRNA 結合，使後者無法轉譯出蛋白質，如圖 3.4.5 所示。目前用於臨床上之反義寡核苷酸為 formivirsen，它含有 21 個核苷酸 (5’-GCG TTT GCT CTT CTT CTT-3’)，自 1998 年起便是巨細胞病毒型視網膜炎的主要治療劑。

第七節　抗藥性

抗病毒製劑為數較少，一般人因此不熟悉抗藥性的相關報導；但近年來此類問題卻有愈演愈烈之勢，表 3.4.1 所示為目前已知的病毒抗藥性。

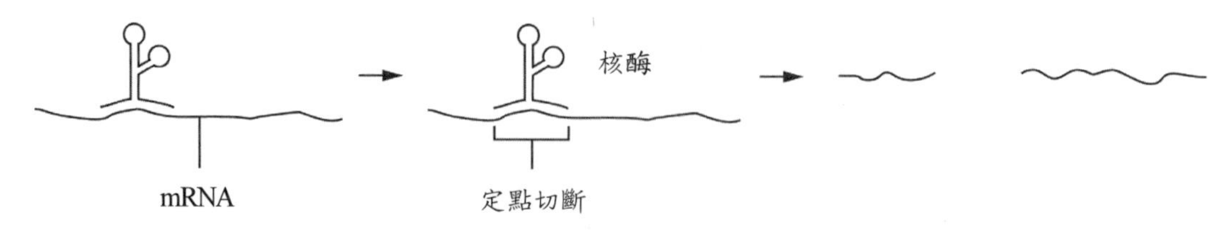

圖 3.4.4　核酶的作用機轉

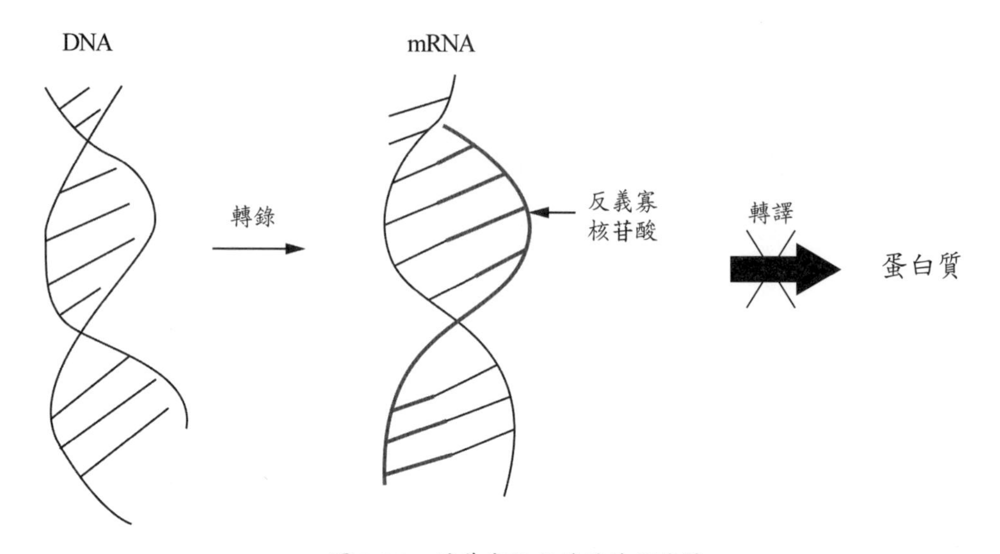

圖 3.4.5　反義寡核苷酸的作用機轉

表 3.4.1

病毒	變異	對抗之藥物
A 型流感病毒	M2 蛋白	Amantadine, rimantadine
單純疱疹病毒 水痘帶狀皰疹病毒	胸苷激酶、DNA 複製酶	Acyclovir, ganciclovir
巨細胞病毒	UL97、DNA 複製酶	Ganciclovir, foscarnet
C 型肝炎病毒	5A 醣蛋白	Interferon
B 型肝炎病毒	反轉錄酶	Lamivudine
人類免疫缺乏病毒	蛋白酶	蛋白酶抑制劑
	反轉錄酶	反轉錄酶抑制劑

第四篇 眞菌學
Mycology

地球上被發現之真菌（fungi, 黴菌）已達五萬餘種，就外形、構造、特性而論，它們與細菌全然不同。首先，真菌屬於真核型微生物 (eukaryotic microbes) ，通常以有機物為能量與碳素的來源，一般生長在 20-30℃的大氣中；構造複雜且擁有完整的胞器—細胞質內負責特定功能之構造。

真菌與人類的生活息息相關，它們提供：(1) 烘培時使用的酵母菌；(2) 製造啤酒、萊姆酒、威士忌、工業酒精等所需之菌種；(3) 生物整治材料，吸附重金屬、分解烷類與油脂；(4) 營養補充品，如礦物質、B 群維生素；(5) 天然抗生素，如青黴素、頭孢菌素、四環黴素；(6) 味精、矯味劑等調味料。除此之外，真菌亦是人體的常在菌，如體表的酵母菌以及存在口腔、小腸、陰道的白色念珠菌。

能感染人類的真菌僅兩百餘種，它們的致病因子不似細菌多樣，但亦能藉由吸附、毒素或抗吞噬等機轉破壞宿主細胞，引起表皮、皮下、全身性感染症。昔日之真菌感染症 (mycosis) 多集中於皮膚，然隨著人口的老年化，結核與愛滋患者人數的增加，伺機性真菌感染症不僅向上攀升，治癒率亦有逐漸下探之趨勢。

第一章　眞菌解剖學

Fungal Anatomy

第一節　外形

真菌的外形有三，即酵母菌形、菌絲形與二型性形。

1.酵母菌形眞菌 (yeast form fungus)

單細胞，構造簡單，種類較少，如隱球菌、麵包酵母菌、啤酒酵母菌。分裂時，體形較小的子代常與形體較大的親代相連，最後形成假菌絲 (pseudomycelium)，如圖 4.1.1 所示。

2.菌絲形眞菌 (mold form fungus)

多細胞，構造複雜、種類最多，如接合菌、子囊菌、擔子菌與不完全菌，它們擁有營養菌絲 (substrate mycelium) 與繁殖菌絲 (reproductive mycelium) ，如圖 4.1.2 所示。前者能固著且鑽入果皮、腐木、動物屍體等有機物體內吸收營養素；後者能產生孢子，繁衍後代。

3.二型性形眞菌 (dimorphic fungus)

此類真菌極為特殊，環境中 (25℃) 呈菌絲形，進入人體後 (37℃) 呈酵母菌形，如白色念珠菌、皮炎芽生菌、粗球孢子菌、巴西副球孢子菌、莢膜組織胞漿菌、申克氏孢子絲菌等，它們多能感染人類。

第二節　酵母菌形真菌的構造

1.細胞壁 (cell wall)

真菌的細胞壁成分既非原核生物之胜醣、亦非植物之纖維素，而是由乙醯葡萄胺糖 (N-acetylglucosamine) 組成的幾丁質 (chitin) ，見圖 4.1.3。此種多醣 (modified polysaccharide) 亦存在甲殼類與節肢動物的外骨骼中，因此又被稱為甲殼素或殼多醣。

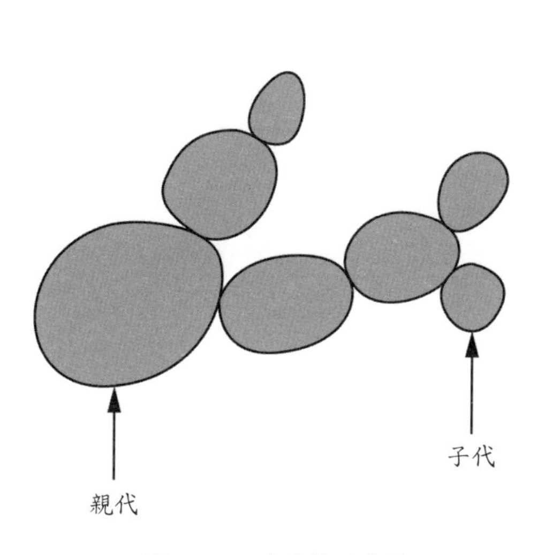

圖 4.1.1　酵母菌形眞菌

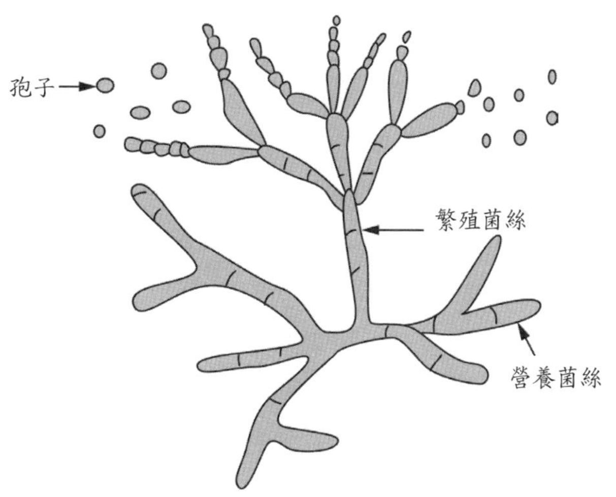

圖 4.1.2　菌絲形眞菌

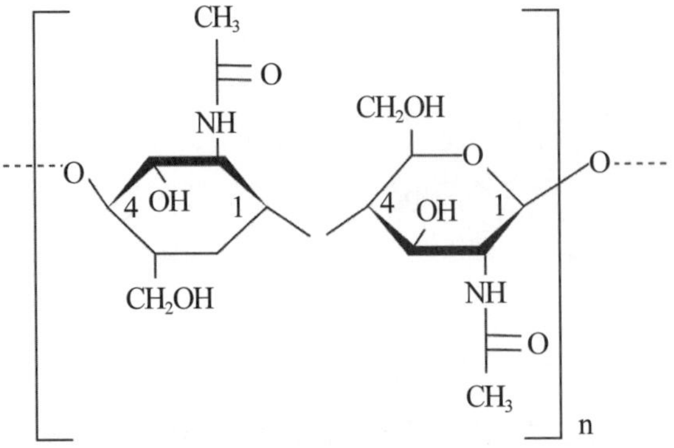

圖 4.1.3　幾丁質的化學結構式

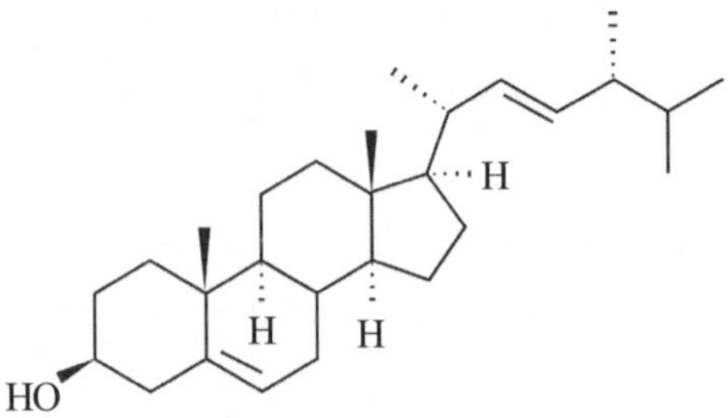

圖 4.1.4　麥角固醇的化學結構式

2.細胞膜 (cell membrane)

控制物質進出之細胞膜由磷脂質、蛋白質組成，具細胞結構者皆擁有此種構造，但值得注意的是真菌細胞膜中存在質地堅韌的麥角固醇 (ergosterol)。若欲培養真菌，必須在人工培養基中加入麥角固醇，其結構如圖 4.1.4 所示。

3.細胞質 (cytoplasm)

真菌細胞質內存在多種執行特定功能之胞器。

(1) 細胞核 (nucleus)：核內最重要的成分為染色體 (chromosome)，它攜帶的遺傳物質 (genetic material)——核苷酸，能決定物種的形性。除染色體外，細胞核中尚有蛋白質、DNA 轉錄之 mRNA (messenger RNA)，以及分裂時才出現之核仁。

(2) 粒線體 (mitochondria)：多數學者認為粒線體其實是寄生在原始細胞內的生物演化而來，因為它擁有異於細胞的 DNA 、RNA 及胺基酸編碼。其顯微構造包括脊 (cristae) 、基質 (matrix) 、內膜 (inner membrane) 、外膜 (outer membrane)，如圖 4.1.5 所示。

粒線體的功能包括：(a) 產能：基質與內膜含有許多酵素（酶，enzyme），它們負責啟動克氏循環、電子傳遞鏈、氧化磷酸反應；(b) 氧化脂質與丙酮酸；(c) 調控新陳代謝；(d) 合成固醇；(e) 貯存鈣離子；(f) 誘導細胞凋亡 (apoptosis)。

(3) 核糖體 (ribosome)：真菌擁有大量核糖體 (80S)，其構造可分為大次單位 (large subunit, 60S) 與小次單位 (small subunit, 40S) ，如圖 4.1.6 所示，兩者的成分皆為 rRNA (ribosomal RNA) 與蛋白質。游離型核糖體製造之蛋白質留在細胞質內，附著型核糖體合成之蛋白質會進入內質網糖化 (glycosylation) ，繼而進入高基氏體，再由細胞內的運輸系統將它送至細胞膜或運出細胞。

(4) 內質網 (endoplasmic reticulum, ER)：細胞核膜向外延伸形成相通之網狀般構造，即為內質網，此種由脂質雙層膜組成之胞器可分為平滑內質網 (smooth endoplasmic reticulum, SER) 與粗糙內質網

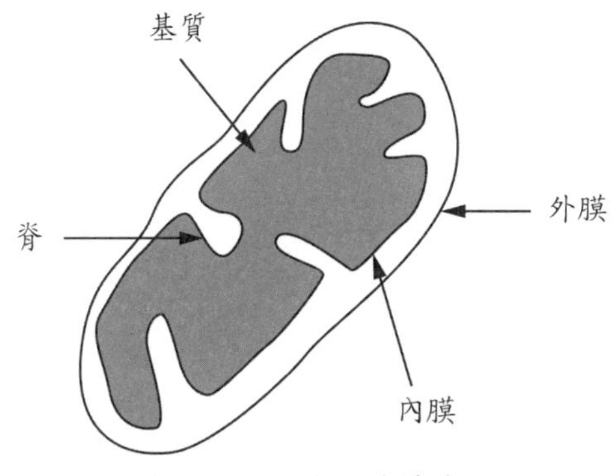

圖 4.1.5　粒線體的構造

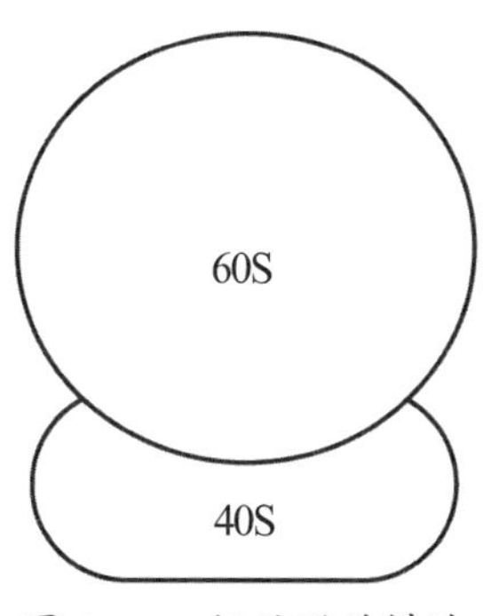

圖 4.1.6　核醣體的構造

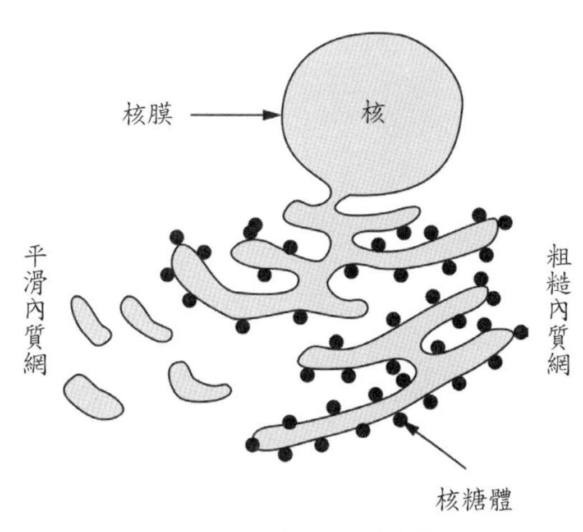

圖 4.1.7　內質網的構造

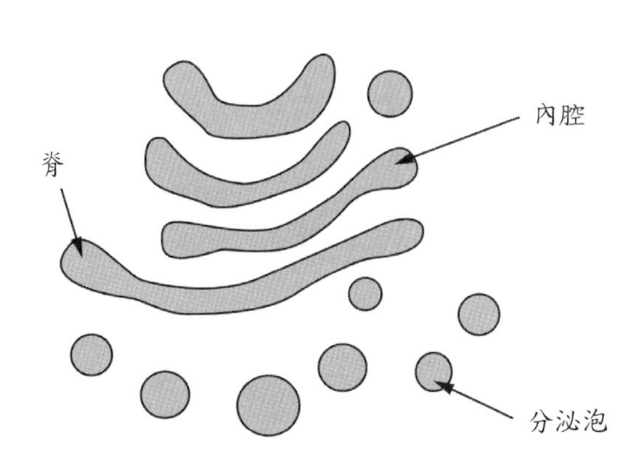

圖 4.1.8　高基氏體的構造

(rough endoplasmic reticulum, RER)，見圖 4.1.7。前者的功能較為複雜，包括製造脂質、調節血糖、協助肌肉收縮；後者的表面附有核糖體，負責糖化蛋白質並將它運至高基氏體 (Golgi apparatus, Golgi complex)。

(5) 高基氏體：此種胞器是由多個脂質雙層膜相疊而成，膜與膜之間不相通，見圖 4.1.8。它能進一步修飾來自內質網的蛋白質，再將其分類，最後再由分泌泡 (secretory vesicle) 將其送至各處或細胞外執行功能。

(6) 液泡 (vacuole)：真菌利用液泡儲存水分、脂質、磷酸或其他物質之構造，因此液泡中可見脂質顆粒 (lipid granules)、磷酸顆粒 (phosphate granules) 及其他顆粒。

(7) 微管 (microtubules)：細胞質內的微管用於固定胞器、維持外型，它是由管蛋白 (tubulin) 組成的空心細長纖維，亦是細胞骨架 (cytoskeleton) 的成分之一。

第二章 眞菌生理學 Fungal Physiology

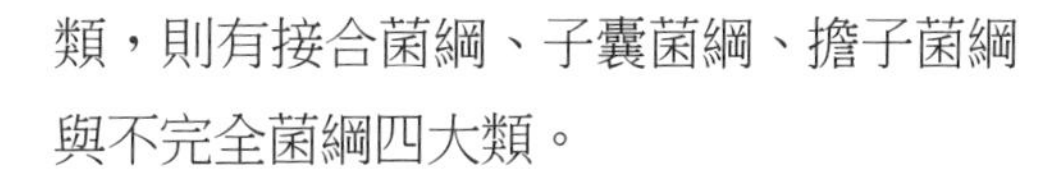

第一節　生長

真菌缺乏葉綠素，無法進行光合作用、亦無法利用二氧化碳；單醣、雙醣、有機酸等是其主要營養來源，因此屬於化合異營菌。有些真菌必須在氧氣具足的環境下生長，是為絕對嗜氧菌 (obligate aerobes)，有些則可同時生長在有氧與無氧中，屬於兼性厭氧菌 (facultative anaerobes)。目前尚未發現能生長在無氧下之絕對厭氧性真菌。此種真核型微生物多生長在 28-45℃的中性或微酸性環境，少數能生長在攝氏零度以下，但存活率較低。

第二節　繁殖

真菌利用無性生殖 (asexual reproduction) 或有性生殖 (sexual reproduction) 繁衍後代，前者為二分裂或出芽法，後者則是雌配子與雄配子的結合。若依據產生孢子的方式對真菌進行分類，則有接合菌綱、子囊菌綱、擔子菌綱與不完全菌綱四大類。

1. 接合菌綱 (*Zygomycota*)

生長在陸地之接合菌 (zygote fungi) 約有 600 種，多是腐生菌，但亦有與動植物共生之菌種。它們擁有單倍體（單套染色體，haploid）、無橫隔之營養菌絲。進行無性生殖時，孢子囊破裂後釋出的孢子 (sporangiospore)，隨風飄散，落在環境適宜即長出菌絲體。有性生殖時，配子囊中的雌、雄配子會結合並形成具有厚壁之接合子，橫隔會在此際出現。常見之接合菌包括黑黴菌（麵包黴）、水玉黴等（見圖 4.2.1）。

2. 子囊菌綱 (*Ascomycota*)

此類真菌的構造較接合菌複雜，營養菌絲與繁殖菌絲皆有橫隔，因此屬於高等真菌（見圖 4.2.2）。目前已知之子囊菌 (sac fungi) 約 60,000 種，居真菌界之冠；它們

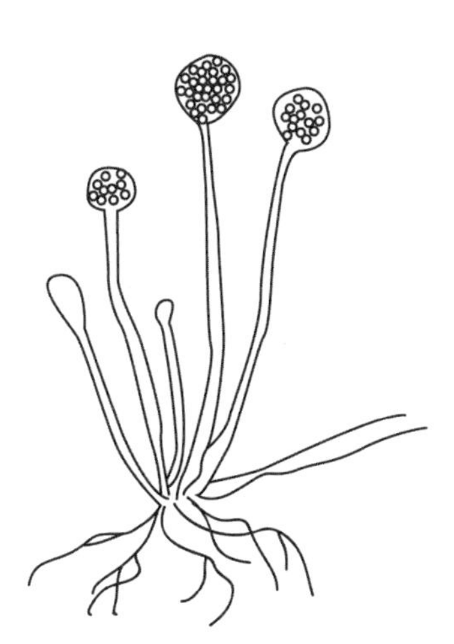

圖 4.2.1　接合菌的外形

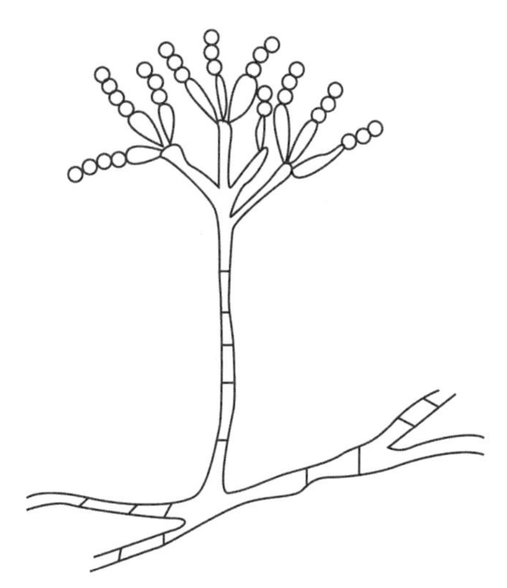

圖 4.2.2　子囊菌的外形

生長在陸地或水中，包括腐生、寄生（麴菌）、共生以及供食用（如松露、塊菇、羊肚菌、酵母菌）與藥用（冬蟲夏草）之菌種。

子囊菌亦能利用無性與有性生殖繁衍後代，前者是由分生孢子執行，它們會隨風飛散、落地或落入水中生長；後者則由子囊孢子 (ascospore) 負責，每個子囊果中能產生 4 至 16 個子囊孢子（數目多寡視菌種而不同），它們亦能長出菌絲體。

值得一提的是，單細胞之酵母菌雖屬於子囊菌綱，卻以出芽生殖 (budding) 繁衍後代，分裂出的體型較小的子代仍與母細胞相連、不會分開；此種現象使得酵母菌看似擁有菌絲，學理上稱之為假菌絲 (pseudohyphe)。子代若與母細胞脫離，後者的細胞壁上會留下芽痕 (bud scar)，此處之細胞壁較薄。

酵母菌遇環境不適（如養分不足）時會進行有性生殖，由於單套染色體細胞多於此際死亡，存活之雙套染色體細胞會利用減數分裂產生單套子囊孢子，之後再交配為雙套染色體 (diploid) 酵母菌。

3. 擔子菌綱 (*Basidiomycota*)

真菌中最高等、構造最複雜者非擔子菌莫屬，因此又被稱為「higher fungi」，其「子實體」即眾所周知的靈芝、毒菇與食用菇（木耳、香菇、磨菇、金針菇、杏鮑菇等）。地球上已被發現之擔子菌約 25,000 種，除食用、藥用外，它們亦能感染植物，例如美味的筊白筍便是菇草遭菇黑穗菌感染後長成的生物體。

擔子菌的子實體由生殖菌絲、骨幹菌絲、聯絡菌絲組成，外形上則可分為蕈傘 (cap) 、蕈柄 (stipe, stalk) 與蕈摺 (gill) ，如圖 4.2.3 所示。蕈摺內有擔子柄 (basidia) ，末端長有擔孢子 (basidiospore) ，它既負責無性生殖，亦能透過孢子的結合產生雙倍染色體細胞——擔子柄。

4. 不完全菌綱 (*Deuteromycota*)

學理上將無法歸屬於以上三者之真菌納入不完全菌綱 (imperfect fungi) ，目前僅發現它們的單套染色體孢子（無性生殖）與營養菌絲，至於此群真菌是否能進行有性生殖仍不得而知。值得一提的是，部分

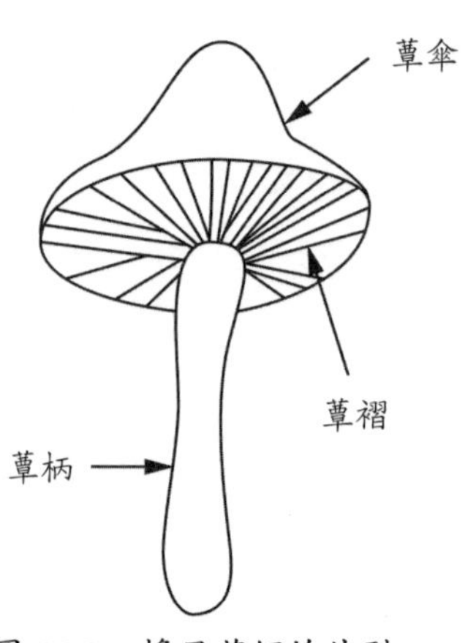

圖 4.2.3　擔子菌綱的外型

用於製作乳酪的菌種、產抗生素之青黴菌，以及引起表淺性真菌病 (mycosis) 之皮癬菌，均屬於不完全菌綱。

第三章 眞菌病理學

Fungal Pathology

致病性真菌的種類僅占所有真菌的千分之四，再加上它們引起的病變多屬於非致命之表淺性感染，臨床或基礎研究累積之相關病理知識並不多。因此對於真菌究竟透過何種機轉造成疾病，所知甚少。以下僅就吸附、莢膜、過敏、毒素造成之傷害進行說明。

第一節　致病機轉

1.吸附 (adsorption)

感染皮膚、頭髮、指甲、趾甲之皮癬菌會分泌吸附素，使菌體附著在表皮細胞，再利用角蛋白酶分解角質層中的蛋白質，其產物即是生長所需之能量與胺基酸。

2.莢膜 (capsule)

擁有莢膜的新型隱球菌，利用抗吞噬之能力存活於肺巨噬細胞中，之後會隨著血液進入中樞神經，引起嚴重的慢性腦膜炎。

3.過敏 (hypersensitivity, allergy)

對部分個體而言，真菌是重要的過敏原，它的孢子經呼吸道進入人體後會誘導第一型過敏（見第六篇免疫學第五章），造成氣喘、過敏性鼻炎；經常接觸發霉之稻草、牧草或木頭的個體可能出現農夫肺、木工肺。

真菌感染能誘導後天性免疫反應，過程中有些真菌為提升存活率而出現對抗的行徑，例如抑制淋巴細胞、吞噬細胞功能；有些則會刺激 T 細胞，使免疫反應更為強烈，進而引起遲發型過敏（第四型過敏）。

4.毒素 (toxin)

真菌能藉由分泌的毒素造成病變，例如遭其污染之玉米、花生中含有黃麴毒素 (aflatoxin)，誤食後恐導致肝細胞癌；赭麴毒素 (ochratoxin) 會破壞肝臟與腎臟。麥角固醇鹼 (ergotamine) 能促進子宮平滑肌收縮引起流產，亦能使血管收縮造成血壓上升。

第二節　真菌病

真菌引起之疾病有三：(1) 表淺性菌病 (cutaneous mycoses)：如汗斑、頭癬、體癬、甲癬、足癬、股癬、毛幹結節病；(2) 皮下真菌病 (subcutaneous mycoses)：足菌腫、產色黴菌病、申克氏孢子絲菌；(3) 全身性真菌病 (systemic mycoses) 或伺機性真菌病 (opportunistic mycoses)：隱球菌病、念珠菌病、粗球孢子菌病等，此類疾病多發生在罹癌者、糖尿病患，長期使用導管、插管、廣效性抗生素之病人。相關說明見第七篇「真菌性皮膚、肌肉感染症」、「中樞神經感染症」等章節。

第四章 抗眞菌劑與抗藥性

Antifungal Agents and Drug Resistance

目前用於治療真菌病之藥物包括多烯類 (polyenes)、唑類 (azoles)、丙烯胺類 (allylamine)、flucytosine、griseofulvin、echinocandins 等，它們的副作用較抗細菌劑、抗病毒劑嚴重，口服或注射時毒性更高。幸運的是真菌病多屬表淺性，因此局部塗抹治療即可。

抗真菌劑之使用確實能解決病痛，但亦會帶來麻煩的抗藥性；更弔詭的是，感染真菌的愛滋病患、器官移植者竟也隨著抗藥性而增加。目前已知抗藥性多出現在引起全身性真菌病之念珠菌與隱球菌，其他菌種則較為少見；令人憂心的是上述患者體內已出現擁有多重抗藥性 (multidrug resistance, MDR) 之菌種。

第一節　抗真菌劑

見表 4.4.1。

第二節　抗藥性

1. 抗多烯類 (anti-polyenes)

較為少見，一般出現在需長期治療之念珠菌病與隱球菌病。抗藥機轉是，念珠菌與隱球菌會降低細胞膜中麥角固醇的含量，以減少藥物對它們造成的破壞。

2. 抗唑類 (anti-azoles)

念珠菌、隱球菌與啤酒酵母菌等利用以下數種機轉對抗唑類：(1) 細胞膜上的幫浦將藥物排出菌體外；(2) 麥角固醇合成酶之結構發生變異，使藥物失去作用對象；(3) 改變細胞膜的成分，降低藥物進入菌體的濃度。

3. 抗 flucytoxine (anti-5-FC)

此種抗藥性多見於新型隱球菌，它能改變去胺酶、通透酶、轉磷核糖核酸酶的結構。

4. 抗 echinocandin (anti- echinocandin)

改變糖苷合成酶的結構即可對 echinocandin 產生抗藥性，擁有此種能力者為念珠菌。

表 4.4.1

藥物	作用機轉	臨床應用	副作用
Echinocandins	抑制糖苷 (glucan) 合成，即抑制細胞壁合成	全身性、局部性眞菌病	肝毒性
Polyene 類 1. Amphotericin B 2. Nystatin	與麥角固醇結合，干擾細胞膜通透性，導致鈉、鉀、氯等離子流失。高濃度 amphotericin B 能抑制糖苷合成	全身性眞菌病，治療時常併用 5-FC，因 5-FC 降低其使用劑量，amphotericin B 則可提升 5-FC 進入細胞的能力	腎毒性（降低腎臟的過濾能力）、肝毒性、低血壓、低血鉀、心律不整、胃腸道不適等
Azole 類 * 1. Imidazoles 2. Triazoles 3. Thiazoles	抑制麥角固醇合成	局部性眞菌病	皮膚不適，如癢、紅疹、水泡。
Allylamine 類 1. Amorolfin 2. Butenafine 3. Naftifine 4. Terbinafine	抑制麥角固醇合成	表淺性眞菌病	皮膚過敏、胃腸道不適、肝膽障礙等
5-lucytosine (5-FC)	干擾核酸合成	全身性眞菌病	腎毒性、血球減少、胃腸道不適、中樞神經障礙
Griseofulvin	結合至微管，抑制有絲分裂	局部性眞菌病	過敏、神經障礙、胃腸道不適、白血球減少等
Ciclopirox	破壞細胞膜、抑制有氧呼吸、干擾主動運輸	表淺性眞菌病	製成外用型軟膏（如足爽），副作用爲皮膚過敏
Undecylenic acid	溶解角質		製成外用型軟膏（如悠悠藥膏），副作用爲皮膚過敏

*1. Imidazoles: clotrimazole, econazole（益可膚）, ketoconazole（Nirazol，仁山利舒）, miconazole, omoconazole, oxiconazole, sertaconazole, sulconazole（優足達）, ticinazole。

2. Triazoles: fluconazole, isavuconazole, itraconazole, posaconazole, ravuconazole, terconazole, voriconazole。

3. Thiazoles: abafungin

第五篇 寄生蟲學 Parasitology

寄生蟲 (parasite) 是最複雜的微生物，它在分類上屬於動物界，因此構造、代謝、繁殖、生活史接近演化較高等的真核生物。單細胞寄生蟲為原蟲 (protozoum, protozoa)，多細胞寄生蟲為蠕蟲 (helminth, heiminths)；前者多能自由營生，後者需以動、植物為宿主 (host) 才能由蟲卵發育為成蟲。

若就繁衍後代而言，原蟲以簡單的無性或有性生殖增加數目，蠕蟲則多利用雄蟲、雌蟲交配（有性生殖）產生蟲卵。

寄生蟲屬於化合異營型微生物，因此以有機物為碳素與能量來源。依據寄生方式可將它們分為以下三種：(1) 專性寄生蟲 (obligate parasites)：養分完全來自宿主，無法在環境中自由營生，它們的運動構造（纖毛）消失、消化道退化、代謝路徑簡化，但生殖構造極為發達；(2) 兼性寄生蟲 (facultative parasites)：能生長在環境中與宿主體內，其構造與代謝途徑的改變較少；(3) 暫時性寄生蟲 (temporary parasites)：生活史中的特定階段需在宿主體內進行。

水、食物、接觸、昆蟲、性行為等是專性寄生蟲進入人體的媒介，它們吸收腸道、血液、肝臟、肺臟、眼睛、生殖道、腦組織等處的營養素後，即進行生長、運動、繁殖、發育。引起的感染能刺激宿主的免疫系統產生抗體與細胞激素，兩者在補體、吞噬細胞、嗜酸性白血球等的協助下共同移除蟲體。若出現症狀，臨床上會以抗原蟲劑與抗蠕蟲劑進行治療。

近年來，寄生蟲的抗藥性已逐漸受到醫界重視，尤其是瘧原蟲的抗藥性。理由是目前仍無瘧疾疫苗，再加上感染者終其一生皆需服用抗瘧疾藥物，對抗藥性更有推波助瀾的影響。

第一章 原蟲

Protozoum, Protozoa

目前已知的原蟲約有五萬餘種，多能生存在環境中並以有機物為能源及碳源，進行自由營生；有些原蟲的體長可達 150 微米 (micrpmeter, μm)，但平均長度約 50 μm。少數原蟲屬於細胞內寄生（如瘧原蟲），它們的體型極小，長度為 1-10 μm。常見之原蟲如圖 5.1.1 所示。

第一節　構造

1.細胞膜 (cell membrane)

包裹原蟲的細胞膜亦稱表膜 (pellicle)，其成分與細菌、真菌相同，皆為脂肪、磷酸與蛋白質。它具有選擇性通透，是養分、廢物進出的通道；嵌入細胞膜的蛋白質可以偵測環境中的訊息，之後將其帶至細胞內，使原蟲得以因應。

2.細胞質 (cytoplasm)

原蟲的細胞質分為外質與內質兩部分，前者為可移動之凝膠狀基質，因此能形成獵捕食物時的偽足，亦提供保護及排泄之用。內質呈溶膠狀，粒線體 (mitochondrion)、核糖體 (ribosome)、內質網 (endoplasmic reticulum, ER)、溶小體 (lysosome)、高基氏體 (Golgi apparatus) 等胞器存在此處，負責產能、分泌、糖化、運輸及製造蛋白質。除此之外，細胞質中尚有固定胞器、維持原蟲外形之微管 (microtubule)，以及貯藏、儲存養分、能量之液泡 (vacuole)。

3.細胞核 (nucleus)

細胞核外有核膜，內有線狀雙股 DNA、RNA、蛋白質。由 DNA 與蛋白質組成之原蟲的染色質 (chromatin) 較為鬆散，有時呈顆粒狀。

第二節　種類

按寄生處對感染人類的原蟲進行分類，計有腸道原蟲、血液原蟲與組織原蟲三大類；依據外型分類，則如表 5.1.1 所示。

第三節　生理

1.代謝 (metabolism)

存在環境或感染者的水、氧氣、離子可直接經擴散或被動運輸進入原蟲體內；多醣、脂肪、蛋白質等大分子物質則須藉

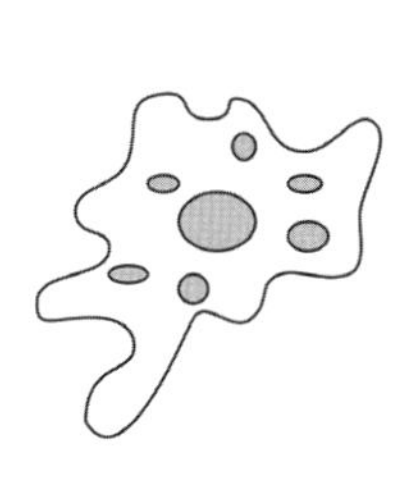
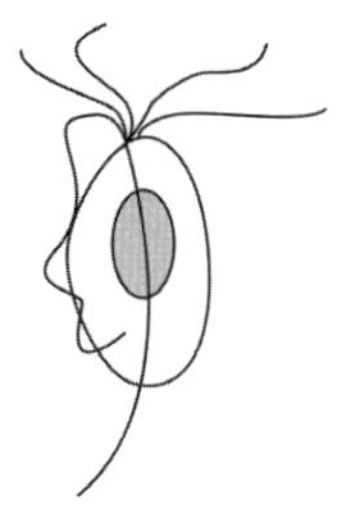

阿米巴原蟲　陰道滴蟲　梨形鞭毛蟲　岡比亞錐蟲

圖 5.1.1　原蟲

表 5.1.1

原蟲	種類
阿米巴原蟲 (amebae)	棘阿米巴、痢疾阿米巴、大腸阿米巴、齒齦阿米巴、微小阿米巴、哈氏阿米巴、嗜典阿米巴、福氏內格里氏阿米巴
鞭毛蟲 (flagellates)	梨形鞭毛蟲、麥氏唇鞭毛蟲、人毛滴蟲、陰道滴蟲、口腔毛滴蟲、人類滴蟲、腸旋滴蟲、雙核阿米巴
孢子蟲 (sporozoa)	同孢子蟲、隱孢子蟲、肉孢子蟲、貝氏同孢子蟲
瘧原蟲 (plasmodia)	間日瘧原蟲、三日瘧原蟲、惡性瘧原蟲、卵型瘧原蟲
錐蟲 (trypanosoma)	剛比亞錐蟲、羅德西亞錐蟲
利什曼原蟲 (leishmania)	熱帶利什曼原蟲、巴西利什曼原蟲、杜氏利什曼原蟲
纖毛蟲 (ciliates)	大腸纖毛蟲
其他	弓蟲、微孢子蟲

由胞飲作用 (pinocytosis) 才能進入蟲體。食泡與溶小體融合後，大量的酵素即對內容物展開分解代謝（異化作用），產生單醣、脂肪酸、胺基酸以及能量。

原蟲與其他生物相似，皆以葡萄糖為主要能量來源，糖解作用 (glycolysis) 先將它分解為三碳糖、丙酮酸，後者進入克氏循環，再經電子傳遞鏈與氧化磷酸化反應產生能量。能量與單糖、脂肪酸、胺基酸可再透過同化作用，合成為繁殖所需的多醣、脂肪與蛋白質。

2.運動 (movement)

多數原蟲具有運動能力，它來自管蛋白 (tubulin) 組成之鞭毛、纖毛，或細胞質流動形成之偽足。有些原蟲（如錐蟲）的鞭毛會向前或向後延伸，再固定於細胞膜上，最後形成波浪膜 (undulating membrane)，如圖 5.1.2 所示，其擺動亦能使蟲體產生運動性。

3.生殖 (reproduction)

(1) 無性生殖(asexual reproduction)

A. 二分裂 (binary fission)：過程與細菌的二分裂法相似，染色體先行複製，細胞膜再向內凹陷，最後形成兩個完全相同的原蟲。以阿米巴原蟲為例說明，如圖 5.1.3 所示。

B. 多分裂 (multiple fission)：原蟲進行多分裂時，其細胞核會先發生多次分裂，接著細胞質再行分裂，因此能產生大量子細胞。當分裂工作完成時，子細胞便由囊中釋出，見圖 5.1.4。利用此法繁殖後代之原蟲較罕見，其中最重要者為瘧原蟲，它的滋養體會以多分裂法產生大量裂殖體。

C. 出芽生殖 (budding)：此種方式類似酵母

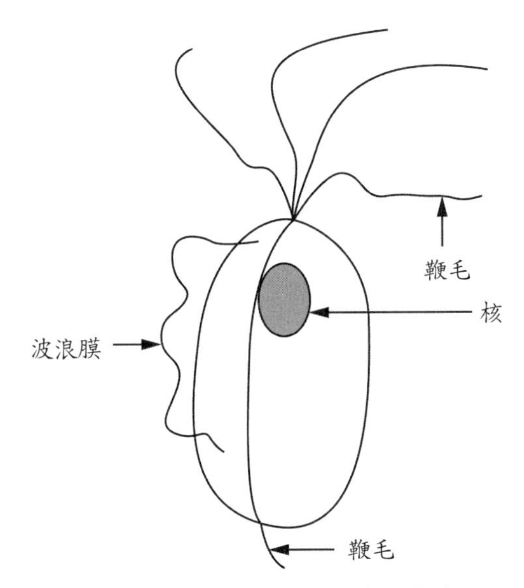

圖 5.1.2　陰道滴蟲的波浪膜

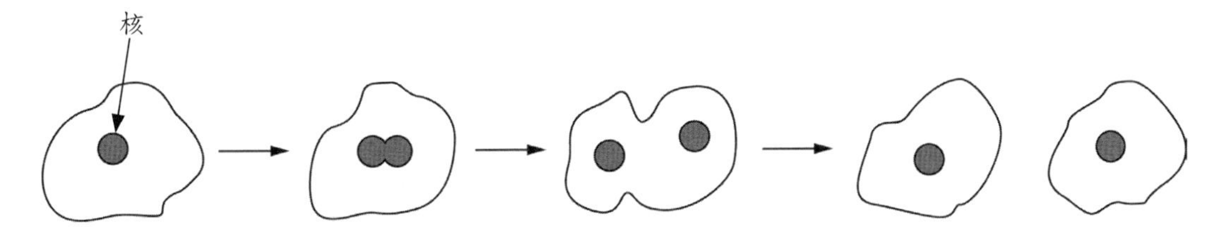

圖 5.1.3　原蟲的二分裂

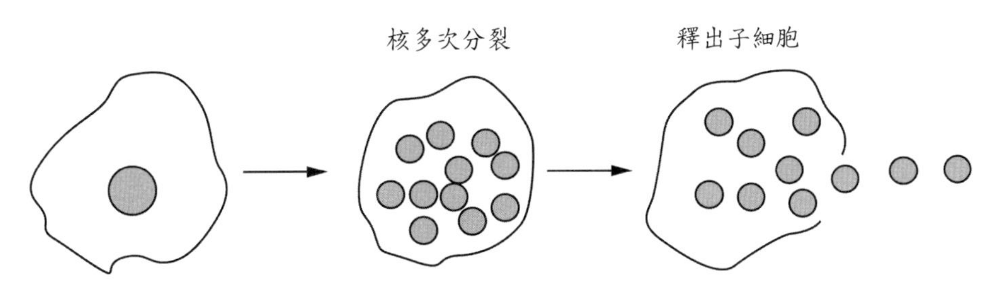

圖 5.1.4　原蟲的多分裂

菌之無性生殖，子代皆來自母細胞的不均等分裂，因此個體較小。

(2) **有性生殖**(sexual reproduction)

A. 接合生殖 (conjugation)：使用此種方式繁殖者主要為纖毛蟲綱（如草履蟲），由於此類原蟲與人類疾病無關，因此不予詳述。

B. 配子生殖 (gametogony)：瘧原蟲的生活史包括

(a) 無性生殖期：以多分裂繁殖後代，此階段出現在患者體內。

(b) 有性生殖期：利用有性生殖產生孢子體，此階段出現在瘧蚊體內。過程中形體較大的雌配子會與較小的雄配子結合，形成卵囊後，即能產生大量具感染力之孢子體。

第二章　蠕蟲

Helminth, Helminths

多細胞寄生蟲謂之蠕蟲，其種類不僅多樣，構造亦較原蟲複雜。蠕蟲已有組織與器官之分化，蟲體內同時存有雌、雄性生殖器官者為雌雄同體(hermaphroditism)，僅擁有其中一種者為雌雄異體(bisexualism)。

學理上根據蟲卵 (egg)、幼蟲 (larva)、成蟲 (adult) 的外型及內在構造，將蠕蟲分為條蟲 (cestode, tapeworm)、線蟲 (nematode, roundworm)、吸蟲 (trematode, fluke) 三大類。其構造、生長與發育分述於以下各節。

第一節　條蟲

1.外型

屬於扁蟲目 (*Platyhelminthes*) 之條蟲多寄生在腸道中，成蟲的外型呈現扁平似帶、左右對稱。它雖然是大型蠕蟲，但蟲種間的差異極大，有些極短，例如短小包膜條蟲的體長僅有數毫米；有些極長，例如牛肉條蟲可長達數公尺甚至十數公尺。值得注意的是，蟲體長度與體節數目有關，一般而言，體節數愈多者，蟲體愈長。

2.構造

條蟲屬於雌雄同體，既無體腔、亦不具消化器官（營養所需直接來自腸道），但擁有極為發達之生殖器官，它由陰道、子宮、輸卵管、輸精管、卵黃腺、生殖孔與數個睪丸組成。體表布滿棘狀突起（微毛），體表內則富含空泡與粒線體。肌膜隔開體表與皮下層，後者主要由環肌、縱肌與斜肌組成。

蟲體分為頭節(scolex)與體節兩部分，它們由頸部 (neck) 連結。頭節內有腦，外表有鉤 (bothrium)、吸盤 (acetabulum) 或額嘴 (rostellum)，它們能吸附在宿主的小腸壁。如圖 5.2.1 所示。

體節亦稱節片 (proglottid)，自頸部以下可分為三種：(1) 未成熟體節 (immature proglottid)：由頸部不斷長出，屬於新生節片，因此生殖器官尚未發育完整；(2) 成熟體節 (mature proglottid)：擁有 1 或 2 套雌、雄生殖器官，可以進行同體受精；(3) 受精體節 (gravid proglottid)：位於蟲體末端，其中含有大量蟲卵；它可自蟲體脫落，並隨患者糞便排出體外，進入環境中。

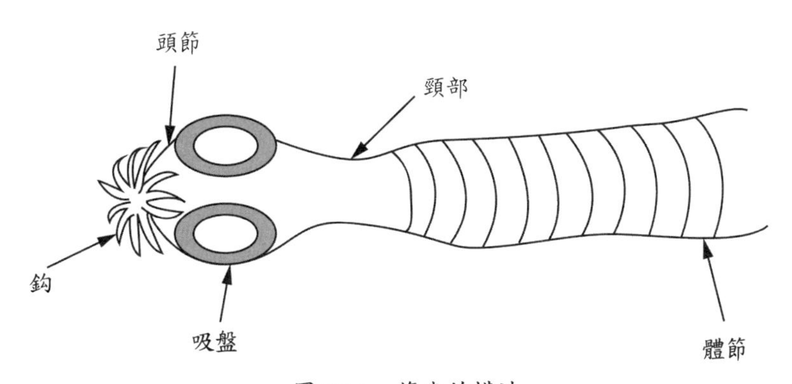

圖 5.2.1　條蟲的構造

3.生長與發育

排出體外之蟲卵必須進入中間宿主 (intermediate host) 孵化為幼蟲，再進入終宿主 (definitive host, final host) 發育為成蟲，才能繁衍後代；學理上稱此過程為生活史 (life cycle)。感染人類的條蟲多以豬、牛、魚、蚤等物種為中間宿主，人類是它們的終宿主。其中較為特殊的是短小包膜條蟲，因為人既是它的中間宿主，亦是它的終宿主。

4.感染症

條蟲引起的疾病包括：(1) 貧血：廣節裂頭條蟲 (*Diphyllobothrium latum*)，此種條蟲亦稱魚肉條蟲；(2) 消化道不適：豬肉條蟲 (*Taenia solium*)、牛肉條蟲 (*Taenia saginata*)、犬複殖器條蟲 (*Dipylidium canium*)、短小包膜條蟲 (*Hymenolepis nana*)、縮小包膜條蟲 (*Hymenolepis diminuta*)；(3) 肝、肺、神經等多重病變：包生條蟲 (*Echinococcus grandulosus*)、多房包生條蟲 (*Echinococcus multilocularis*)。

第二節　吸蟲

1.外型

吸蟲亦屬於扁蟲目，外表扁平似葉片、不分節，蟲體長度自數毫米至數十毫米，其中最小者為異形異形吸蟲 (2 mm)，最大者為薑片蟲 (75 mm)。前端有口吸盤 (oral sucker)、腹側亦有吸盤 (acetabulum)，如圖 5.2.2 所示；兩者皆能協助蟲體吸附在腸道、肝臟、肺臟或其他組織，獲取營養。

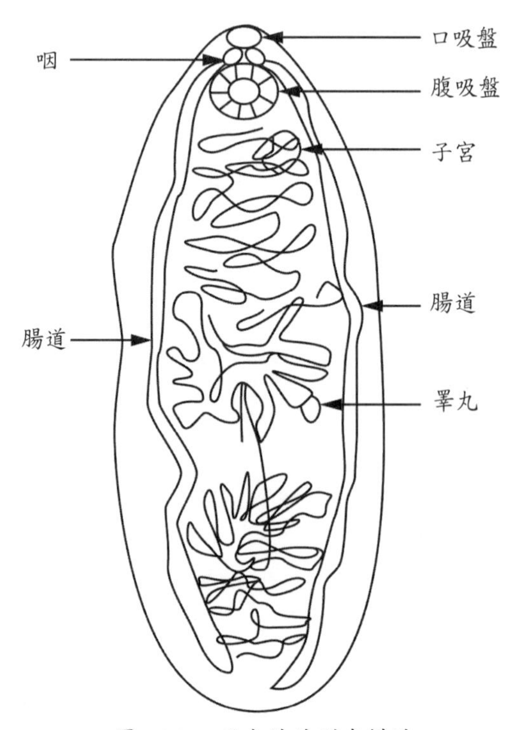

圖 5.2.2　吸蟲的外型與構造

2.構造

吸蟲的體壁構造與條蟲相同，體表有棘狀突起（少數體表光滑），皮下層亦由環肌、縱肌與斜肌組成。吸蟲擁有三種器官：(1) 消化、排泄器官：口、咽、食道、腸道、排泄管與排泄泡組成；(2) 神經器官：不發達，僅有位於咽兩側之神經節；(3) 生殖器官：吸蟲多屬雌雄同體，其生殖器官與條蟲類似，僅有兩個睪丸。

必須注意的是，血吸蟲為唯一擁有雌雄異體之吸蟲，雄蟲粗短、且有抱雌溝 (gynocophoral canal)，雌蟲體型細長，經常存在抱雌溝中。對多數吸蟲而言，子宮是其最大器官，上千卵子存於此處。

3.生長與發育

蟲卵自生殖孔排出體外、進入水中，發育為纖毛幼蟲 (miracidium)；它被第一中間宿主 (first intermediate host) 吞食後發育為尾動幼蟲 (cercaria)，此種幼蟲會：(1) 直接鑽入脊椎動物皮膚造成感染；(2) 進入第二宿主 (second intermediate host) 體內繼續發育為囊狀幼蟲 (metacercaria)；(3) 形成囊壁，且附著在水生植物表面，等待終宿主的吞食。

囊狀幼蟲經生或未煮熟的海鮮、筊白筍等進入人體，發育為成蟲後，即能附著在腸壁、肺壁、血管壁等處獲取養分，同時引起各種病變。吸蟲的第一中間間宿主為螺類，第二中間宿主為魚、蟹、蝦，終宿主則包括人、牛、羊、貓等脊椎動物。

4.種類

依據感染部位，將吸蟲分為以下四大類。

(1)腸吸蟲：棘口吸蟲 (*Echinostomes*) 、薑片蟲 (*Fasciolopsis buski*) 、橫川吸蟲 (*Metagonimus yokogawai*) 、人雙口吸蟲 (*Gastrodoscoides hominis*) 、異形異形吸蟲 (*Heterophyes heterophyes*)。

(2)血吸蟲：埃及血吸蟲 (*Schistosoma haematobium*)、日本血吸蟲 (*Schistosoma japonicum*) 、曼森氏血吸蟲 (*Schistosoma mansoni*) 、湄公血吸蟲 (*Schistosoma mekongi*)、間插血吸蟲 (*Schistosoma intercalatum*)。

(3)肝吸蟲：中華肝吸蟲 (*Clonorchis sinensis*)、貓肝吸蟲 (*Opisthorchis felineus*)、牛羊肝吸蟲 (*Fasciola hepatica*)、槍狀肝吸蟲 (*Metagonimus yokogawai*) 、巨大肝吸蟲 (*Fasciola gigantica*)。

(4)肺吸蟲：衛氏肺吸蟲 (*Paragonomus weatermani*) 、貓肺吸蟲 (*Paragonimus kellicotti*) 、墨西哥肺吸蟲 (*Paragonimus mexicanus*) 。

第三節　線蟲

1.外型

線蟲呈圓柱狀、不分節，因此亦稱圓蟲（roundworm ，注意：非 ringworm）；雄蟲的體積較雌蟲小，其尾部捲曲且有刺 (copulatory spicule) 、交尾囊 (bursa) 或兩者兼具，它們是雌與雄線蟲交配時使用之構造，如圖 5.2.3 所示。

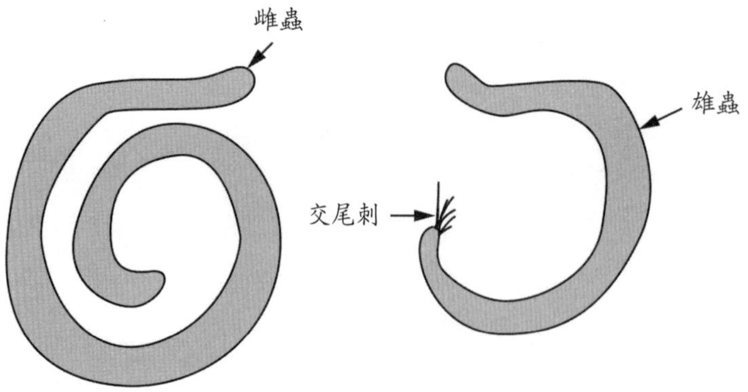

雌蟲

雄蟲

交尾刺

圖 5.2.3　線蟲的外型與構造

2.構造

線蟲多是雌雄異體，它們擁有完整的消化道，兩端分別為口與肛門，前者負責獵捕、感覺，後者負責排除廢物。部分線蟲（如鉤蟲）的口內有齒或切板。狹窄的假體腔*(pseudocoelom) 內有著雌性生殖器官或雄性生殖器官，雌蟲體腔內充滿卵。神經索由咽部向尾部延伸，呼吸與運輸則依賴擴散作用。

堅韌的表皮 (cuticle) 包裹蟲體，皮下層中有縱肌、無環肌，因此較薄，線蟲僅能作左右移動。自由營生型線蟲利用體表進行有氧呼吸，寄生型線蟲則以厭氧呼吸產生能量。

3.生長與發育

卵、幼蟲、成蟲是多數線蟲發育過程中必須經歷之階段，然幼蟲需蛻皮數次後才能長成具感染力之幼蟲。它藉著水、食物、皮膚、病媒（吸血性昆蟲）進入人體，最後長為成蟲，雄蟲與雌蟲交配後產下蟲卵。離開宿主之蟲卵在環境中孵化，開始新的生活史。

4.種類

目前已知之線蟲近三萬種，其中能感染人類者僅二十餘種。

(1)腸道線蟲：蛔蟲 (*Ascaris lumbricoides*)、蟯蟲 (*Enterobius vermicularis*, pinworm)、鞭蟲 (*Trichuris trichiura*, whipworm)、美洲鉤蟲 (*Necator americanus*, hookworm)、十二指腸鉤蟲 (*Ancylostoma duodenaie*, hookworm)、糞小桿線蟲 (*Strongyloides stercoralis*)、菲律賓毛線蟲 (*Capillaria philippinensis*)。

(2)血液、組織線蟲：班氏絲蟲 (*Wuchereria bancrofti*)、羅阿絲蟲 (*Loa loa*)、馬來絲蟲 (*Brugia malayi*)、蟠尾絲蟲 (*Onchocerca vovulus*)、帝汶絲蟲 (*Brugia timori*)、麥地那蟲 (*Dracunculus medinensis*)、奧

* 擁有外、中、內胚層者稱體腔，缺乏中胚層者則爲假體腔。

氏曼森絲蟲 (*Mansonella ozzardi*) 、廣東住血線蟲 (*Angiostronglyus cantonensis*)、豬旋毛蟲 (*Trichinella spiralis*) 、棘顎口線蟲 (*Gnathostoma spinigerum*)。

第三章 寄生蟲病理學
Parasitic Pathology

第一節　致病機轉

寄生蟲對宿主的傷害包括過敏、掠奪營養、機械性傷害，抑或是在逃避免疫系統辨識後引起病變。

1.過敏 (allergy, hypersensitivity)

寄生蟲的代謝物、構造蛋白不僅具有毒性，亦是十足的過敏原，因此能誘導部分感染者產生過敏反應。詳細機轉見第七篇第八章說明。

(1)即發型過敏 (immediate hypersensitivity)：亦稱第一型過敏，它的發生與抗體 (IgE)、肥大細胞、嗜鹼性白血球有關，症狀通常出現在接觸錐蟲、瘧原蟲等的蟲體蛋白後 30 分鐘內。寄生蟲的幼蟲在感染者的內臟中移行時甚至造成嚴重、致命的全身性過敏。

(2)遲發型過敏 (delayed type hypersensitivity)：即第四型過敏，它的發生與 T 細胞 (TH2)、巨噬細胞有關。弓蟲、利什曼原蟲與阿米巴原蟲皆能引起此種過敏，發生反應的時間較長，約 2 至 3 天。

2.掠奪營養 (nutrient plundering)

宿主腸道中的營養素是寄生蟲發育過程中不可或缺之物，當蟲數過多時即造成營養不良、營養失調、體重減輕，引起此種現象之寄生蟲包括條蟲、蛔蟲、鞭蟲等。

3.貧血 (anemia)

經病媒傳播之瘧原蟲能入侵血管破壞紅血球，具有鉤與吸盤之蠕蟲（如美洲鉤蟲、日本血吸蟲）能吸附在腸道上攝取血液，最終造成貧血。

4.機械性傷害 (mechanical harming)

寄生蟲引起的病變通常不明顯，但當蟲數過多時能引起機械性傷害，例如犬蛔蟲在體內移行時會破壞組織引起幼蟲移行症，衛氏肺吸蟲能破壞肺臟細胞造成發炎。除此之外，大量的腸道寄生蟲會組塞小腸，造成大量的絲蟲會阻礙淋巴的回流，引起象皮病。

第二節　傳播途徑

寄生蟲的傳播與其他微生物相似，包括水、食物、懷孕、接觸、性行為、昆蟲叮咬等。原蟲與蠕蟲的傳播途徑，詳列於表 5.3.1。

第三節　感染症

寄生蟲能感染皮膚、眼睛、血液、淋巴、胃腸道、呼吸道、中樞神經，引起各種疾病；一般而言，蟲體數愈多，症狀愈為嚴重。它們的相關說明見第七篇（感染症），此處不予贅述。

表 5.3.1

傳播途徑	原蟲	蠕蟲
水、食物	弓蟲、阿米巴、梨型鞭毛蟲、大腸纖毛蟲	蛔蟲、蟯蟲、鞭蟲、條蟲、犬蛔蟲、肝吸蟲、肺吸蟲、腸吸蟲、旋毛蟲、麥地那線蟲、海獸胃線蟲、廣東住血線蟲
懷孕	弓蟲	-
性行爲	陰道滴蟲	-
病媒	錐蟲、瘧原蟲、利什曼原蟲	絲蟲
輸血	弓蟲、利什曼原蟲	-
接觸	利什曼原蟲	鉤蟲、血吸蟲、糞小桿線蟲

第四章 抗寄生蟲製劑

Antiparasitic Agents

臨床上使用之抗寄生蟲製劑計有兩大類，其一是抗原蟲製劑，其二是抗蠕蟲製劑。感染者接受治療後，部分蟲體會自糞便排出，因此抗蠕蟲製劑亦稱「打蟲藥」。

第一節　抗原蟲製劑 (anti-protozoal agents)

藥物	作用機轉	臨床應用	副作用
Amodiaquine	干擾電子傳遞鏈，無法順利產能。	瘧疾	皮膚、指甲呈灰色，胃腸道不適
Artesunate	殺死紅血球內的戒型瘧原蟲	瘧疾	暈眩、過敏、肌痛、耳鳴、腹瀉
Quinine Chlproquinine	1. 與鐵質 (heme) 結合、抑制其分解，導致瘧原蟲死亡 2. 抑制 DNA 複製與轉錄	瘧疾	暈眩、過敏、眼毒性、胃腸道不適
Primaquine	干擾電子傳遞鏈，產能無法順利進行	瘧疾	過敏、黑尿、出血、胃腸道不適
Proguanil	抑制葉酸合成	瘧疾	噁心、腹瀉
Sulfadoxine-pyrimethamine	抑制葉酸合成	瘧疾（尤其是惡性瘧）	過敏、頭痛、胃腸道不適
Azithromycin	結合至 50S 核糖體，抑制蛋白質合成	瘧疾	
Clidamycin			
Tetracycline			
Sulfadiazine	干擾葉酸合成		
Diloxanide furoate	破壞酵素活性，抑制原蟲生長	阿米巴痢疾	腹脹、過敏、腎毒性，孕婦與幼兒最好不要使用
Furazolidone	干擾 DNA 複製	阿米巴原蟲症	貧血、胃腸道不適、多發性神經炎
Iodoquinol	未明	阿米巴痢疾	暈眩、頭痛、胃腸道不適
Paromomycin	抑制蛋白質合成	阿米巴痢疾	過敏、腎毒性、胃腸道不適、孕婦忌用

藥物	作用機轉	臨床應用	副作用
Nifurtimox	抑制原蟲生長	錐蟲症	神經障礙、胃腸道不適
Suramin	抑制糖類代謝	錐蟲症	過敏、腹瀉、貧血、肝毒性、腎毒性、胃腸道潰瘍
Meglumine Antimoniate	不詳	利什曼原蟲症	肌痛、發燒、噁心、嘔吐
Pentamidine	干擾粒線體功能	利什曼原蟲症	過敏、暈眩、視力受損、胃腸道不適
Sodium stibogluconate	磷酸化胺基酸，終止蛋白質合成	利什曼原蟲症	肌痛、關節痛、白血球減少、胃腸道不適
Abendazole	干擾代謝	微孢子蟲症	暈眩、頭痛、胃腸道不適、可逆性聽力受損
Eflornithine	抑制核酸合成	睡眠症	貧血、下痢、胃腸道不適
Metronidazole	抑制核酸合成	陰道滴蟲症	過敏、心跳加速、胃腸道不適、周邊神經病變，女性懷孕三個月忌用
Nitazoxanide	干擾電子傳遞	隱孢子蟲症	過敏、肝毒性、腎毒性、噁心、嘔吐、腹瀉等胃腸道不適
Quinacrine	干擾 DNA 複製與轉錄	梨形鞭毛蟲症	貧血、白血球缺乏、眼睛病變、尿液呈黃色、胃腸道不適
TMP-SMX (trimethoprim sulfamethoxazole)	干擾葉酸合成，間接抑制核酸之生成	孢子蟲症	過敏、腹瀉、暈眩、肌肉痛、皮膚泛黃

第二節 抗蠕蟲製劑 (anti-henminthic agents)

藥物	作用機轉	臨床應用	副作用
Albendazole	干擾原蟲代謝	吸蟲症、線蟲症	暈眩、胃腸道不適
Benzimidazoles	與微管結合，抑制蟲體移動與攝食	吸蟲症、線蟲症	過敏
Bithionol	抑制糖解與產能反應	肝吸蟲症、肺吸蟲症	過敏、耳鳴、腎毒性、白血球減少、胃腸道不適
Diethylcarbamazine (DEC)	抑制幼蟲代謝	絲蟲症	皮膚過敏、眼睛腫脹
Ivermectin	抑制神經傳導使蟲體麻痺	線蟲症、鉤蟲症、絲蟲症	頭痛、肌痛、胃腸道不適
Mebendazole	抑制蟲體吸收養分	蛔蟲症、鉤蟲症、線蟲症、蟯蟲症、鞭蟲症	過敏、發燒、腹痛、噁心、嘔吐、呼吸困難
Niclosamide	抑制產能反應	條蟲症	過敏、胃腸道不適
Piperazine	結合至 GABA 接受器導致蟲體麻痺	蟯蟲症	過敏、發燒、關節痛、眼刺痛
Praziquantel	1. 干擾細胞膜通透性、鈣離子流失，蟲體抽搐死亡 2. 破壞吸收與排泄 3. 抑制核酸複製、蛋白質合成	吸蟲症	過敏、暈眩、胸悶、肌痛、心悸、腹痛
Pyrantel morantel	抑制神經傳導，導致麻痺	蛔蟲症、鉤蟲症、蟯蟲症	過敏、神經障礙、胃腸道不適
Thiabenzole	抑制產蟲與發育	鉤蟲症	暈眩、過敏、胃腸道不適

第三節 抗藥性

目前所知的抗藥性多與瘧原蟲有關，此種原蟲利用基因突變對 chloroquine 產生抗藥性，其結果使療效降低，亦使患者死亡率持續向上攀升。臨床上因此改以 sulfadoxine-pyrimethamine 合併治療，但兩種藥物啟用後十餘年，瘧原蟲不僅產生抗藥性，且快速地向四處擴散。由於瘧疾每年能奪去上百萬條生命，因此研發新藥與預防性疫苗儼然成為醫學界的當務之急。

第六篇 免疫學

Immunology

通俗而言，免疫 (immunity) 就是抵抗力 (defence)；學理上，它是脊椎動物——魚類、鳥類、兩棲類、爬蟲類、哺乳類等脊椎動物為對抗微生物感染而演化出的重要能力。人類為位居哺乳類之首的靈長類，自然擁有構造最複雜、功能最完備的免疫系統；但目前累積之相關知識大多來自對動物進行實驗後所獲得的結果。

與生俱來便有、不需經過外物刺激即存在者為先天性免疫 (innate immunity)，它利用天然屏障、吞噬作用、發炎反應對抗微生物的入侵；相反的，後天性免疫 (acquired immunity) 必須在外物刺激後才產生，學理上將它區分為體液性免疫、細胞性免疫。表 6.1.1 所列為先天性與後天性免疫的不同處。

本篇第一章將說明先天性免疫，第二章敘述免疫系統的組成，第三、第四章分別闡明體液性與細胞性免疫的功能。第五章探討的是常見的過敏反應，第六章則為自體免疫疾病，內容包括發生機轉、臨床治療等。

表 6.1.1　先天性與後天性免疫的比較

	先天性免疫	後天性免疫
別名	非特異性免疫、第一與第二道防線	特異性免疫、適應性免疫、第三道防線
性質	對入侵之微生物不具特異性，亦不具記憶性	辨識外來抗原（包括侵犯人體之微生物），且對它們產生記憶性
組成	1. 物理與化學屏障：皮膚、黏膜、尿液、胃酸、溶菌酶、脂肪酸等 2. 正常菌叢：存在皮膚、胃腸道、呼吸道、生殖泌尿道 3. 吞噬細胞：單核球、巨噬細胞、樹狀細胞、嗜中性白血球、嗜酸性白血球等 4. 發炎：急性發炎、慢性發炎 5. 補體系統：肝細胞分泌之血清蛋白質，計有二十餘種 6. 細胞激素：免疫細胞分泌，如介白質、干擾素、腫瘤壞死因子	1. 體液性免疫 (1) 特異性：抗體、B 細胞、漿細胞、記憶細胞 (2) 非特異性：補體系統 2. 細胞性免疫 (1) 特異性：輔助性 T 細胞、毒殺性 T 細胞 (2) 非特異性：細胞激素、巨噬細胞、樹突細胞、自然殺手細胞

第一章 淋巴系統

Lymphoid System, Lymphatic system

人類的淋巴系統肩負多項任務，一是淋巴管收集自血管滲入組織的液體（每日約 1-2 公升），再將它運回心臟，避免身體因組織間液的堆積而出現水腫。二是製造抗體、生成免疫細胞對抗入侵之微生物，因此緣故，淋巴系統常被稱為免疫系統 (immune system)。

淋巴系統的組成包括淋巴、淋巴管、初級淋巴器官 (primary lymphoid organs, central lymphoid organs) 與次級淋巴器官 (secondary lymphoid organs, pheriphal lymphoid organs)。

第一節　初級淋巴器官、中央淋巴器官

1. 骨髓 (bone marrow)

骨髓內存有多功能幹細胞 (pluripotent stem cell) 或稱多功能造血幹細胞 (multi-potential hamatopoietic cell)，它們經過多次分裂與分化產生顆粒球、淋巴球、紅血球、血小板，其過程如圖 6.1.1 所示。值得注意的是，此種中央淋巴器官既是 B 細胞生成處，亦是 B 細胞成熟的場所；當 B 細胞完成訓化 (education)、具備辨識外來物能力後，有些繼續留在骨髓，有些會進入血液、脾臟、淋巴結中，擔負體液性免疫的重責大任。

2. 胸腺 (thymus)

由許多小葉組成之胸腺位於心臟上方，外觀上呈現左、右二葉；就結構而言，皮質在外，髓質在內，前者含有大量 T 細胞，後者含有巨噬細胞與樹突細胞。胸腺的功能計有下列數項。

(1) 誘導 T 細胞成熟：來自骨髓的 T 細胞經血液進入胸腺進行熟成，由雙陰性 ($CD4^-/CD8^-$) 細胞轉型為雙陽性 ($CD4^+/$

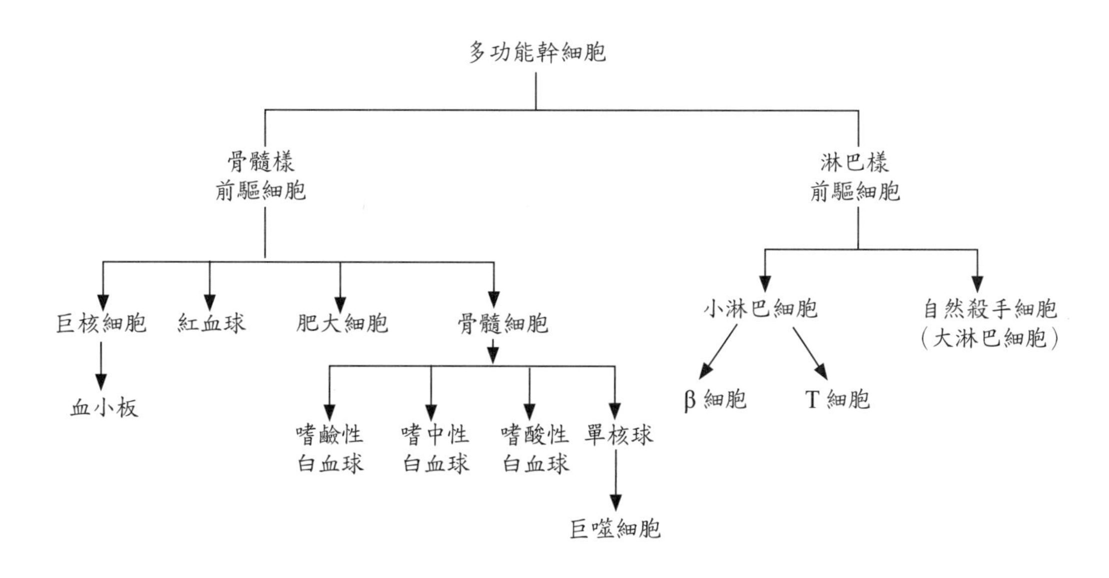

圖 6.1.1　多功能幹細胞及其生成之血球細胞

CD8^{+}) 細胞，最後成為 CD4^{+} 或 CD8^{+} 細胞，亦即能辨識外來物的協助性 T 細胞 (CD4^{+} T cell) 或毒殺性 T 細胞 (CD8^{+} T cell)，兩者會由髓質釋入血液或其他淋巴組織擔負對抗微生物之重任。

(2) 分泌激素：胸腺分泌的多種激素能作用在 T 細胞，促進其分化與成熟。

(3) 其他：促進肥大細胞發育，調節免疫功能、維持其恆定之狀態。

第二節　次級淋巴器官、周邊淋巴器官

1.脾臟 (spleen)

位於橫膈之下的脾臟是最大的淋巴器官，是由許多小葉組成。構造上分為被膜、白髓與紅髓三部分，被膜在外，髓質在內，如圖 6.1.2 所示。白髓 (white pulp) 中有淋巴細胞，紅髓 (red pulp) 內則有淋巴球、顆粒球、巨噬細胞。脾臟能過濾血液中的微生物，使其無所遁形。來自骨髓的 B 細胞必須在此處成熟，之後才能進入血液或其他淋巴組織中對抗入侵的微生物。

2.淋巴結 (lymph node)

淋巴結存在頸部、腋下與鼠蹊部，它的最外層是被膜，其內有皮質 (cortex) 與髓質 (medulla)（見圖 6.1.3）。皮質中有濾泡 (follicle)，其周圍有 T 細胞；濾泡在外來物（抗原）刺激下會形成生發中心 (germinal center)，產生大量 B 細胞。髓質中有髓索，它是由 B 細胞、漿細胞、網狀細胞組合而成的結構。淋巴結的功能有三：(1) 過濾微生物，抑制擴散；(2) 感染時淋巴細胞在此大量增殖，進而與微生物發生免疫反應；(3) 提供淋巴細胞再循環的場所。

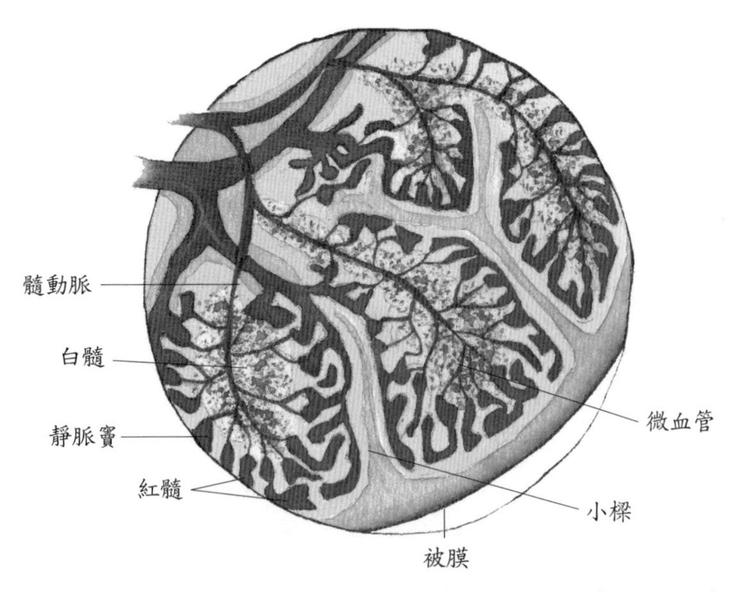

圖 6.1.2　脾臟的構造

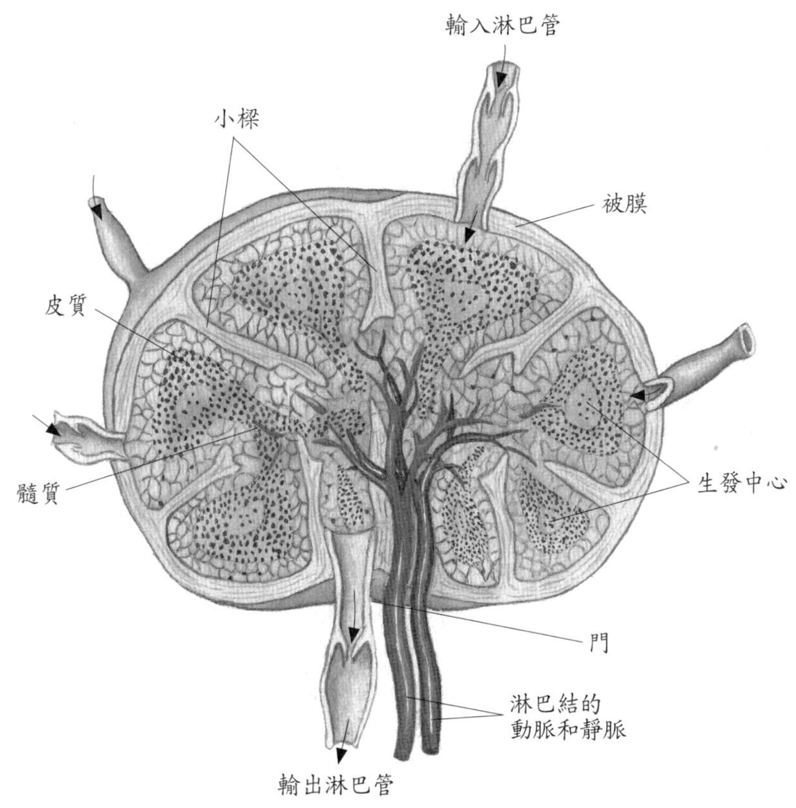

圖 6.1.3　淋巴結的構造

3.黏膜相關淋巴組織 (mucosa-associated lymphoid tissue, MALT)

此種淋巴組織無被膜包覆，它們集結在眼睛、皮膚、呼吸道、胃腸道與生殖泌尿道等處的黏膜下，其中以胃腸道及呼吸道黏膜相關組織最為重要；前者包括闌尾（盲腸）、培氏斑 (Peyer's patch)，後者則有扁桃腺 (tonsil) 與鬆散的淋巴組織。黏膜相關淋巴組織內有 B 細胞、T 細胞、巨噬細胞，以及專司抗體製造之漿細胞，因此能多方協助、增強黏膜的防禦能力。

第三節　參與免疫反應的細胞

1.淋巴細胞 (lymphocytes)

(1) 自然殺手細胞 (natural killer cells, NK cells)：屬於大型淋巴細胞，它能對腫瘤細胞、病毒感染細胞進行非特異性毒殺；亦能利用其接受器 (CD16) 與抗體 IgG 的特異性結合，進行抗體依賴性細胞毒殺 (antibody- dependent cell mediated cytotoxicity, ADCC)。舉凡外表覆蓋 IgG 者皆是自然殺手細胞的攻擊對象。

(2) B 細胞 (B lymphocytes, B cells)：小型淋巴細胞之一，平均壽命為數日至數週，它在骨髓與次級淋巴器官進行成熟，之後即能利用細胞表面的抗體（免疫球蛋白）辨識入侵之微生物，繼而啟動體液性免疫，相關說明見本篇第三章。

學理上常依據膜蛋白（分子標記）種類判定 B 細胞熟化程度，理由是膜蛋白在分化過程中會由 CD10（前 B 細胞）轉變為 CD19（過度期），最後轉變為 CD22。除 CD22 外，成熟 B 細胞尚有 CD19、CD20、CD21、CD35。

(3) T 細胞 (T lymphocytes, T cells)：此種小型淋巴細胞存在胸腺、骨髓、脾臟、血液、淋巴結，它不僅負責細胞性免疫，亦是免疫系統中最重要的運籌帷幄者。它必須在抗原呈獻細胞的協助下，才能利用接受器辨識外來異物及微生物（詳閱本篇第四章）。T 細胞的平均壽命較 B 細胞長，能存活數月甚至數年之久。依據功能與分子標記，將它們分為協助性、抑制性與毒殺性 T 細胞。

2.單核－巨噬細胞 (monocytes-macrophage)

單核球是血中的吞噬細胞之一，它進入組織後會繼續分化為體型較大、吞噬功能更強之巨噬細胞，如圖 6.1.4 所示；其名稱因存在處而不同，例如肝中的巨噬細胞為庫氏細胞 (Kupffer cell)、組織球 (histocyte) 為結締組織中的巨噬細胞、微膠細胞 (microglial cell) 在腦、噬骨細胞 (osteoblast cell) 在骨骼中、肺巨噬細胞 (alveolar macrophage) 為肺臟內的吞噬細胞，存在脾臟、腹膜、淋巴結等處者，仍稱巨噬細胞。由於兩種細胞具有極深的關聯性，因此常被稱為單核 - 巨噬細胞；它們能製造多種細胞激素（見本篇第二章），如介白質 (interleukin, IL)-6, -8, -10, -12、干擾素 (interferon, IFN)-α, -β 等。除此之外，巨噬細胞亦是協助 T 細胞辨識外來物之抗原呈獻細胞 (antigen presenting cell, APC)，詳細說明見本篇第四章。

3.樹突細胞 (dendritic cell, DC)

此種細胞因細胞膜向外延伸（圖 6.1.5）形成樹枝狀的突出而得名，它主要存在表皮與組織器官的間隙中，負責執行吞噬。膜上的第一、第二型主要組織相容複合物 (major histocompatibility complex, MHC)，使樹突細胞成為能力最強的抗原呈獻細胞。順帶一提的是，學界為感念 Paul Langerhans（樹突細胞發現者）在免疫

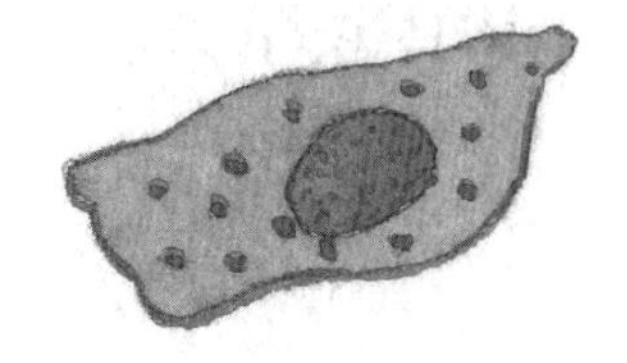

圖 6.1.4 單核球（左）與巨噬細胞（右）

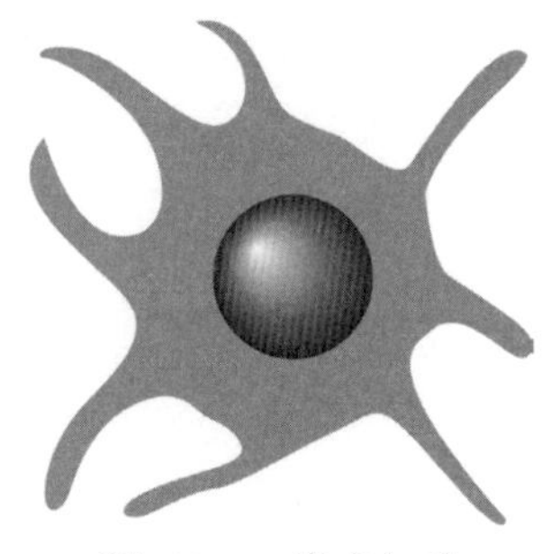

圖 6.1.5 樹突細胞

研究上的厥偉貢獻，特意將表皮樹突細胞命名為蘭格漢細胞 (Langerhans' cell) 或蘭氏細胞。

4.肥大細胞 (mast cells)

專司過敏之肥大細胞（圖 6.1.6）存在皮膚及呼吸道、消化道、生殖泌尿道的結締組織中，其細胞質內的顆粒在過敏原與抗體 IgE 複合物的作用下會破裂且釋出組織胺、血清素等過敏介質，最後引起即發型過敏，見本篇第五章之說明。

5.顆粒球 (granulocytes)

顆粒球來自骨髓母細胞 (myeloblast)，其細胞質內存有對不同染劑具感受性之顆粒；依此現象將顆粒球分為嗜中性白血球 (neutrophil)、嗜酸性白血球 (acidophil, eosinophil) 與嗜鹼性白血球 (basophil)，見圖6.1.7，表6.1.1 為這些細胞的特性及功能。

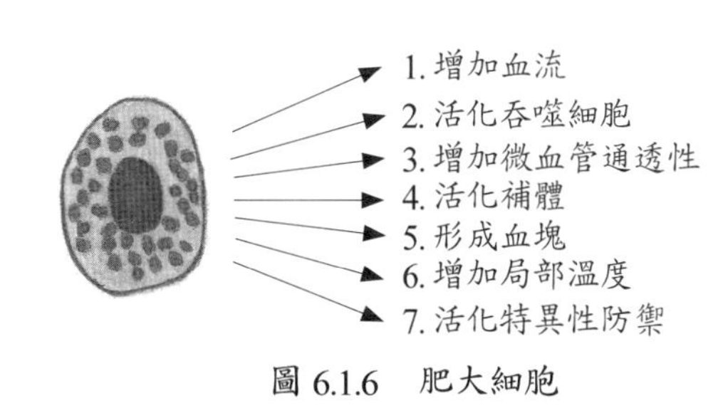

圖 6.1.6　肥大細胞

表 6.1.1

	細胞核	染劑感受性	功能
嗜中性白血球（多型核白血球）	多葉	酸性、鹼性染劑	數目最多、能力最強的血中吞噬細胞，在趨化因子的作用下，它會快速向發炎處移行。嗜中性白血球攻擊入侵的微生物後，會造成化膿、紅腫熱痛等結果
嗜酸性白血球	二葉	酸性染劑	吞噬、抗寄生蟲感染
嗜鹼性白血球	不分葉	鹼性染劑	誘導即發型過敏，經常與肥大細胞相提並論

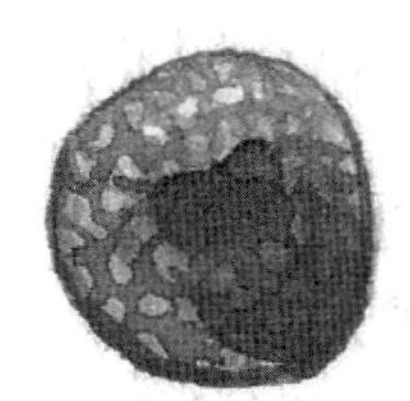
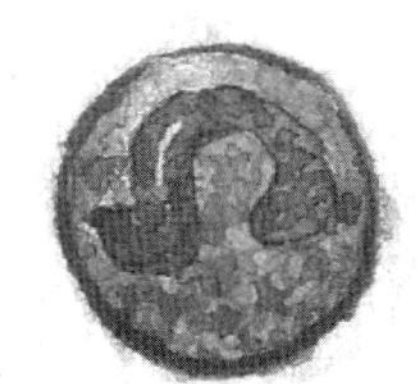
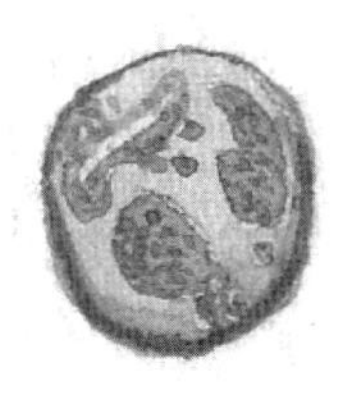

圖 6.1.7　嗜中性白血球（左）、嗜酸性白血球（中）、嗜鹼性白血球（右）

第二章　先天性免疫

Innate Immunity

先天性免疫是生來便具有的抵抗力，它不需要經過外來物的刺激即存在個體內。由於對抗入侵的微生物時無特異性，因此又被稱為非特異性免疫 (non- specific immunity)。先天性免疫涵蓋的範圍極廣，包括物理性屏障 (physical barrier) 與化學性屏障 (chemical barrier)；前者包括皮膚、纖毛、黏膜、黏液、尿液、正常菌叢，後者包括胃酸、乳酸、酵素、脂肪酸、吞噬作用、發炎反應等。補體系統 (complemt system) 與細胞激素 (cytokine) 亦是先天性免疫中的要角，當兩者出現異常時，個體便容易發生感染症。

第一節　皮膚

具有保暖、排汗功能，且無透水性之皮膚 (skin) 是人體的最大器官，其解剖構造包括表皮 (epidermis) 、真皮 (dermis) 、皮下組織 (subcutaneous tissue) 及多種附屬構造 (accessory structures)。表皮含有角質細胞、黑色素細胞與蘭氏細胞，其中蘭氏細胞擔任吞噬、抗原呈獻的任務，詳細說明見本篇第四章。

真皮位於表皮與皮下組織之間，由彈性組織與膠原組織組成，毛囊、汗腺、神經、皮脂腺、微血管亦存在此處；皮下組織內有脂肪細胞與附屬構造，如淋巴管、靜脈、動脈、自主神經等。

1.完整性 (intact)

維持皮膚的完整性是杜絕感染的最佳方法，因為多數微生物無法穿透皮膚的緻密結構，然一旦出現裂縫或傷口，即成為微生物的最佳侵犯處。值得注意的是，化膿性鏈球菌、金黃色葡萄球菌會經由汗腺、毛囊或皮脂腺入侵人體。

2.汗腺與皮脂腺 (sudoriferous glands and sebaceous gland)

兩種腺體皆能分泌乳酸與脂肪酸，使皮膚呈現不利病原菌生長繁殖之酸性 (pH3-5) 狀態。此外，汗腺尚能分泌含鹽分之汗液，其高張特性亦能抑制微生物生長。

3.常在菌、正常菌叢 (normal flora)

皮膚表面存在著鏈球菌、棒狀桿菌、白色念珠菌、表皮葡萄球菌、腐生性葡萄球菌、金黃色葡萄球菌等，它們分解脫落的角質層，取得生長所需的能量，使試圖入侵皮膚的病原菌無養分來源，亦無棲息之所，自然不能引起病變。性行為、荷爾蒙改變、侵入性治療、免疫力降低能使常在菌入侵皮膚，引起疾病，例如加裝人工關節後經常發生表皮葡萄球菌感染症，又如性行為頻繁者的尿道發炎與腐生性葡萄球菌的入侵有關。

4.溶菌酶 (lysozyme)

溶菌酶是一種存在表皮、唾液、淚液與黏膜中的酵素，它會破壞細菌（尤其是革蘭氏陽性菌）的細胞壁，使其因無法對抗皮膚的高張環境而死亡。

5.吞噬細胞 (phagocytes) 與吞噬作用 (phagocytosis)

真皮層中的樹突細胞或蘭氏細胞能吞食自皮膚入侵之異物或微生物，其過程如圖 6.2.1 所示：(1) 樹突細胞向細菌趨近後伸出偽足；(2) 將細菌吞入細胞內並形成吞噬泡 (phagosome)；(3) 吞噬泡與溶小體 (lysosome) 融合成吞噬溶小體 (phagolysosme)；(4) 來自溶小體的酵素分解細菌；(5) 吞噬溶小體膜與細胞膜融合後釋出殘渣。

樹突細胞完成吞噬後會將分解細菌所得之產物（胜肽）呈獻給 T 細胞，誘導細胞性免疫的發生，詳細內容見本篇第四章。

第二節　呼吸道

1.纖毛 (cilia)

氣管、支氣管、小支氣管與細支氣管中的纖毛是上皮細胞膜向外突出形成的構造，它的擺動加上黏液的黏著作用可將入侵的微生物移出呼吸道，之後再經由咳嗽將其排出體外，減少感染的發生。

2.黏膜與黏液 (mucous membrane and mucus)

自鼻腔、咽喉起至氣管樹、肺部，整個呼吸道表面皆有上皮細胞（黏液腺）覆蓋，它分泌的黏液既能滋潤呼吸道，亦能吸附入侵的微生物，使其無法擴散。黏膜上常有特異性免疫（IgA），此種抗體可以加強黏液清除病原菌的能力。

3.常在菌、正常菌叢

人類呼吸道中的常在菌包括鏈球菌、類桿菌、放線菌、葡萄球菌、棒狀桿菌、肺炎鏈球菌、流感嗜血桿菌、肺炎鏈球菌、化膿性鏈球菌、白色念珠菌等，它們通常存在鼻腔與咽喉內，氣管樹與肺臟則極為少見。

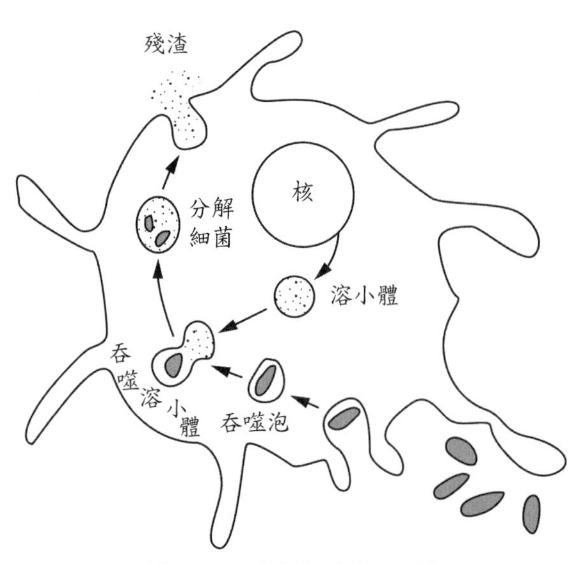

圖 6.2.1　吞噬細胞與吞噬作用

上述菌種中最需注意的是肺炎鏈球菌，個體若有癌症、愛滋病、糖尿病或慢性疾病時，此菌會進入肺、腦膜、腹膜、骨髓等組織或器官中大量繁殖，引起嚴重的侵襲性疾病。臨床上稱之為內生性感染 (endogenous infection) 或伺機性感染 (opportunistic infection)。

4.吞噬作用

肺巨噬細胞會吞食分解外來的異物與微生物，並排除無法利用的物質。經呼吸道感染人類之炭疽桿菌、肺炎鏈球菌因具有莢膜之故，不易被吞食，常引起肺部病變。結核桿菌雖無莢膜卻能在肺巨噬細胞中繁殖，有時甚至隨其進入血液散布至各部位，最後引起高致死率之瀰散性結核。

第三節　胃腸道

1.黏液與黏膜

胃腸道中的黏膜與黏液對個體所提供的保護效果與存在呼吸道者相同，它能經由黏附抑制微生物擴散，亦能在特異性抗體 IgA 的協同下，增強對抗入侵微生物的能力。

2.常在菌、正常菌叢

胃腸道的常在菌最多、亦最複雜，牙齒表面約有 10^8 / 公克組織，口腔與腸道菌量則為 10^{11} / 公克組織。

(1) 口腔與牙齒(oral cavity and teeth)

此處的常在菌包括螺旋菌、放線菌、梨形鞭毛蟲、乳酸桿菌、葡萄球菌、轉糖鏈球菌、草綠色鏈球菌、白色念珠菌、梭狀芽孢桿菌，其中梨形鞭毛蟲僅存在部分個體中。人類進食後 2 小時內，牙齒表面的乳酸桿菌與轉糖鏈球菌會結合多醣形成齒斑 (dental plaque) 或菌斑 (bacterial plaque)，若未適時移除，日積月累下便造成蛀牙，或稱齟齒 (dental cavity)。

(2) 腸道(intestinal tract)

人體腸道中的常在菌十分複雜，主要由類細菌、腸球菌與大腸桿菌所組成；此外，腸細菌、雙歧桿菌、克雷白氏桿菌、白色念珠菌、金黃色葡萄球菌、困難梭狀芽胞桿菌亦存在二至八成健康者的腸道。奇異變形桿菌、綠膿桿菌、鏈球菌則較為少見。前述菌種不僅能與病原菌競爭營養、棲息處，亦能提供 K 、B12 等多種維生素。若遇以下狀況時，常在菌可能變身為恐怖的致病菌。

A. 長期使用抗生素：連續口服抗生素一週以上者可能遭致嚴重後果，理由是口服型抗生素必須在腸道內溶解後，才能進入血液發揮療效。於此同時，具感受性之菌種被殺滅，具抗藥性的菌種會大肆繁殖，最後造成菌叢嚴重失衡。臨床上極為常見之偽膜性結腸炎 (antibiotic assocoated-pseudomembranous colitis) 即與困難梭狀芽孢的增生有關。

B. 醫療行為：患者導尿後經常出現尿道感染，這是醫護人員在進行此項工作時不慎將腸道細菌引入泌尿道所致；此種現象在人口老化的社會將愈來愈常見。

C. 免疫力下降：懷孕、年老、罹癌、患糖尿病、感染愛滋病毒等能誘導常在菌大量繁殖，進而引起伺機性感染，其中最需注意的是白色念珠菌。此種真菌存在口腔、小腸、陰道，經常引起腸胃炎、鵝口瘡，亦是更年期婦女陰道感染的主因。

3.胃酸與酵素 (gastric acid and enzymes)

食物經牙齒的咀嚼後，會進入胃腸道分解，產生可利用的能量及小分子。隨著食物進入人體的微生物通常在胃酸與腸道酵素作用下死亡；部分病原菌無懼於這些作用，仍能繼續繁殖引起病變，例如腸病毒、輪狀病毒、艾科病毒、克沙奇病毒、小兒麻痺病毒、幽門螺旋桿菌。其它如肉毒桿菌外毒素與金黃色葡萄球菌分泌之外毒素亦具有抗酸及抗酵素能力，因此能引起食物中毒。

4.吞噬作用

胃腸道的培氏斑 (Payer's patches) 的有腸巨噬細胞 (intestinal macrophage)，它利用吞食、水解酵素破壞進入腸胃道之微生物。

第四節　生殖泌尿道

1.黏液與黏膜

生殖泌尿道是微生物侵犯人體的重要入口處之一，因此尿道、陰道等皆覆有黏膜，它能分泌黏液阻擋微生物的入侵。黏膜上的分泌型 IgA 更能有效對抗感染。

2.常在菌、正常菌叢

尿道亦是常在菌的存在處之一，球菌與革蘭氏陰性桿菌皆有。女性陰道中的菌種依年齡而不同，例如青春期前為鏈球菌、葡萄球菌、大腸桿菌等，青春期後至更年期前主要是乳酸桿菌、白色念珠菌。乳酸桿菌分泌的酸性物質能有效控制白色念珠菌的數量，然而進入更年期後，荷爾蒙的改變使乳酸菌數目減少，陰道酸鹼值的上升促使白色念珠菌快速繁殖，最後引起白帶、陰道炎、會陰炎等症。

第五節　吞噬作用與胞外噬殺

1.吞噬作用

本章第一節已詳述吞噬作用過程，此處將進一步探討吞噬細胞使用之殺菌機制。學理上依據氧的參與，將吞噬作用分為下列兩大類。

(1) 氧依賴性吞噬作用 (oxygen-dependent phagocytosis)

吞噬細胞利用超氧化物 (superoxide, O_2^-) 或髓過氧化酶 (myeloperoxidase) 進行毒殺，前者擁有超氧離子，它與過氧化氫作用後會產生另一種自由基 (OH^-)；後者能與氯、過氧化氫反應產生具細胞毒性之次氯酸。

(2) 非氧依賴性吞噬作用(non oxygen-dependent phagocytosis)

吞噬細胞利用溶菌酶、蛋白酶、乳鐵蛋白或其他水解性酵素毒殺微生物，但其效果不如氧依賴性吞噬作用。

2.胞外弒殺 (extracelllar killing)

作用標的為體積較大的微生物時，吞噬細胞會使用胞外弒殺的機制進行清除。過程中，干擾素 γ (interferon-γ) 首先誘導巨噬細胞產生並釋出一氧化氮 (NO) ，其細胞毒性能直接破壞侵犯者。巨噬細胞活化後亦能分泌腫瘤壞死因子 (tumor necrosis factor, TNF) ，負責清除腫瘤或遭病毒感染細胞。

第六節　發炎

一般人視發炎 (inflammation) 為畏途，但它其實只是身體在感染後試圖清除微生物、修復組織器官時使用的複雜機轉。首先，細胞激素、趨化因子等發炎介質會誘導嗜中性白血球、單核球離開血液進入感染區，展開吞噬的任務。繼而補體、肥大細胞、嗜鹼性白血球、淋巴細胞等相繼加入戰場，釋出更多發炎介質，最後出現紅 (redness) 、腫 (swelling) 、熱 (heat) 、痛 (pain) 、功能喪失 (loss of function) 之典型症狀。醫學上依據誘因、參與細胞、發生及持續時間將發炎分為以下兩大類。

1.急性發炎 (acute inflammtion)

外傷以及微生物感染症（如咽炎、氣管炎、盲腸炎、扁桃腺炎等）能在數秒至數分鐘內誘導急性發炎，其症狀通常在數日後消失，預後佳；但有些會持續數週之久，少數可能轉為慢性發炎。參與急性發炎之免疫細胞包括單核球、巨噬細胞、嗜中性白血球。

2.慢性發炎 (chronic inflammation)

引起慢性感染的主因有二，其一為結核、慢性活動性肝炎等慢性感染症，其二為氣喘、接觸性皮膚炎、紅斑性狼瘡、僵直性脊椎炎等免疫疾病。其發生時間較長，症狀能持續數月至數年之久，且預後較差，常造成組織或器官喪失功能。參與慢性發炎者包括單核球、巨噬細胞、淋巴細胞、纖維母細胞。

第七節　補體系統

補體系統 (complement system) 能補足或協助抗體完成必竟之任務，亦能加強非特異性免疫的能力；它是由一群酶原與醣蛋白組成的系統，必須在活化後才能發揮多重作用。值得注意的是，活化過程中釋出的產物會誘導發炎或過敏。

1.成分與種類

補體系統擁有三十餘種成分，依據組成與功能可將其分為三類：(1) C1、C2、C3、C4、C5、C6、C7、C8、C9，其中 C1 由 C1q、C1r、C1s 組成；(2) B 因子、D 因子、P 因子；(3) CI 抑制物、I 因子、H 因子、C4 結合蛋白。

2.活化路徑

目前發現的補體活化路徑有三種，分別為古典、替代與凝集素路徑；由於替代路徑最為簡單、古典路徑最為複雜，學界因此相信古典路徑是三者中最後演化出的補體活化路徑。

(1) 古典路徑 (classical pathway)：抗體（IgG 或 IgM）與抗原作用後形成之免疫複合物 (immune complex) 能藉古典路徑活化補體。它先固定血清中的游離 C1，再對 C4、C2 進行切割，所得產物 C2a 將 C3 分解為 C3a 與 C3b 、C5 分解為 C5a 與 C5b。當免疫複合物結合的補體分子為 C4b2a3b5b 時，即可驅使 C6、C7、C8、C9 前來附著，形成膜攻擊複合物 (membrane attack complex, MAC)；至此活化路徑即告完成，如圖 6.2.2 所示。

(2) 替代路徑 (alternative pathway)：血清中微量的 C3b 會結合至 P 因子、聚集的 IgA 或微生物表面的多醣，之後催化 D 因子將 B 因子分解為 Bb。Bb 與 C3b 形成之 C3bBb 能將 C3 分解為 C3a 、C3b ，經此作用後，誘導物上會附著更多 C3b。其後的步驟與古典路徑完全相同，見圖 6.2.2。

(3) 凝集素路徑 (lectin pathway)：凝集素路徑與古典路徑極為相似，但誘導物與起始步驟不同。過程中甘露蜜結合素 (mannan-binding lectin, MBL) 先與微生物表面的寡醣結合，接著分解 C4 與 C2，其後之步驟與古典路徑完全相同。

3.補體的特性與功能

(1) 特性：補體對熱完全無耐受性，經過 56℃、30 分鐘的處理，補體結構即發生改變，功能亦隨之喪失。對人類而言，補體的濃度終生相同，上述活化路徑均不能提升其濃度；補體系統若異

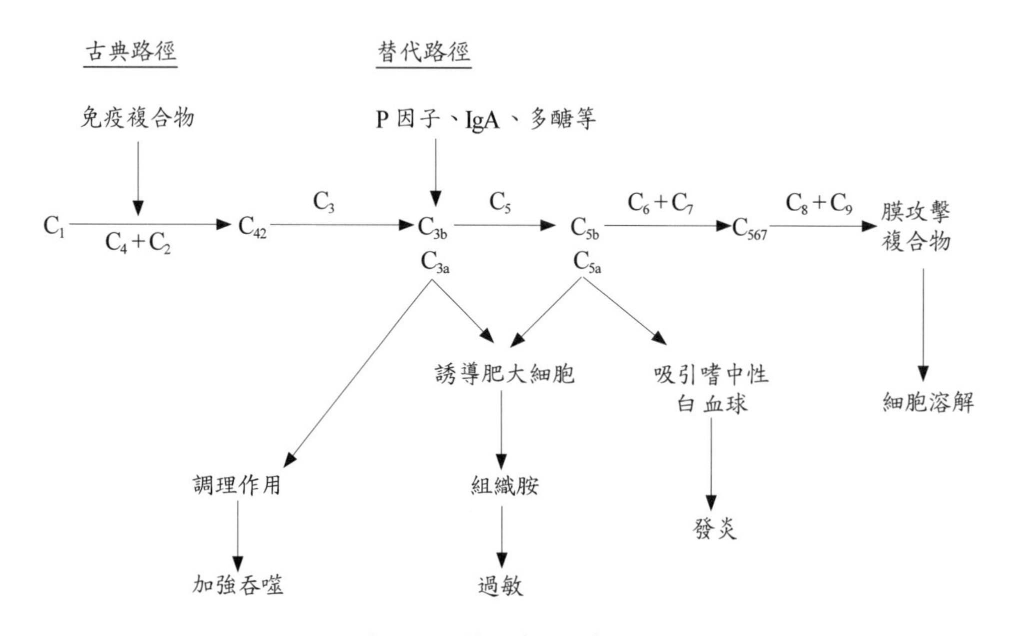

圖 6.2.2　補體的活化與功能

常，個體將經常為細菌感染症所苦。

(2) 功能

A. 調理作用 (opsonization)：表面覆有抗體與補體的微生物更容易為吞噬細胞所吞食，理由是抗體、補體不僅能降低吞噬細胞與微生物之間的排斥性，更能加強吞噬細胞的能力。

B. 細胞溶解 (cell lysis)：補體活化過程中形成如針狀般的膜攻擊複合物 (C5b6789) ，能刺穿細胞膜，使內容物流出。抗原為紅血球時會引起溶血 (hemolysis)，當抗原為細菌時則引起溶菌。

C. 發炎與過敏 (inflammation and hypersensitivity)：活化過程中產生之 C3a、C4a、C5a 能刺激肥大細胞釋出組織胺，刺激平滑肌收縮，血管通透性增加、血漿滲出等發炎或過敏症狀，因此被稱為過敏毒素 (anaphylatoxin)。

D. 免疫複合物清除 (clearence of immune complex)：免疫複合物與補體結合後體積會大增，更容易被吞噬細胞清除，因此能降低複合物蓄積各處引起之危機。

第八節 細胞激素

小分子蛋白 (<30 kilodalton) 組成之細胞激素 (cytokine) 是免疫系統中不可或缺的非特異、傳遞訊息的媒介，它們負責聯繫先天性與後天性免疫。細胞激素的種類不僅繁多，功能亦極其複雜；為降低名詞引起的混淆，學理上將以往所稱的淋巴激素 (lymphokine) 、單核球激素 (monokine) 納入細胞激素的範疇中。舉凡在抗原或微生物刺激下，體細胞與免疫細胞產生的非特異性物質，皆謂之細胞激素。

1.特性

細胞激素的作用濃度較眾所周知的荷爾蒙更低，約是 10^{-10} 至 10^{-12} 莫爾。它的特性包括：(1) 重複性 (redundancy)：不同細胞激素擁有相同功能；(2) 多效性 (pleotropy)：單種細胞激素具有多種功能；(3) 加成性 (synergy)：兩種細胞激素同時作用的效果優於分別作用時的總和；(4) 拮抗性 (antagonism)：細胞激素的作用會相互對抗，最後抵銷為零。

2.作用機轉

細胞激素成為傳遞訊息媒介的主因在於它們能利用各種機轉聯繫不同對象，完成促進或抑制細胞活性、調控免疫反應強弱等任務。這些機轉包括：(1) 自泌作用 (autocrine action)：細胞激素直接作用至分泌細胞；(2) 旁泌作用 (paracrine action)：細胞激素作用至鄰近細胞；(3) 內泌作用 (endocrine action)：細胞激素作用至遠處細胞。

3.種類與功能

(1) 介白質 (interleukin, IL)：目前已知的介白質計有三十餘種，彙整最具代表性者如下所示。

名稱	分泌細胞	功能
介白質 1(IL-1)	單核球、巨噬細胞、淋巴細胞、樹突細胞、纖維母細胞、血管內皮細胞	1. 刺激下視丘，引起發燒 2. 誘導急性發炎反應 3. 刺激嗜中性白血球分裂
介白質 2(IL-2)	T 細胞	刺激淋巴細胞、自然殺手細胞分裂與分化
介白質 4(IL-4)	T 細胞、肥大細胞、骨髓基質細胞	1. 促進單核球、淋巴細胞生長 2. 促進 TH_2 細胞分化
介白質 5(IL-5)	T 細胞、肥大細胞、嗜酸性白血球	刺激嗜酸性白血球成熟與活化
介白質 6(IL-6)	淋巴細胞、巨噬細胞	1. 誘導急性發炎反應 2. 調控淋巴細胞的功能
介白質 8(IL-8)	單核球、顆粒球、淋巴細胞、纖維母細胞	1. 趨使嗜中性白血球前往發炎處 2. 吸引嗜鹼性血球
介白質 9(IL-9)	T 細胞	1. 刺激嗜酸性白血球成熟與活化 2. 促進前 T 細胞的增生
介白質 10(IL-10)	受抗原刺激（致敏化）之輔助性與毒殺性 T 細胞	1. 抑制 TH_1 細胞分裂 2. 促進 B 細胞、肥大的增生
介白質 12(IL-12)	樹突細胞、巨噬細胞	1. 活化自然殺手細胞 2. 促進 TH_1 細胞分化 3. 刺激干擾素的生成
介白質 18(IL-18)	單核球、樹突細胞	
介白質 16(IL-16)	T 細胞	活化單核球、輔助性 T 細胞與嗜酸性白血球

(2) 干擾素(interferon, IFN)：干擾素分為二型，第一型有α與β，第二型僅有γ。

名稱	分泌細胞	功能
干擾素 α (IFN-α)	淋巴細胞、巨噬細胞、樹突細胞	1. 對抗病毒感染 2. 調控有核細胞表現第一型主要組織相容複合物 (MHC I)
干擾素 β (IFN-β)	樹突細胞、上皮細胞、纖維母細胞	
干擾素 γ (IFN-γ)	T 細胞	1. 調節淋巴細胞、巨噬細胞、自然殺手細胞的活性與增殖。 2. 促進抗原呈獻細胞合成主要組織相容複合物

(3)腫瘤壞死因子(tumor necrosis factor, TNF)

名稱	分泌細胞	功能
腫瘤壞死因子 α (TNF-α)	單核球、巨噬細胞、淋巴細胞、自然殺手細胞、嗜中性白血球等	1.促進發炎反應生成 2.活化免疫細胞 3.毒殺腫瘤細胞
腫瘤壞死因子 β (TNF-β)	淋巴細胞、上皮細胞、纖維母細胞、血管內皮細胞	1.抑制血管增生 2.加強吞噬作用 3.刺激纖維母細胞分裂

(4)群落刺激因子(colony stimulating factor, CSF)

名稱	分泌細胞	功能
單核球群落刺激因子 (G-CSF)	巨噬細胞	促進嗜中性白血球分裂與分化
顆粒球／巨噬細胞群落刺激因子 (GM-CSF)	T 細胞、巨噬細胞、纖維母細胞	促進吞噬細胞分裂與分化

(5)轉型生長因子(transforming growth factor, TGF)

名稱	分泌細胞	功能
轉型生長因子 β (TGF-β)	有核細胞	1.抑制細胞生長 2.延緩組織修復 3.影響造血功能

第三章

後天性免疫（一）：體液性免疫

Adaptive Immunity(1): Humoral Immunity

天然屏障加上發炎、吞噬作用固然能阻絕微生物的入侵，若有後天性免疫參與，保護個體免受感染的效果將更臻完善。依據執行任務之細胞，可將後天性免疫分為體液性與細胞性，前者包括 B 細胞、漿細胞、記憶細胞、抗體、非特異性之補體，後者則有 T 細胞、吞噬細胞、自然殺手細胞與非特異性之細胞激素。

後天性免疫的特徵在於能辨識外來物，並將辨識所得的訊息儲存在細胞記憶庫中，之後再遇相同外來物時即能快速作用，以降低其對個體的傷害程度（但有時可能引起病變，見本篇第五與第六章）。

第一節　抗原

能被 B 細胞或 T 細胞辨識之外來物即謂之抗原，無法被兩種細胞辨識者為半抗原，它若與蛋白質（攜帶者，carrier）結合即可成為抗原。

1.抗原 (antigen, Ag)

免疫學上所稱之抗體必須具有以下四種特性，即抗原性 (antigenicity)。

(1) 外來性 (foreigness)：對個體而言，抗原必須是外來的微生物、他人的細胞或組織。當外來物與個體的差異性愈大時，抗原性愈強，因此細菌蛋白質可以刺激 B 與 T 細胞產生強烈的免疫反應。

(2) 大分子 (big molecule)：分子量大於 10,000 道爾頓 (10 Kd) 的物質成為抗原之機率愈高，藥物、脂肪、荷爾蒙等因分子量不足而不具抗原性。

(3) 複雜 (complexicity)：蛋白質是最複雜的大分子物質，因此其抗原性，醣蛋白、核蛋白、脂蛋白亦復如是；核酸的分子量雖不亞於蛋白質，但因複雜度不夠，無法成為抗原。

(4) 可分解 (digestable)：能被吞噬細胞分解的物質具抗原性，此項特徵對細胞性免疫尤其重要，理由是 T 細胞僅能辨識內在的抗原決定位（見本篇第四章說明）。

2.半抗原 (hapten)

分子量不足、結構複雜度過低的物質，如藥物、脂肪、核酸、荷爾蒙等皆無法誘導免疫反應，因此屬於半抗原。它們進入人體後能與蛋白質結合，成為可被辨識之抗原，如此即能為 B 、T 細胞所辯識，產生免疫反應。值得注意的是，半抗原亦能結合至細胞表面，導致外觀改變，淋巴細胞因此將其視為外來物而加以攻擊，最後引起自體免疫疾病 (autoimmune disease)，詳細內容見本篇第六章。

3.超級抗原 (superantigen)

超級抗原是指擁有抗原性之特殊物質，它不需要抗原呈獻細胞的協助，即可自行結合至 T 細胞接受細胞、主要組織相容複合物 II。此類物質能活化 T 細胞，分泌大量細胞激素（見本篇第四章說明），引起病變。常見的超級抗原包括化膿性鏈球菌製造之紅斑毒素，金黃色葡萄球菌產生之腸毒素、中毒休克症候群毒素。

4.抗原決定位 (antigen determinant)

如前所述，抗原必須是外來的複雜大分子，但 B 細胞辨識的部位，卻僅是由數個胺基酸組成、位於抗原表面的抗原決定位（或稱頂位，epitope），如圖 6.3.1 所示。由於每個抗原可能擁有成千上萬頂位，每個頂位可與一種抗體結合，因此發生免疫反應時，抗原表面便有成千上萬種抗體。

第二節　抗體

微生物入侵人體後，血液與淋巴組織中的 B 細胞會利用抗體 (antibody, Ab) 進行辨識，見圖 6.3.2。根據估計，每個 B 細胞表面約有 5 萬個結構完全相同之抗體，而每一免疫力健全者體內約有 10^8 種抗體。它的多樣性主要來自重組、重排與突變三種機轉。首先，抗體蛋白由三條 (2, 14, 22) 染色體上的基因群 (V, D, J, C) 所決定，它們組合後即產生序列不同的各式抗體；其次是抗體結構中的可變區基因 (VJ, VDJ)，兩者會重排並且突變，最後製作出大量恆定區相同、可變區有差異之抗體。

1.成分與構造 (composition and structure)

抗體由重鏈 (heavy chain) 、輕鏈 (light chain) 組成，如圖 6.3.3 所示；重鏈與輕鏈均為胜肽鏈，但前者的分子量比後者大。它們經雙硫鍵 (disulfide bond) 、氫鍵、離子鍵、疏水鍵等連結後形成兩部分，其一是位於可變區 (variable region, V) 的抗原結合片段 (fragment antibody binding, Fab)；由於此處的胺基酸序列差異極大，因此能和不同的抗原決定位結合。另一個部分是位於恆定區 (constant region, C) 的可結晶片段 (fragment crystallizable, Fc) ，它能決定抗體的生物活性。

2.種類 (category)

抗體亦稱免疫球蛋白 (immunoglobulin, Ig) 或 γ 球蛋白 (γ-globulin) ，依據重鏈的構造與胺基酸序列將抗體分為 IgG 、IgA 、IgM 、IgE 、IgD；它們當中有的為

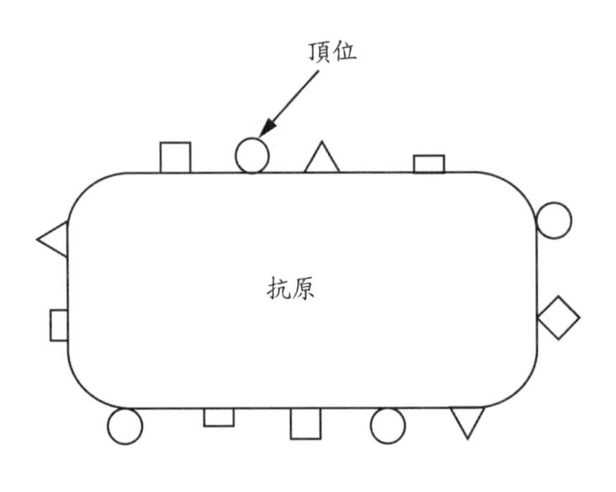

圖 6.3.1　菌體表面的抗原決定位

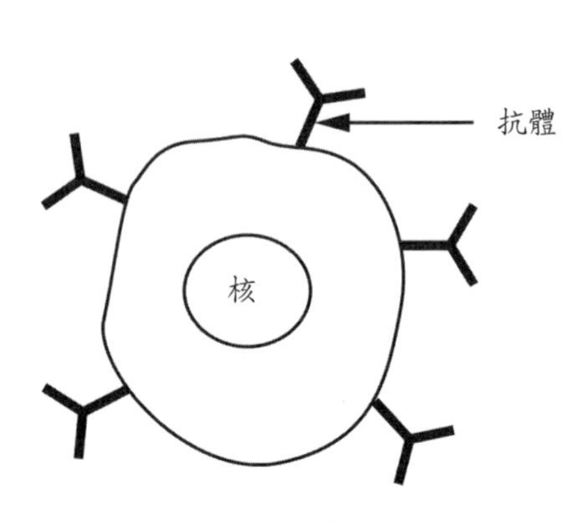

圖 6.3.2　B 細胞與抗體

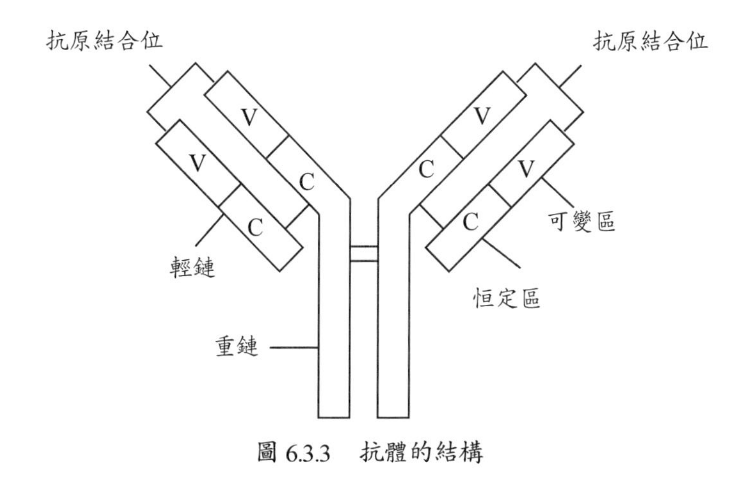

圖 6.3.3　抗體的結構

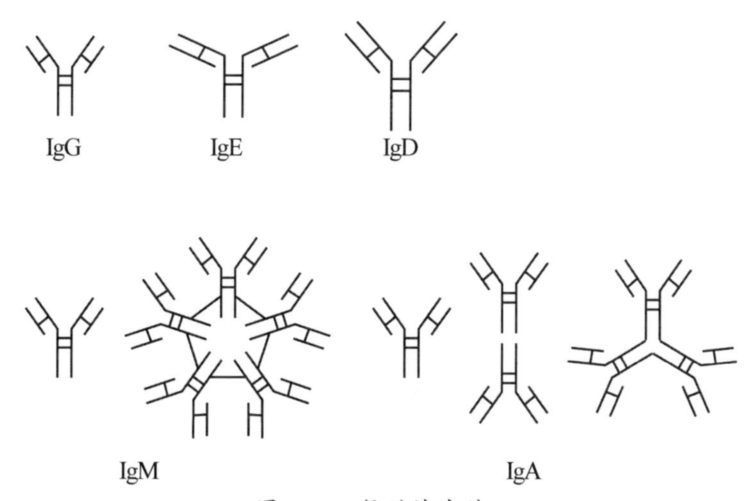

圖 6.3.4　抗體的外型
單體：IgG, IgE, IgD, IgM, IgA，雙體：IgA，三體：IgA，五體：IgM

單體 (monomer)，有的同時擁有單體、雙體 (dimer) 與三體 (trimer)，有的是五體 (pentamer)，如圖 6.3.4 所示。

五種抗體除重鏈不同外，分子量、比例（以血中抗體總量為分母計算）、半衰期（壽命）與頂位結合數亦有差異，見表 6.3.1 之說明。

3.功能 (function)

如前所述，可結晶片段（碳端）負責決定抗體的功能與生物活性 (biological activity)，例如保護胎兒、中和毒素、活化補體、凝集紅血球、啟動細胞毒殺、加強吞噬作用（調理作用，opsonization）、誘導過敏與發炎等。

(1) IgG：此種抗體存在血液與淋巴中，它能中和細菌毒素，亦能從母體進入子宮保護胎兒。當 IgG 的 Fab 與抗原結合時，其 Fc 會再和巨噬細胞或自然殺手細胞表面的接受器結合，如此一來，不僅

表 6.3.1

	IgG	IgA	IgM	IgE	IgD
重鏈	γ1、γ2、γ3、γ4	α1、α2	μ	ε	δ
輕鏈	K、λ	K、λ	K、λ	K、λ	K、λ
類型（亞型）	IgG1、IgG2、IgG3、IgG4	IgA1、IgA2	無	無	無
分子量 (Kd)	150	150-600	900	190	150
外形	單體	單體、雙體、三體	單體、五體	單體	單體
比例	80%	10-15%	5-10%	0.2%	0.002%
半衰期	8-23 日	6 日	5 日	2 日	2.8 日
頂位結合數	2	2（單體）、4（雙體）、6（三體）	10（五體）	2	2
別稱	調理素 (opsonin)	-	凝集素 (agglutinin)	反應素 (reagin)	-

加強吞噬作用，亦能誘導抗體依賴性細胞媒介型毒殺作用 (antibody- dependent cell-mediated cytotoxicity, ADCC)。除此之外，IgG 與抗原形成的免疫複合物會利用古典途徑活化補體（詳見本篇第二章第七節），進而破壞入侵的微生物。IgG 是二次體液性免疫反應中產生的主要成分。由於 IgG 的重鏈可以和補體結合，因此常與由免疫複合物引起之疾病有關。

(2) IgA：曾有學者提出黏膜性免疫 (mucosal immunity)，認為此種免疫的重要性不亞於細胞性免疫、體液性免疫，但目前仍未獲得眾人認同。儘管如此，IgA 加上黏膜確實是防止微生物入侵的重要組合。

如表 6.3.1 所示，IgA 擁有三種外形，即單體、雙體、三體，其中三體的含量較低。它們的存在處各有不同，單體主要分布在血液與淋巴，因此謂之血清型 IgA (serum IgA)。雙體（見圖 6.3.5）擁有分泌片 (secrertory compnent) 及結合兩個單體的 J 鏈 (J chain)，因此能進入黏液、唾液、淚液與乳汁中，成為協助先天性免疫的特異性因子；此種抗體亦稱分泌型 IgA(secretory IgA)。值得提醒的是，聚集的 IgA 能經由替代路徑活化補體，亦能抑制古典路徑的發生。

(3) IgM：此種抗體的外型有二，單體與五體，前者存在 B 細胞表面，後者存在血液與淋巴中，它是由五個單體組成，J 鏈與雙硫鍵將它們連結一起，如圖 6.3.6 所示。IgM 是胎兒、新生兒、免疫健全者感染初期產生的抗體，因此可

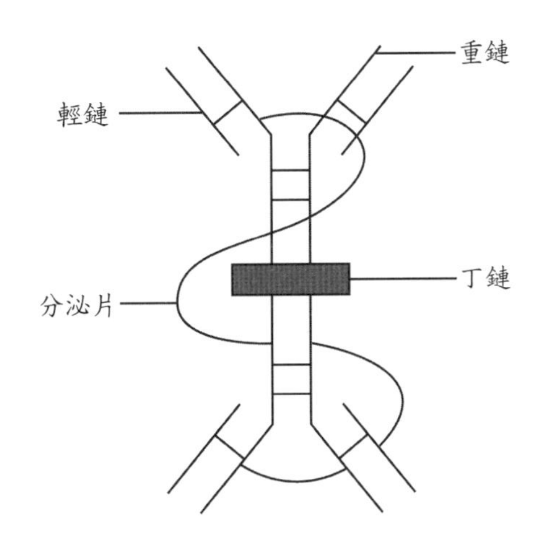

圖 6.3.5　雙體 IgA 的外形與結構

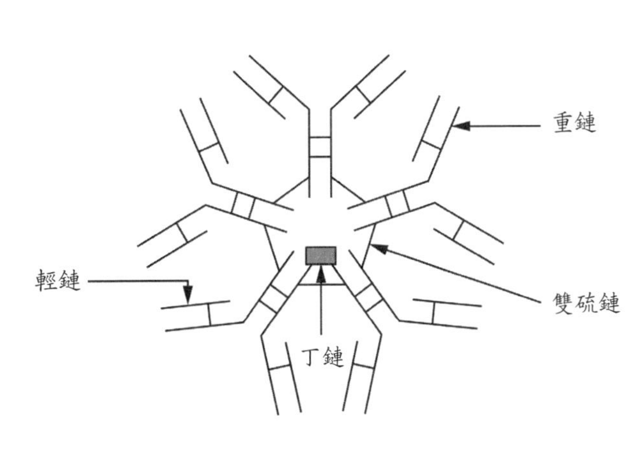

圖 6.3.6　IgM 的外形與結構

作為感染狀態的指標。IgM 和抗原結合後能經由古典路徑活化補體（見本篇第二章第七節說明），其活化能力居所有抗體之冠。除此之外，IgM 可以中和細菌毒素，亦參與血球凝集反應 (agglutination)。

(4) IgE：此種抗體的 Fc 能與肥大細胞及嗜鹼性白血球表面的接受器結合，誘導發炎與過敏（詳閱本篇第五章第一節），其血清濃度居所有抗體之末。臨床發現過敏體質者血清內的 IgE 濃度高於正常值，因此出現過敏的頻率較一般人高。IgE 能協同嗜酸性白血球對抗大型寄生蟲的入侵。

(5) IgD：目前學理上對 IgD 的認識尚淺，僅知它存在成熟的 B 細胞膜上，婦女懷孕後血清中的濃度會向上攀升。

第三節　免疫反應

抗原入侵人體後會從脾臟、淋巴結濾出，再由 B 細胞的膜上抗體對其進行辨識，最後產生體液性免疫反應。抗原（更正確說應是頂位）與抗體的第一次接觸能引起初次反應，第二次接觸引起的是二次反應，依此類推。由於二次與爾後之免疫反應幾乎相同，因此一般只論前兩者。依據辨識過程中 T 細胞是否參與，將抗原分為 T 細胞依賴性抗原 (T-cell dependent antigen)、非 T 細胞依賴性抗原 (T-cell independent antigen)。前者占絕大多數，後者較少；革蘭氏陰性菌的脂多糖是其中最重要的非 T 細胞依賴性抗原。

1. 初次反應 (primary response)

抗原第一次為 B 細胞辨識後即產生初次反應，過程中 B 細胞先增生，再轉形為漿細胞 (plasma cell) 與記憶細胞 (memory cell)，如圖 6.3.7 所示。漿細胞的表面雖無抗體，卻能製造與抗原作用的特定抗體；記憶細胞的外型、特性與 B 細胞相同，但對抗原具記憶性。自抗原辨識至抗體產生

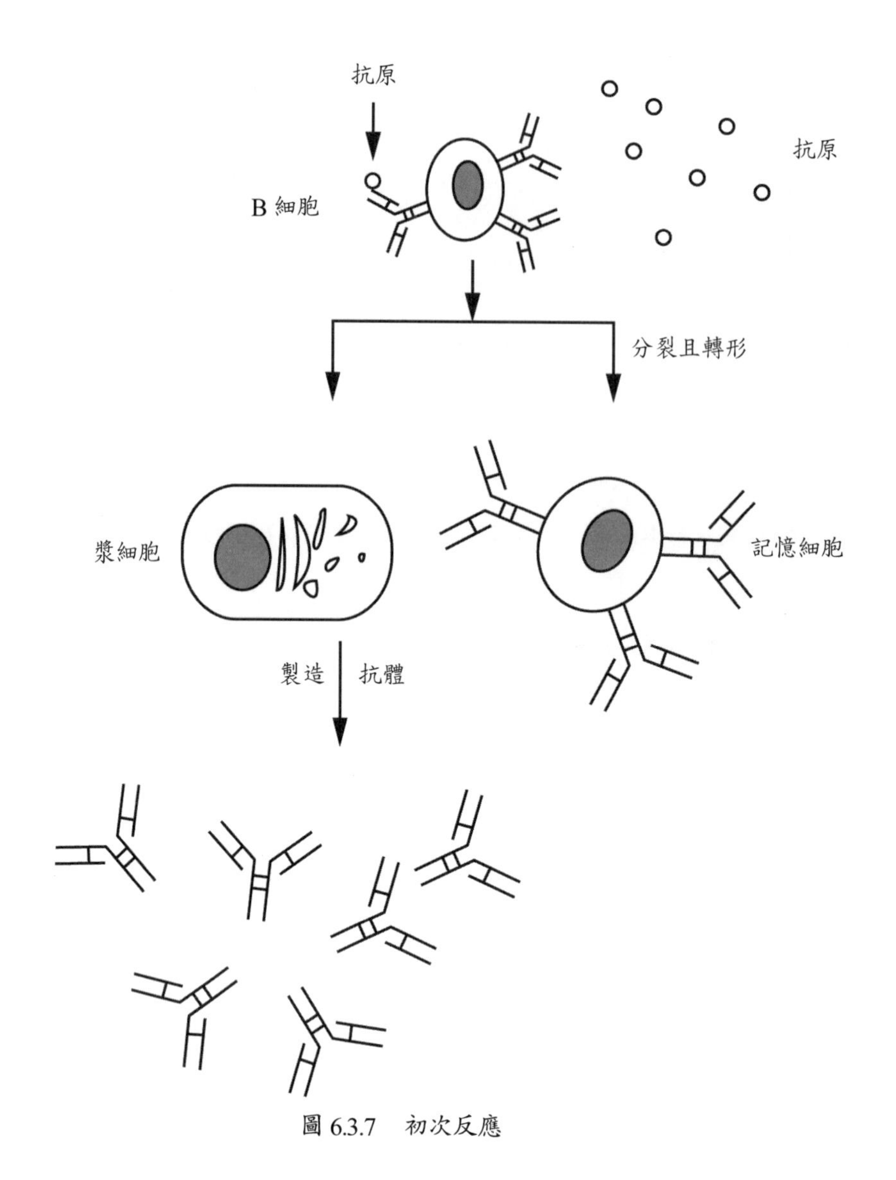

圖 6.3.7　初次反應

約需十日左右（見圖 6.3.9），產生的抗體以 IgM 為主、IgG 次之，它們產量不高，且會在數月內逐漸消失。

2. 二次反應 (secondary response)

相同抗原再度刺激體液性免疫時，進行辨識的是初次反應留下的記憶細胞（非 B 細胞）；完成辯識後記憶細胞會轉形為漿細胞與記憶細胞，見圖 6.3.8。前者仍是製作抗體的工廠，後者則是抗原第三次入侵時的辨識細胞。二次免疫的潛伏期較短，約三日左右，如圖 6.3.9 所示。產生的抗體以 IgG 為主、IgM 次之，IgG 的濃度不僅高於初次免疫，且能長時存在血清中，它和抗原的結合力亦強於 IgM。

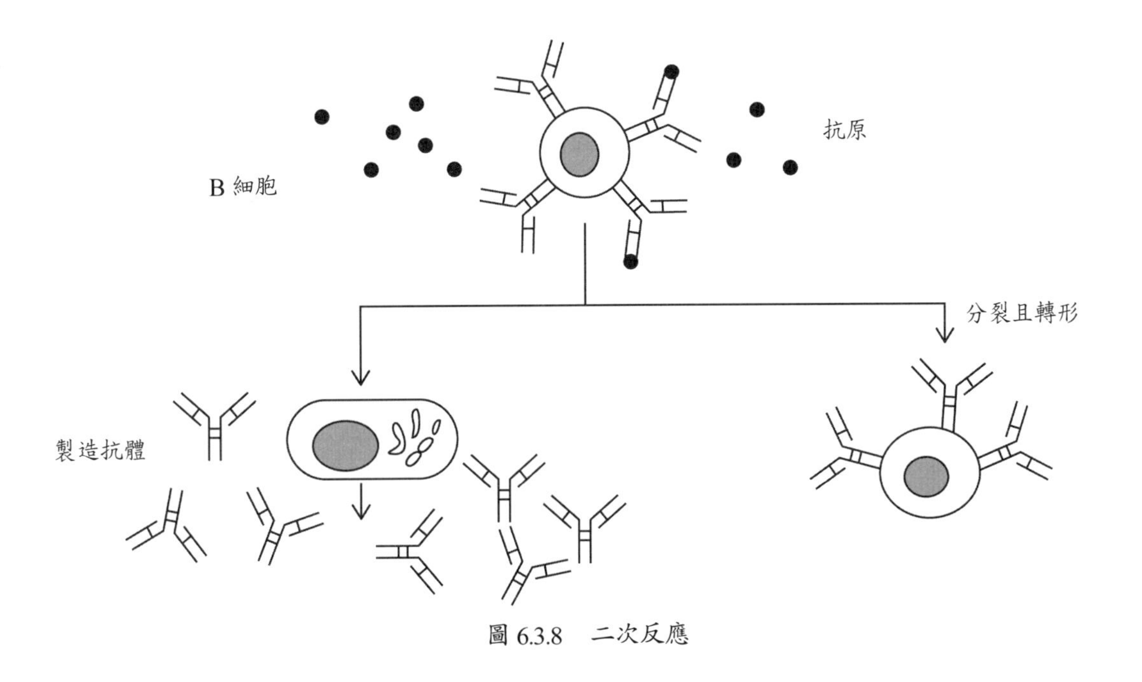

圖 6.3.8　二次反應

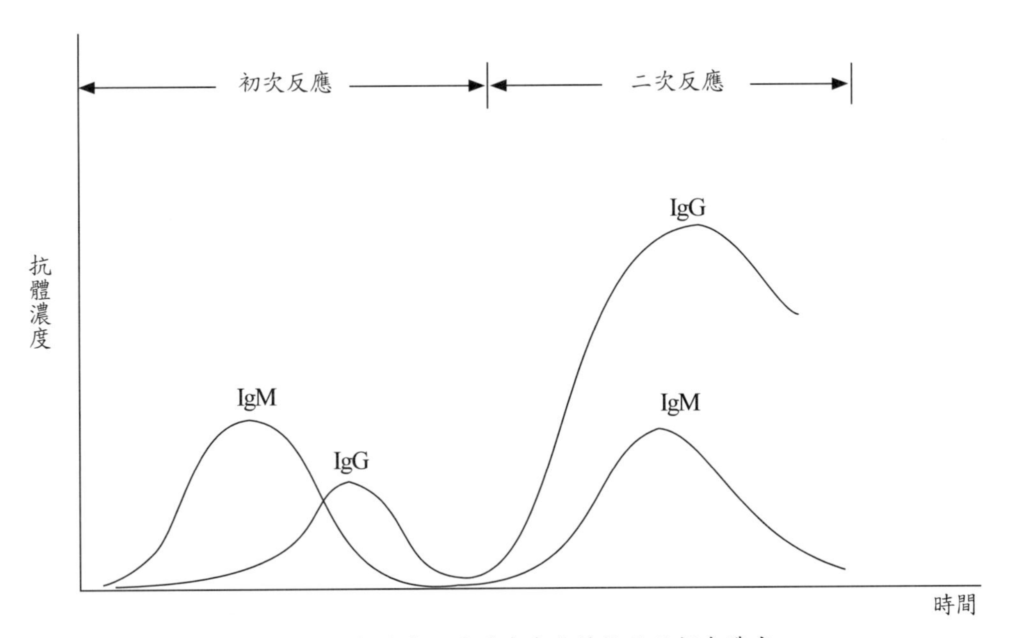

圖 6.3.9　初次與二次反應產生的抗體種類與濃度

第四章

後天性免疫（二）：細胞性免疫

Adaptive Immunity(2): Cellular Immunity, Cell-Mediated Immunity

本質上，細胞性免疫與體液性免疫相同，既能辨識抗原，亦能記憶抗原；但就執行面而言，它卻複雜許多，主因是掌控此種免疫的 T 細胞無法直接辨識抗原的頂位，必須在巨噬細胞、樹突細胞、B 細胞，以及主要組織相容複合物的協助下才有能力清除微生物。除此之外，細胞激素的參與使 T 細胞能靈活調節免疫系統，亦使細胞性免疫在地位上能超越體液性免疫。

第一節　抗原呈獻細胞

所有細胞皆可以成為抗原呈獻細胞，但僅有 B 細胞、巨噬細胞、樹突細胞能將分解後的抗原呈獻給 T 細胞。它們利用不同途徑處理抗原，其中能力最強者為樹突細胞，因它能持續表現抗原呈獻時所需之主要組織相容複合物（見下節說明）；B 細胞、巨噬細胞則只有在抗原刺激下才能表現同一複合物。

第二節　主要組織相容複合物

人類的細胞膜上含有多種醣蛋白，其中之一是主要組織相容複合物 (major histocompatibility complex, MHC)，它能決定移植物的排斥與存活，亦是第 6 對染色體上的基因組轉譯後的產物；免疫學上有時稱之為人類白血球抗原 (human leukocyte antigen, HLA) 複合物。

依據結構將主要組織相容複合物分為三型，與抗原呈獻有關者為第一型與第二型。

1.第一型主要組織相容複合物 (MHC class I, MHC-I)

由三條胜肽鏈 (α_1、α_2、α_3) 與 β_2 微球蛋白 (β_2-microglobulin) 組成，如圖 6.4.1 左圖所示，它存在有核細胞表面，能將處理抗原後所得之胜肽呈獻給毒殺性 T 細胞 (CD8 T cell)。

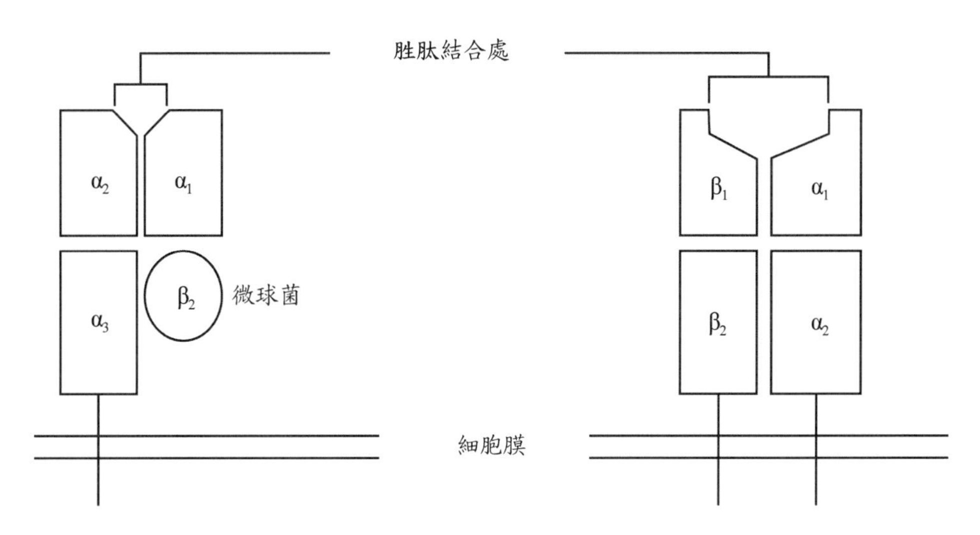

圖 6.4.1　主要組織相容複合物，左爲第一型，右爲第二型。

2.第二型主要組織相容複合物 (MHC class II, MHC-II)

由四條胜肽鏈 (α_1、α_2、β_1、β_2) 組成，如圖 6.4.1 右圖所示，它存在抗原呈獻細胞表面，能將處理抗原後所得之胜肽呈獻給輔助性 T 細胞 (CD4 T cell)。

3.第三型主要組織相容複合物 (MHC class III, MHC-III)

此型的結構不僅與前兩型不同，存在處亦有差異；它不是固著於細胞膜表面的醣蛋白，而是細胞激素與分泌型補體。

第三節　T 細胞接受器

接受器是淋巴細胞辨識抗原時使用的結構，B 細胞於辨識抗原後，大量抗體會釋入血清中與更多同型抗原作用；T 細胞則完全相反，因為它的接受器必須留在細胞膜上才能辨識主要組織相容複合物呈獻的胜肽。

T 細胞接受器 (T cell receptor, TCR) 有兩大類，α：β 與 γ：δ，它們之間有雙硫鍵連結，如圖 6.4.2 所示。α：β 接受器占 95% ，主要存在血中 T 細胞表面；後者僅占 5%。前述四種胜肽鏈的結構中有可變區 (variable regjon, V) 與恆定區 (constant region, C)，變異區是 T 細胞與胜肽的結合處 (antigen-binding site) ，它的胺基酸在組成與排列上的差異必須極大化才能應付諸多抗原。

抗體的多樣性已於本篇第三章中說明，相同機轉亦能解釋 T 細胞接受器的高度變異性。簡言之，人類染色體第 7 條基因群負責決定 β 、γ 胜肽鏈，第 14 條基因則與 α、δ 胜肽鏈有關。基因群 (V, J, C) 中的重組與重排造就變異區胺基酸的不同。值得一提的是，變異區的基因不會發生突變，此點與抗體不同。

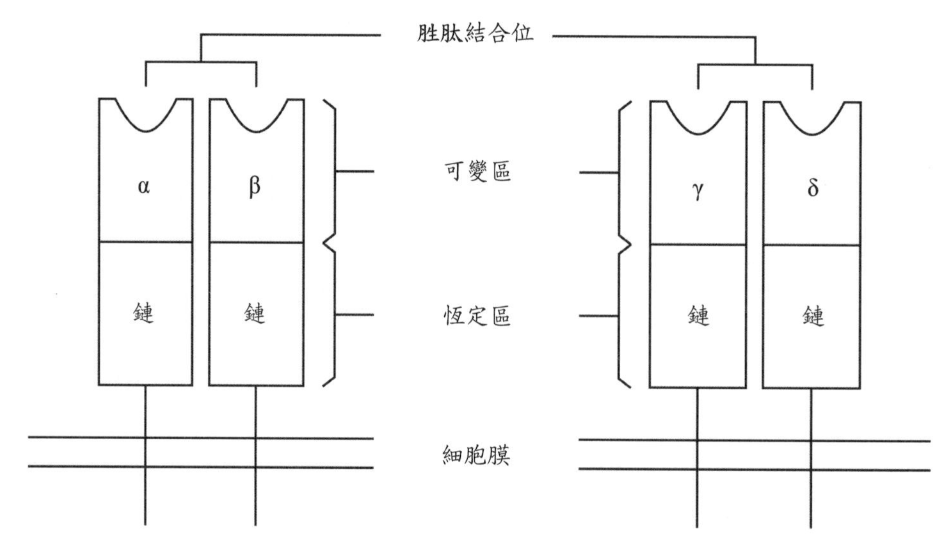

圖 6.4.2　T 細胞接受器的結構，左爲：α, β 接受器，右爲 γ, δ 接受器。

第四節　抗原呈獻

樹突細胞、巨噬細胞、B 細胞處理抗原（抗原呈獻，antigen presenting）是 T 細胞辨識抗原時必經的步驟，這些細胞利用內噬性路徑或細胞質路徑處理來源不同的抗原。

1.內噬性路經 (endocytic pathway)

此種路徑與吞噬作用極為相似（見圖 6.4.3），首先抗原呈獻細胞的細胞膜內陷，形成的袋狀結構將外生性抗原 (exogenous antigen) 攝入細胞中，酵素接著將它分解為許多由 13-18 個胺基酸形成之胜肽或抗原片段 (antigenic fragment)。這些片段（抗原的內在頂位）會與第二型主要組織相容複合物結合，再隨細胞質的流動運送至細胞膜上，由輔助性 T 細胞 (helper T cell) 加以辨識後啟動免疫反應。

2.細胞質路徑 (cytosolic pathway)

此種路徑通常出現在遭受病毒感染細胞，它專門處理病毒抗原或其他內生性抗原 (endogenous antigen)，如圖 6.4.3 所示。首先，泛素 (ubiquitin) 會將抗原標定為必須摧毀的物質，蛋白酶與輔助因子 (LMP2, LMP7, LMP10) 形成之複合物接著將它分解為小胜肽（8-13 個胺基酸）。這些胜肽由細胞質進入內質網後，能與存在其中的第一型主要組織相容複合物結合，高基氏體再將它帶至細胞膜表面，毒殺性 T 細胞 (cytotoxic T cell)隨即對其展開辨識的工作。

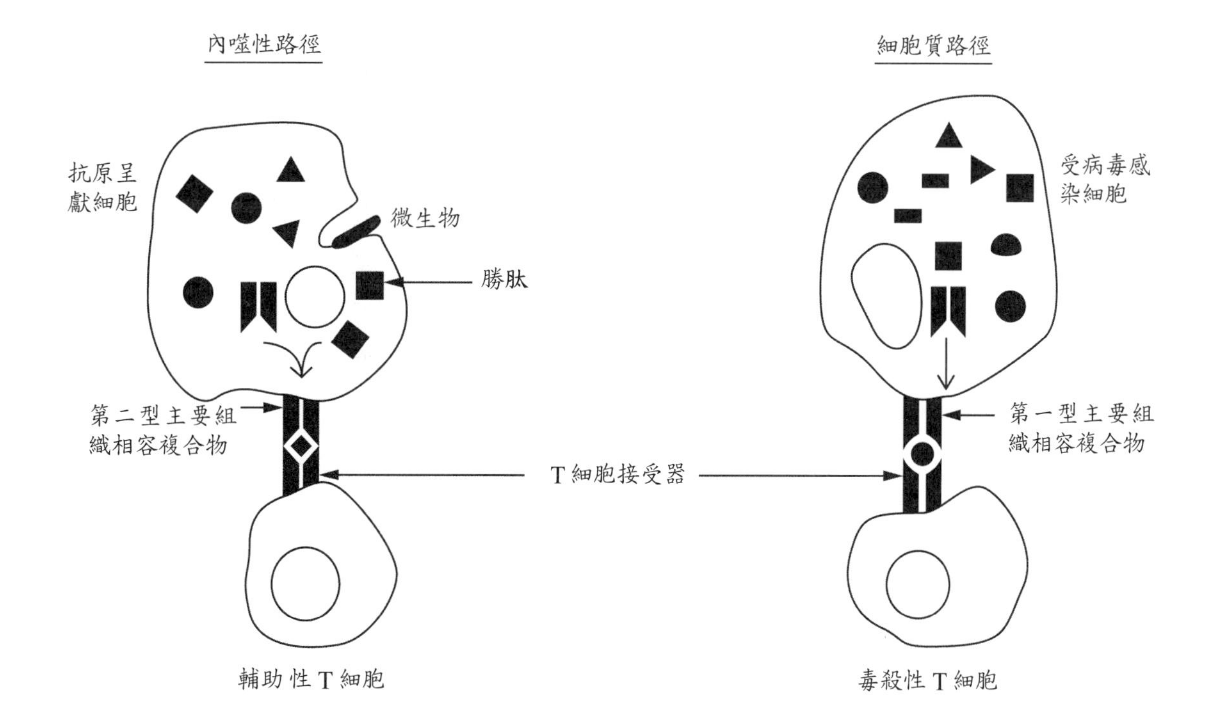

圖 6.4.3　抗原呈獻

第五節　免疫反應

細胞性免疫反應必須在四種條件存在下才能發生，即CD28、T細胞接受器、主要組織相容複合物、抗原呈獻細胞處理後產生之小胜肽；其中CD28是T細胞表面的膜蛋白，亦是不具特異性之輔助刺激因子。免疫反應啟動後T細胞即開始活化、釋出大量介白質2，且由純真T細胞 (naive T cell) 轉型為作用性 (effective T cell) 與記憶性T細胞 (memory T cell)。

作用性輔助性T細胞的壽命僅有數日至數週之久，但它會分泌多種激素刺激細胞轉形，例如介白質4、12能刺激作用性輔助性T細胞使其分化為TH1與TH2，前者分泌的干擾素、介白質2，參與第四型過敏反應（本篇第五章說明），後者分泌介白質3、4、5、6、10、13，負責活化B細胞。

作用性毒殺性T細胞亦會分化增殖，毒殺腫瘤細胞、遭受病毒感染之細胞。它利用穿孔素 (perforin) 在前述兩種細胞的細胞膜上打洞，使其破裂死亡；亦會利用Fas/FasL路徑，誘導細胞凋亡 (apoptosis)。

記憶性T細胞的特性與記憶性B細胞十分相似，它在辨識小胜肽後能快速啟動二次反應；辨識的頂位與作用性T細胞完全相同，但頂位與記憶性T細胞的結合力更強、更緊密。

第五章 過敏

Hypersensitivity

免疫與過敏反應其實是一體的兩面，用於防禦微生物入侵時謂之免疫，當它與過敏原作用後引起的卻是具傷害性的過敏 (hypersensitivity, allergy)。個體初次接觸過敏原通常不會出現症狀，理由是 T 或 B 細胞必須先接受刺激且致敏化後，又再接觸同一過敏原才會引起過敏反應。抗原或半抗原，食物、花粉、藥物、抗血清、植物成分等皆有可能引起過敏，成為過敏原 (allergen)。

過敏十分複雜，目前多是依據蓋爾 (P. G. H. Gell) 與昆姆斯 (R. R. A. Coombs) 所創之「作用機轉法」進行分類（見表 6.5.1），前三型與體液性免疫有關，第四型由細胞性免疫引起。各型皆有其特定過敏原、參與細胞及發生機轉。必須提醒的是，有些過敏無法歸入四型中，因為它們的發生原因目前仍不明。

第一節　第一型過敏

所有過敏中以第一型過敏反應最為常見，理由是能誘導此類過敏的過敏原最多，它們可以經由空氣、食物或血液進入人體，刺激抗體 (IgE) 生成、誘導去顆粒化，釋出之物質在 5 至 30 分鐘內即可引起局部性或全身性過敏反應，因此另以即發型過敏反應稱之。

1.過敏原

依據進入人體的途徑對過敏原進行分類，如表 6.5.2 所示。

表 6.5.1　過敏原、過敏類型、參與過敏的因子

型別	別稱	過敏原	參與因子
第一型過敏 (type I hypersensitivity)	即發型過敏 (immediate hypersensitivity)	蛋、藥物、花粉、疫苗、海鮮、堅果、動物毛屑、黴菌孢子等	IgE、肥大細胞、嗜鹼性白血球
第二型過敏 (type II hypersensitivity)	抗體依賴性細胞毒殺型過敏 (antibody-dependent cytotoxic hypersensitivity)	細胞性抗原，如紅血球	IgG、IgM、補體、巨噬細胞、自然殺手細胞
第三型過敏 (type III hypersensitivity)	免疫複合物型過敏 (immune complex hypersensitivity)	溶解性抗原，如抗毒素	IgG、IgM、補體、肥大細胞、嗜中性白血球、嗜鹼性白血球
第四型過敏 (type IV hypersensitivity)	遲發型過敏 (delayed type hypersensitivity)	金屬、化學製劑、植物成分、胞內寄生性微生物	輔助性 T 細胞、毒殺性 T 細胞、巨噬細胞、蘭氏細胞、細胞激素

2. 發生機轉 (mode of effect)

過敏原初入人體後，B 細胞即對其進行辨識，在 TH2 細胞協助下漿細胞開始製造且分泌抗體 IgE（注意：非 IgM），此種抗體隨結合至肥大細胞或嗜鹼性白血球表面之 Fc 接受器，使兩種細胞呈現致敏化 (sensitization) 狀態。

相同過敏原再次進入人體時會與前述細胞表面的 IgE 結合，導致細胞內的顆粒破裂，釋出肝素 (heparin) 、組織胺 (histamin)、前列腺素 (prostaglandin)、細胞激素等過敏物質，免疫學上稱此過程為去顆粒化 (degranulation) ，見圖 6.5.1。這些物質進入組織後能增加血管通透與氣管分泌物，促進平滑肌收縮，最後引起氣喘、血壓下降、呼吸困難等。

表 6.5.2

入侵途徑	此常見過敏原	說明
血液（注射、昆蟲叮咬）	青黴素、頭孢菌素、磺胺藥、麻醉劑等藥物	引起全身性反應，死亡率極高
	蜜蜂、螞蟻等昆蟲分泌之毒素	
	疫苗、抗血清等外來蛋白質	
呼吸道（空氣）	動物毛髮或皮屑、植物花粉或黴菌孢子、昆蟲死亡後釋出之蛋白質	引起局部性過敏反應
胃腸道（食物）	蛋、酒類、牛奶、花生、芝麻、堅果、昆布、海鮮類	引起全身性過敏反應（如花生）或局部性過敏反應

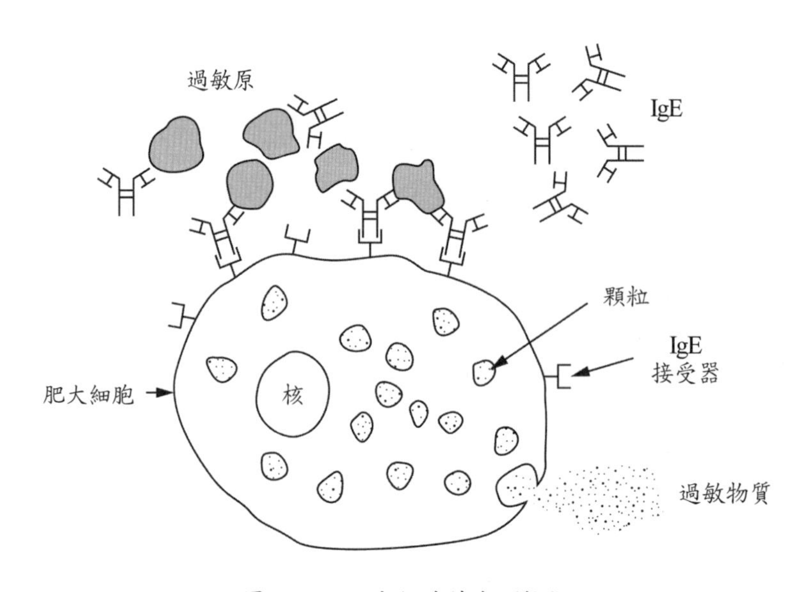

圖 6.5.1　肥大細胞的去顆粒化

3.臨床症狀

(1)全身性過敏 (anaphylaxis)：堅果、抗生素、麻醉劑、昆蟲毒素等經胃腸道或血液進入人體的過敏原，能在十餘分鐘內引起全身性過敏。患者會出現休克、水腫、氣管收縮，臨床因此稱之為過敏性休克 (anaphylactic shock)。

(2)局部性過敏或異位性過敏 (atopy)：相較於全身性過敏，局部性過敏其實更為常見，如氣喘、過敏性鼻炎、異位性皮膚炎、食物過敏等。值得注意的是，發生局部性過敏者通常會同時出現兩種或兩種以上疾病。

A. 過敏性鼻炎 (allergic rhinitis)：最常見的異位性過敏，多是吸入花粉或其他過敏原所致，因此又稱花粉熱或枯草熱 (hey fever)。百花齊放或作物收割時，存在患者眼、鼻黏膜之肥大細胞會釋出過敏物質，造成局部血管擴張、分泌物增加，導致咳嗽、鼻塞、噴嚏、流鼻水、流眼淚等症狀，數個月後才能緩解。

B. 氣喘 (asthma)：此症之發生機轉和過敏性鼻炎相似，皆是過敏原引起的呼吸道疾病。氣喘的病變主要出現在支氣管，平滑肌收縮與黏液分泌量增加，導致呼吸道狹窄、阻塞、呼吸困難等。值得注意的是，除過敏原外，氣溫或體溫變化亦能誘發氣喘。

C. 異位性皮膚炎 (atopic dermatitis)：不同於氣喘及過敏性鼻炎，異位性皮膚炎（過敏性濕疹）多始於嬰幼兒時期，但它會隨著年齡增長而逐漸減緩。壓力、情緒不穩、作息不正常是重要的誘發因子。異位性皮膚炎的症狀多出現在手肘、膝蓋或其他關節，病變處的皮膚紅腫且奇癢無比，抓過後常有破皮、組織液流出等現象。必須注意的是，病變處皮膚一旦出現膿疱即表示遭受細菌感染。

D. 食物過敏 (food allergy)：蛋、酒、海鮮類等過敏原進入腸胃道可以引起食物過敏，但患者不一定會出現嘔吐、腹瀉，因為此種過敏常以蕁麻疹 (urticaria, hives) 的形式展現在皮膚，或以氣喘的面貌現形於呼吸道。

4.治療與預防

臨床上處理即發型過敏的法有三，(1) 藥物：腎上腺素、抗組織胺等，用於治療；(2) 人造抗體：能對抗 IgE，用於治療；(3) 減敏療效法：提供過敏原檢測法，預防過敏發生。

(1) 藥物

A. 腎上腺素 (epinephrine)：治療過敏性休克，它能：(a) 促進血管收縮使血壓上升；(b) 提升細胞內的 cAMP 濃度，降低去顆粒化的程度；(c) 鬆弛平滑肌，降低黏膜分泌，患者因此得以順利呼吸。

B. 抗組織胺 (antihistamin)：此種藥物可以抑制組織胺與細胞接受器的結合，緩解過敏帶來的傷害。

C. 副腎皮質荷爾蒙 (corticosteroids)：簡稱

類固醇，它是抗發炎、止癢、止痛良藥，但若長期使用（尤其是口服）可能引起臉部浮腫（月亮臉）等副作用。

D. Sodium cromoglycate：氣管擴張劑之一，臨床上用於治療氣喘；此種藥物亦能製成點眼液，專治眼睛過敏症。

E. Theophilline monohydrate：此劑之作用機轉與腎上腺素完全相同，它能提高 cAMP 濃度、抑制去顆粒化，緩解過敏反應的症狀。

(2) 人造抗體(artificial antibody)

抗體 IgE 是即發型過敏發生的要件之一，若能在它與肥大細胞、嗜鹼性白血球結合前將其清除殆盡，便能阻斷反應的進行。研究人員以此理論為依據，再以生物技術為工具，合成對抗 IgE 之人造抗體，將它注射入人體即能治療異位性過敏。

(3) 減敏療法(hyposensitization therapy)

藥物或人造抗體可以緩解症狀，但無法預防過敏的再度發生，臨床上因此發展出能可以根治過敏的方法，儘管數據顯示受惠者約占五成左右，但它仍值得嘗試。

對患者施行減敏療法前必須先進行皮膚試驗 (skin test)。過程中先將生理食鹽水（對照組）與數種標準過敏原注入皮膚中。數分鐘後皮膚若無症狀，即表示患者對此批過敏原無反應；若注射處出現紅腫，即表示患者會對該過敏原起反應。

確定過敏原後再將它多次、劑量逐漸增加地注入患者體內，目的是刺激正常體液性免疫反應，使漿細胞產生 IgG ，而非 IgE。由於減敏療法中產生的 IgG 可以抑制 IgE 的生成，因此稱它為阻斷性抗體 (blocking antibody)。

前段所述之減敏療法屬於傳統型，部分接受治療者會出現嚴重副作用，甚至死亡。為克服此項缺點，醫界於二十多年前發展出舌下減敏療法。患者僅需含有過敏原的製劑置於舌下，過敏原進入黏膜後會被存在其中的樹突細胞吞噬，處理後再呈獻給 T 細胞，刺激其產生抑制 IgE 合成之細胞激素。

第二節　第二型過敏

此型過敏由抗體 (IgG, IgM) 主導，再透過巨噬細胞或自然殺手細胞攻擊細胞性抗原（如紅血球），因此又稱為抗體依賴性細胞毒殺型過敏。抗體與抗原形成的複合物能活化補體，加強吞噬作用與發炎反應，使過敏更為激烈。第二型過敏通常出現在輸血與懷孕，反應時間約需數小時。

1.輸血後急性溶血反應 (acute hemolytic transfusion reaction)

血型由基因決定，其中最為人熟知的是 ABO 系統。A 型人的紅血球表面有 A 醣蛋白，B 型人有 B 醣蛋白，AB 型人有 A 與 B 醣蛋白；O 型人既無 A 亦無 B 醣蛋白，因此當時將它命名為外型與數字「0」十分相似之字母「O」。

A 、B 與 O 型人除擁有特定血球醣蛋白外，血清內亦有對抗它種醣蛋白之抗體；它是生來便有、不需經過刺激即存在體內的 IgM。免疫學上稱血球醣蛋白為凝集原，抗體為凝集素 (agglutinin)。表 6.5.3 所示為 ABO 系統的基因型、相容與不相溶血型。

現舉一例說明輸血若發生錯誤，受血者體內將有哪些變化？A 型人接受 B 型或 AB 型血液後，血清中的凝集素會與 B 型紅血球表面的 B 醣蛋白作用，兩者形成之免疫複合物能經古典路徑（見本篇第三章）活化補體，直接破壞 B 型紅血球導致溶血 (hemolysis)，如圖 6.5.2 所示。紅血球碎片與釋出之血紅素會進入腎臟分解，但因濃度過高使腎臟無力清除。游離型血紅素會出現在血液與尿液中，血紅素則蓄積在腎小管中造成急性壞死，或代謝為膽紅素引起中毒。輸血後急性溶血反應的典型症狀為高燒、寒顫、噁心、下背痛、血管內凝血等，死亡率極高。

2.輸血後延遲型溶血反應 (chronic hemolytic transfusion reaction)

紅血球表面存在著另一種血型醣蛋白──Rh(D) 抗原，擁有者為 Rh 陽性 (Rh^+)、無者為 Rh 陰性 (Rh^-)。就比率而言，東方人 (99%) 多屬 Rh 陽性，西方人 85% 為陽性。遇有血型不合時，Rh 與 ABO 皆能引起溶血反應，但兩者間有著極大的差異，這亦能解釋急性與延遲型溶血反應不同之處。

首先，Rh 抗體是 B 細胞在接受 Rh 抗原刺激後生成，不似 A 與 B 抗體生來便有，因此遲緩型溶血反應通常出現在多次（非初次）輸血後。其次是組成不同，Rh 抗體成分是 IgG，A 與 B 抗體成分則

表 6.5.3

基因型	血型	凝集原	凝集素	相容之血型	不相容之血型
AA, AO	A	A	B 抗體	A 型、O 型	B 型、AB 型
BB, BO	B	B	A 抗體	B 型、O 型	A 型、AB 型
AB	AB	A 與 B	無	A 型、B 型、O 型、AB 型	無
OO	O	無	A 抗體與 B 抗體	O 型	A 型、B 型、AB 型

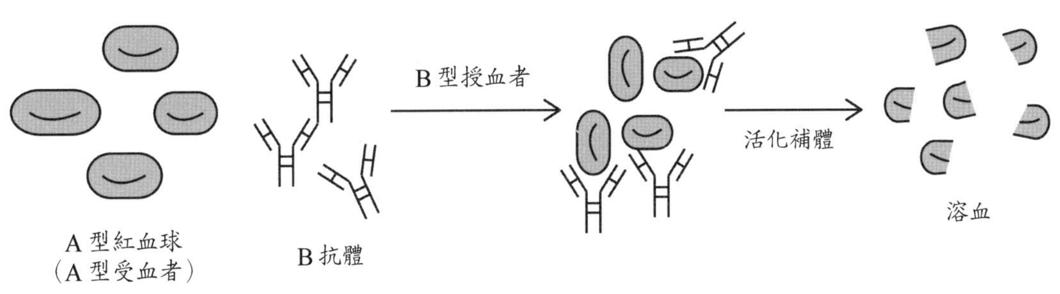

圖 6.5.2 輸血後急性溶血反應的發生機轉

是 IgM，兩種抗體均可利用古典路徑活化補體，但就能力而言，IgM 遠高於 IgG，因此引起的溶血反應既快且急。相反地，IgG 引起的溶血反應通常出現在輸血後 1 週內，症狀緩和、輕微，如發燒、低血紅素、高膽紅素等。除此之外，患者無血管內凝血，其血液與尿液中亦無游離態血紅素。值得注意的是，孕婦與胎兒 Rh 血型不同時，孕婦產生的 IgG 會進入子宮內攻擊胎兒的紅血球，最後引起新生兒溶血症見下段說明。

3.新生兒溶血症 (hemolytic disease of newborn)

子宮內的胎兒對孕婦而言屬於外來物，因為其半數染色體來自父親；由於子宮是免疫化外區，因此母體的淋巴細胞不會進入此處進行辨識，啟動免疫反應。分娩時，臍帶內的胎兒紅血球會進入母體循環；若其表面帶有母親紅血球（Rh 陰性）缺乏之 Rh 抗原，便能刺激 B 細胞產生抗體 IgG。第一胎於抗體產生前即來到世上，因此不會受到影響。倘使第二胎仍是 Rh 陽性，母親的抗體即經由胎盤進入胎兒體內破壞紅血球。症狀輕者為新生兒溶血性貧血，嚴重者則出現胎兒紅血球母細胞過多症 (erythroblastosis fetalis)。紅血球破裂後釋出之血紅素會在胎兒體內代謝為膽紅素，它若隨血液進入腦部將引起中樞神經病變。

4.自體免疫疾病 (autoimmune diseases)

部分患者使用抗生素後出現的溶血性貧血 (hemolytic anemia)，相關說明見本篇第六章。

5.預防

輸血前再確認受血者的血型，即可防止錯誤的發生。懷有 Rh 陽性胎兒之 Rh 陰性婦女必須於各次分娩後二日內注射 Rh 抗體 (Rhogam)，它能與胎兒紅血球表面的 Rh 抗原結合，使其無法刺激母體免疫系統產生 IgG。

第三節　第三型過敏

可溶性蛋白質經注射或其他途徑進入人體後可被免疫系統辨識，它能與特異性抗體結合，形成的免疫複合物會活化補體，誘導第三型過敏（免疫複合物型過敏）生成。整個過程約需 3 至 8 小時，引起的症狀包括血清病、亞瑟氏反應、自體免疫疾病等。參與此型反應的因子包括抗體、補體、肥大細胞、嗜中性白血球、嗜鹼性白血球。

1.發生機轉

抗原抗體形成之免疫複合物會由吞噬細胞分解後清除，但分子量較小的免疫複合物通常會堆積在皮膚、血管壁、關節腔、腎絲球基底膜等處，再經由以下機轉造成病變。

(1)活化補體：過程中產生之 C3a、C3b、

C5a 能誘導肥大細胞（或嗜鹼性白血球）去顆粒化，導致血管通透性增加。

(2) 吸引嗜中性白血球：此種細胞進行吞噬時會釋出酵素與發炎物質，兩者作用於腎臟、關節、血管內皮細胞後引起炎症（見圖 6.5.3）。

(3) 結合至嗜中性白血球表面，加強其分泌酵素的能力，血管、腎絲球與關節腔膜因此遭受破壞。

2.臨床疾病

(1) 血清病 (serum sickness)：治療毒蛇咬傷或感染白喉、破傷風、肉毒桿菌的個體時，必須靜脈注射抗毒素，但大量的抗毒素瞬間進入體內時會與特異性抗體形成小型免疫複合物，它們因不易清除而堆積在腎臟、血管、關節，最後引起血清病，即全身性第三型過敏。患者通常在接受抗毒素後數日至數週內出現發燒、水腫、腎炎、血管炎、淋巴腺炎、關節紅腫疼痛等；抗組織胺與陣痛解熱劑能緩解不適感，前述症狀通常在 30 日內不藥而癒。

(2) 亞瑟氏反應 (Arthus reaction)：自皮膚或呼吸道進入人體之蛋白質能誘導即發型過敏（見本章第一節），亦能引起亞瑟氏反應。它是一種局部性第三型過敏。常見的臨床症狀包括：(1) 蚊蟲叮咬後引起之皮膚紅腫；(2) 長期吸入細菌芽孢、黴菌孢子或動物排泄物，導致肺部發炎，如農夫肺、飼鴿症。

(3) 自體免疫疾病 (autoimmune diseases)：部分自體免疫疾病的發生與免疫複合物型過敏有關，例如類風濕性關節炎、全身紅斑性狼瘡、古德帕斯症候群等，詳細說明見本篇第六章。

第四節　第四型過敏

此型過敏與其他三型最大的不同在於

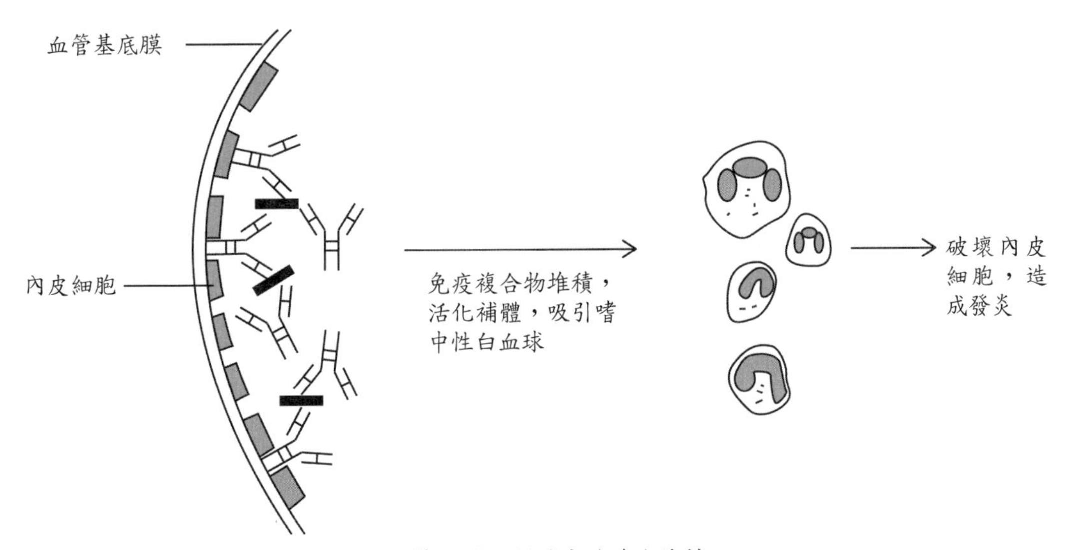

圖 6.5.3　第三型過敏反應的發生機轉

它與細胞性免疫有關；換言之，B 細胞、抗體、補體等皆不會出現在反應發生過程中。第四型過敏需 24 至 72 小時才會發生，因此又稱為遲發型過敏。

1.發生機轉

過敏原或微生物進入人體後經抗原呈獻細胞分解，所得產物會與第二型主要組織相容性複合物 (MHC II) 結合，再移行至細胞表面由輔助性 T 細胞 (TH1) 辨識。同一過敏原再次進入體內時，致敏化 TH1 便直接與其發生反應，釋出干擾素、介白質 (2, 3, 8)、腫瘤壞死因子等細胞激素，它們不僅誘導發炎反應，亦能活化巨噬細胞，最後造成組織傷害。

2.臨床症狀

(1) 接觸性皮膚炎 (contact dermatitis)：引起此症之過敏原包括鎳、橡膠、清潔劑、染髮劑、有機溶劑、植物或動物分泌的汁液。這些物質初次進入皮膚後即為蘭氏細胞（表皮樹突細胞）吞食，所得產物與 MHC II 結合後再呈獻給 TH1 細胞，使其致敏化。當它再次接觸相同過敏原時便釋出細胞激素，患者的皮膚因此出現發炎、紅腫、丘疹、水疱或膿疱。

(2) 微生物感染 (microbial infection)：結核桿菌、痲瘋桿菌、新型隱球菌、卡氏肺囊蟲、利什曼原蟲等感染人類後會進入巨噬細胞繁殖，這些胞內寄生性微生物的清除工作必須由毒殺性 T 細胞、巨噬細胞、自然殺手細胞執行。由於反應發生及清除感染源需時較長，再加上前述細胞釋出之激素與酵素能傷害組織，因此感染部位會出現發炎、肉芽腫。

3.臨床應用

(1) 結核菌素試驗 (tuberculin sensitivity test, Mantoux test)：此法原是十九世紀微生物學家柯霍所創，如今使用的雖略有不同，但皆是將純化蛋白衍生物 (purified protein derivative, PPD) 注入待測者的前臂內皮中，2 至 3 日後再測量注射處的紅腫硬塊。直徑愈大者表示此人體內的致敏化 TH1 細胞愈多，直徑小於 1 公分者為陰性反應，大於或等於 1 公分者為陽性反應。呈現陰性結果者表示未曾感染結核桿菌或未接種過卡介苗 (BCG)，陽性結果則是感染過結核或接種過卡介苗。

(2) 痲瘋菌素試驗 (lepromin test)：人類至今仍無法以培養基繁殖痲瘋桿菌（詳述於第七篇第五章），因此檢驗時會使用痲瘋菌素試驗或羽毛試驗。前者是將痲瘋死菌注入待測者的前臂內皮中，分別於 3 日與 21 日後測量注射處的紅腫硬塊。若直徑大於 10 毫米表示感染結核節狀痲瘋，若無紅腫硬塊或直徑極小表示未曾感染痲瘋，或感染痲瘋瘤型痲瘋。

第六章 自體免疫疾病

Autoimmune Diseases

相較於過敏，自體免疫疾病引起的症狀絕對是有過之而無不及，但兩者間仍存在著雷同之處，例如第二與第三型過敏能解釋部分自體免疫疾病的發生機轉。由於自體免疫疾病的成因極為複雜，學界僅能從感染、遺傳、環境、篩選功能、免疫化外區等方向進行推測。免疫學上通常依據響範圍將此類疾病分為：(1) 器官專一性自體免疫疾病 (organ-specific autoimmune disease)：第一型糖尿病、重症肌無力、格雷夫氏症、橋本氏症、惡性貧血、愛迪生氏症；(2) 全身性自體免疫疾病 (systemic autoimmune disease)：乾癬、硬皮症、皮肌炎、多發性硬症、僵直性脊椎炎、全身紅斑性狼瘡、類風濕性關節炎、索倫格斯症候群。

第一節　發生機轉

1.篩檢功能不足

正常情況下免疫系統僅能辨識抗原，不會對自己的蛋白質產生反應，此即學理所謂之耐受性 (tolerance)。它的發生需要許多因素共同參與，其中最重要的是淋巴細胞成熟過程中的篩選，凡能對自身蛋白質產生反應者即被消滅，留下的少數細胞 (5%) 會進入血液與免疫器官中執行特異性免疫。

若篩檢功能不足或異常時，耐受性即消失，B 細胞、T 細胞因此將「我」的蛋白質視為抗原，進而產生具破壞性之 T 細胞與自體抗體 (autoimmune antibody)。由於後者擁有與正常抗體 (IgM) 相同的功能，因此能活化補體、吸引嗜中性白血球、加強吞噬能力、誘導發炎與過敏。

2.免疫化外區的蛋白釋出

胎盤（胎兒）、睪丸（精子）、水晶體等皆被稱為免疫化外區 (immune privileged site)，它們不受免疫系統管轄，因此無淋巴管、免疫細胞。

就移植而言，來自免疫化外區的細胞或組織不會被排斥，成功率極高。精子與卵子結合後，形成的受精卵能在胎盤內安全發育為胎兒。然而，外傷、手術等因素能使細胞或蛋白質離開免疫化外區進入血液，免疫細胞將其視為外來物後展開辨識，繼而產生具破壞性之自體抗體、細胞激素。

3.微生物感染

免疫細胞辨識抗原的過程中有時會出現交叉反應 (cross reaction)，這是頂位的組成或三度空間結構與人體蛋白質相似所致。此種現象經常出現在微生物感染後，例如化膿性鏈球菌 M 蛋白的結構與人類心肌蛋白相似，導致 M 蛋白抗體攻擊心肌，引起風濕熱。腺病毒、流感病毒、痲疹病毒、疱疹病毒等感染後出現的病變亦與交叉反應有關。

4.基因

本篇第四章「細胞性免疫」曾提及的人類白血球抗原 (HLA)，是由第 6 對染色體轉譯出的複合物，它能決定移植器官時捐贈者與接受者間的契合度。證據顯示人類白血球抗原亦是諸多自體免疫疾病發生的主因之一，目前已確定者包括：(1) HLA-DR4：類風濕性關節炎；(2) HLA-27：僵直性脊椎炎；(3) HLA-DR2、HLA-DR3：全身紅斑性狼瘡；(4) HLA-DR3、HLA-DR4：愛迪生氏症；(5) HLA-DR2、HLA-DQ：多發性硬症；(6) HLA-DRw3、HLA-B8，HLA-DRw9、HLA-Bw46：重症肌無力；(7) HLA-DR2、HLA-DR3、HLA-DRw52、HLA-DQ、HLA-B8：索倫格氏症候群。

5.荷爾蒙

部分自體免疫疾病（尤其是全身性自體免疫疾病）好發於女性，例如橋本氏症、格雷夫氏症、全身紅斑性狼瘡、索格倫氏症候群，女性患者數通常是男性患者的 10 倍左右；惡性貧血、重症肌無力、艾迪生氏症、多發性硬症、類風濕性關節炎等症的比率亦是女多於男。由此可見，女性激素必定在自體免疫疾病中扮演極重要角色。若從患者的發病年齡多在 20 歲之後而論，荷爾蒙的參與將更為確定。

第二節　器官專一性自體免疫疾病

1.第一型糖尿病 (type I diabetes mellitus)

罹患此種糖尿病者必須終生注射胰島素才能控制血糖濃度，臨床因此稱之為胰島素依賴型糖尿病 (insulin- dependent diabetes mellitus, IDDM)；再加上它通常出現在年幼期，因此亦有幼年型糖尿病 (juvenile diabetes mellitus) 的別稱。

幼年型糖尿病的發生與自體抗體、細胞激素（介白質等）、毒殺性 T 細胞有關，它們能攻擊胰臟 β 細胞，造成胰島素產量不足。細胞因缺乏胰島素而無法利用葡萄糖，血糖濃度自然向上攀升。患者多在 10 歲左右出現腎衰竭、動脈硬化、視網膜病變等症狀，年齡愈長症狀愈嚴重；若未治療，死亡率甚高。值得注意的是，其他物質的代謝亦受影響，例如經常出現在糖尿病患者之酮中毒便是酮體 (ketone) 代謝異常所致。

2.重症肌無力 (myasthenia gravis)

肌肉收縮總被視為理所當然，但其發生必須經過三個連續步驟：(1) 神經傳導；(2) 神經末梢釋出乙醯膽鹼 (acetylcholine, Ach)；(3) 乙醯膽鹼與接受器結合。前述過程若出現任何異常，肌肉即無法收縮。重症肌無力即自體抗體與乙醯膽鹼接受器結合下發生的自體免疫疾病。

自體抗體與接受器的結合不僅抑制神經傳導，造成肌肉不能收縮、無力；亦能活化補體，破壞肌肉細胞。初期症狀包括複視、眼瞼下垂、視力受影響，之後則有吞嚥困難、說話不清楚、口唇閉合不能、呼吸短且急，無法進行寫字、縫衣等精細工作。患者若感染微生物，症狀將更形嚴重。

3.凸眼性甲狀腺腫 (hyperthyroidism)

腦下垂體分泌之刺激素會誘導甲狀

腺細胞製造甲狀腺素，調控代謝反應，細胞得以生存在恆定狀態中。個體的血清內若出現自體抗體，以上的恆定將被破壞，因為它會結合至甲狀腺接受器，再刺激甲狀腺細胞合成甲狀腺素，腺體在持續工作下腫大，最後引起格雷夫氏症（Graves' disease，凸眼性甲狀腺腫）。

大量甲狀腺素的刺激細胞使代謝率飈升，患者會出現過動、發抖、失眠、大脖子、眼球向外突出等症狀。由於自體抗體的成分為 IgG，因此能經由臍帶進入胎兒體內，引起先天性甲狀腺機能亢進；胎兒出生後數個月內，來自母親的 IgG 會被分解殆盡，症狀因此消失。

治療格雷夫氏症時必須由降低甲狀腺素濃度著手，例如使用同位素碘 (I^{131})、抗甲狀腺素製劑；最有效的方法仍是切除部分甲狀腺，減少製造激素之細胞。

4.橋本氏症 (Hashimoto's disease)

此症亦稱慢性甲狀腺炎 (chronic hypothyroidism)，它是因甲狀腺素分泌不足而發生的自體免疫疾病，因此恰與格雷夫氏症相反。

罹患橋本氏症患者的甲狀腺內存在 TH1 細胞、漿細胞、巨噬細胞，它們的作用能使腺體腫大發炎、功能異常，甲狀腺素濃度因此降低。除此之外，自體抗體亦能破壞甲狀腺素，濃度因此降得更低。患者的症狀包括怕冷、疲倦、脫髮、皮膚乾燥、脖子種大、聲音沙啞、注意力不集中等；治療時僅需補充甲狀腺素即可。

5.惡性貧血 (pernicious anemia)

有些自體抗體能作用於內因子 (intrinsic factor)、胃壁細胞 (parietal cell)，引起嚴重的惡性貧血，但它們的關聯性為何？貧血的原因有三，維生素 B_{12} 缺乏是其中之一。人類無法自行合成 B_{12}，必須取自食物，在內因子的協助下，胃壁細胞才能有效吸收。內因子與胃壁細胞遭受自體抗體的破壞，B_{12} 無法為人體所用，血紅素生成不足，惡性貧血自然發生。

此型貧血多出現在中年以後，且女多於男，典型症狀包括皮膚蒼白、牙齦出血、呼吸急促、容易疲倦；若未及時補充 B_{12}，患者可能發生沮喪、肢端麻木、喪失平衡感等神經病變。

6.愛迪生氏症 (Addison's disease)

此症是因自體抗體破壞腎上腺皮質所致。雄性激素、雌性激素、糖皮質類固醇、礦物質皮質類固醇等荷爾蒙皆由腎上腺皮質細胞製造，它一旦遭受自體抗體傷害，腎上腺功能即不足、前述激素亦因合成受阻而濃度降低。患者會出現下列症狀：(1) 胃腸道不適：噁心、嘔吐、腹瀉；(2) 食慾不佳、體重減輕、異常疲累；(3) 腦下腺刺激素促進黑色素製造，導致膚色變深且呈斑塊狀；(4) 其他：暈眩、低血壓、高血鉀、低血鈉、頰黏膜病變等。

相對於其他自體免疫疾病，愛迪生氏症較為單純，由於症狀多是缺乏固醇類激素造成，因此口服或注射此類荷爾蒙便能獲得緩解。

第三節　全身性自體免疫疾病

1.全身紅斑性狼瘡 (systemic lupus erythematosus, SLE)

好發於女性之全身紅斑性狼瘡可能是目前最複雜的免疫疾病，一般認為它的發生與遺傳、環境、藥物、女性荷爾蒙均有相關；但存在患者體內的多種自體抗體仍是引起病變的主因。這些抗體能作用於紅血球、血小板、雙股 DNA 、組織蛋白，造成變化多端的症狀。其中最常見的是蝴蝶斑，它是一種出現在患者鼻翼兩側，顴骨皮膚凸起或扁平紅斑。其他症狀尚有腎炎、關節炎、肋膜炎、心包膜炎、口腔潰瘍、溶血性貧血、中樞神經病變、免疫功能障礙、光敏感性皮膚紅疹亦經常困擾患者。

由於症狀差異性極大，有些嚴重、有些輕微，因此只要診斷出 4 種或以上即可確定罹患全身紅斑性狼瘡。患者必須在醫師的建議下接受長期治療才能控制病情、降低復發率。常用的治療劑有以下三類：(1) 類固醇或非類固醇消炎劑：用於緩解腎臟、肋膜、關節、心包膜之發炎，並減輕疼痛；(2) 免疫拮抗劑：抑制免疫功能，降低自體抗體的生成率；(3) 抗瘧疾藥物：緩解皮膚紅斑與關節發炎，用於治療症狀較輕之患者。

2.類風濕性關節炎 (rheumatoid arthritis, RA)

類風濕性關節炎是另一種盛行於女性的免疫疾病，多在 30-60 歲出現症狀。引起此症之自體抗體（IgM ，又名類風濕性因子）能與正常的 IgG 結合，形成之免疫複合物會蓄積在關節腔中：(1) 活化補體；(2) 刺激免疫細胞細胞釋出細胞激素；(3) 吸引 T 細胞、B 細胞、巨噬細胞、樹突細胞等進入關節腔。

經上述過程後，關節會出現慢性、持續性發炎，骨骼與軟組織因此遭受破壞、導致關節變形，尤其是足部與手部的關節，患者終將不良於行。除此之外，自體抗體亦能作用於心、肝、脾、肺、腎、神經、血管等處的結締組織，造成全身性病變。

臨床治療類風濕性關節炎時會使用消炎劑、免疫抑制劑、抗瘧疾藥物，以及副作用較大之抗腫瘤製劑 (methotrexate) ，其目的在抑制吞噬細胞對骨骼的破壞，減緩變形的速度。

3.僵直性脊椎炎 (ankylosing spondylitis, AS)

此症俗稱「竹竿病」，它好發於男性，其總數約是女性的 3 倍；此外，學理上認為僵直性脊椎炎的發生可能與人類白血球抗原基因 (HLA-B27) 有關。

僵直性脊椎炎主要發生在脊椎及其鄰近之肌腱、軟組織，它們在免疫細胞、補體、細胞激素的共同作用下出現慢性發炎，繼而逐漸鈣化，使得脊椎喪失柔軟性，最後如竹竿般無法彎曲。部分患者的眼、肺、心、血管、泌尿道、神經系統亦會出現病變。

消炎劑、免疫抑製劑、抗細胞激素藥

物可以緩解僵直性脊椎炎的症狀，若再配合冷敷、電療、開刀與適度運動，更能提高患者的生活品質。

4. 多發性硬症 (multiple sclerosis, MS)

存在患者腦脊髓液中的 T 細胞與自體抗體是多發性硬症的主要病因，它們專門破壞包裹軸突的髓鞘，使其無法正常傳遞神經衝動，導致功能障礙，引起多重病變：(1) 視覺：複視、眼神經炎、眼球顫震；(2) 感覺：遲鈍、異常、刺痛感；(3) 中樞神經：沮喪、倦怠、情緒不穩、辨識能力減弱；(4) 肌肉：無力、抽搐、運動失調、吞嚥困難；(5) 胃腸道：便泌、腹瀉、大便失禁；(6) 泌尿道：閉尿、頻尿、尿失禁；(7) 語言：說話緩慢、構音障礙，有時甚至出現失音。

多發性硬症屬於高復發性自體免疫疾病，它好發於白種人，女性患者數約 3 倍於男性，發病期多集中在 20 至 40 歲之間。目前使用之治療藥物有二，其一是干擾素 β1b，它會抑制淋巴細胞通過血腦障壁層，降低腦脊髓液中的 T 細胞數目；其二是生物製劑，此種藥物由胜肽鏈組成，能減弱 T 細胞的活性。類固醇、肌肉鬆弛劑、物理治療對於病情改善亦有助益。

5. 硬皮症 (scleroderma)

硬皮症亦是自體抗體引起的免疫疾病，其症狀源自於結締組織的增生與沉積，導致皮膚變色、變厚、變硬、緊繃，覆於其上的毛髮逐漸稀少。臨床上將硬皮症分為局部性與瀰散性兩種，前者輕微，病變僅出現在臉、手掌、手臂等處的皮膚。瀰散性硬皮症進展快速且較為嚴重，它會侵犯全身皮膚，使心、肺、腎纖維化；關節炎、肌肉痛、胃腸道硬化造成消化不良、肢端對溫度變化敏感等亦十分常見。

治療此症時會使用：(1) 抑酸劑：緩解逆行性食道炎；(2) 秋水仙素：預防組織纖維化；(3) 血管擴張劑：降低溫度的敏感度；(4) 抗生素：抑制腸道菌叢的過度繁殖。關節若變形，可利用物理治療法進行復健。

6. 皮肌炎 (dermatomyositis)

學界目前尚未明瞭皮肌炎的發生原因，但由患者的肌肉內蓄積著 B 細胞與自體抗體 (IgG, IgM) 推測，它與體液性免疫的相關應較深。除此之外，免疫複合物活化的補體亦會沉積在肌肉周圍血管內，使發炎反應更為劇烈，甚至阻礙血流的進行。發炎反應能誘導巨噬細胞、嗜中性白血球等加入戰場，最後衍生出慢性、持續性全身病變；主要受害對象為皮膚、關節、血管、骨骼肌。

皮肌炎的初期症狀是臉、胸、頸、背、關節等處的皮膚出現紅疹或水腫，顏色會逐漸變深，上眼瞼呈紫紅色。之後，肌肉出現痠痛、僵硬與無力感，導致手無法舉高、步履蹣跚不穩等，嚴重時甚至出現吞嚥困難。少數患者有心、肺纖維化現象。此症的發病期多在 10 餘歲或 40 歲以後，發病年齡愈長，罹癌（乳癌、肺癌）

率愈高。

治療皮肌炎時可使用：(1) 類固醇：減輕疼痛與發炎；(2) 免疫抑制劑：用於類固醇療效不佳之患者，但症狀嚴重時會合併類固醇與免疫抑制劑；(3) 血漿過濾術：患者出現呼吸困難時會以此法進行急救。症狀趨緩後可以對四肢的肌肉進行復健，使其逐漸恢復力量。

7.索格倫氏症候群 (Sjogren's syndrome)

自體免疫疾病中十分常見之索格倫氏症候群，即俗稱的乾燥症候群或乾眼乾嘴症，它屬於慢性、緩和型外分泌腺體病變。致病機轉至今未明，僅知患者的腺體在淋巴細胞浸潤下無法正常製造淚液與唾液，導致口腔乾燥、吞嚥困難、味覺改變、淚腺腫大、眼睛有異物感等。症狀若局限於腺體，臨床上謂之原發性索格倫氏症候群 (primary Sjogren's syndrome)。

另一型為續發性索格倫氏症候群 (secondary Sjogren's syndrome)，它是淋巴細胞與自體抗體（抗 DNA、抗 IgG）破壞心、肝、肺、腎、肌肉、血管、甲狀腺、胃腸道、周邊神經、免疫系統所致，因此症狀不僅多重、多樣且更為嚴重。

索格倫氏症候群與其他疾病的相似度極高，因此需費時多年才能確認。它的發病期多在 40 至 50 歲，女性病患數為男性的 9 倍。患者必須減少甜食、注意口腔衛生，避免發生齲齒、白色念珠菌感染症。症狀輕者可以：(1) 使用人工淚液，降低眼睛的乾澀感；(2) 咀嚼口香糖以增加唾液的分泌。症狀嚴重者則需以單株抗體、免疫抑制劑、膽鹼性製劑進行治療。

8.乾癬 (psoriasis)

乾癬不具傳染性，因此不同於真菌引起之皮膚病變。患者多是免疫力過強之個體，其表皮在免疫細胞釋出的發炎物質作用下出現紅斑或丘疹，症狀多在膝蓋、手肘、腋下、鼠蹊、指甲、頭部、軀幹、臀部、臉部等處。病變處的表皮快速脫落後產生大量皮屑，因此較不易感染細菌性皮膚炎。值得一提的是，進補、壓力過大、情緒不佳、抽菸喝酒、作息不正常、潮濕環境皆能增加乾癬的復發率。

第七篇　感染症

Infections, Infectious Diseases

微生物的特性不僅表現在繁殖、棲息所與營養需求，亦表現在人類的感染。它們的數量、致病因子 (virulent factors) 、傳播途徑 (transmission) 、宿主免疫力皆與疾病的發生息息相關。免疫功能健全時，絕大多數致病菌 (pathogens) 雖能入侵，但無法引起病變。

按症狀分類，傳染病有緩和型、嚴重型；按感染範圍分類則有局部性與全身性。不論如何，它的主角總是「微生物」，因此多數專家以其為出發點撰寫感染症內容；本篇特意將腳色對調，從「人」的觀點探究感染症。內容計有 14 章：(1) 第一與第二章，呼吸道感染症：流感、咽炎、肺炎、白喉、結核等；(2) 第三章，胃腸道感染症：霍亂、胃潰瘍、腸胃炎等；(3) 第四章，病毒性肝炎：A 、B 、C 、D 、E 與新型 (G) 肝炎；(4) 第十二章，中樞神經感染症：病毒性腦炎、細菌性腦膜炎、寄生蟲性腦炎。

種類或病原菌較多者再依細菌、病毒、真菌、寄生蟲順序分章詳述，因此皮膚肌肉感染症的內容載於第五至第八章，生殖泌尿道感染症分述於第九至第十一章。部分致病性微生物能引起多重病變，例如大腸桿菌能感染呼吸道、胃腸道、中樞神經、生殖泌尿道等部位，這些章節內皆有相關敘述；但為求文字簡潔且避免過度重複，因此以「見某章某節說明」之字眼取代。

第一章 上呼吸道感染症

Upper Respiratory Infections

呼吸道的構造由上至下可分為鼻腔 (nasal cavity)、鼻竇 (sinus)、咽 (pharynx)、喉 (larynx)、氣管 (trachea)、支氣管 (bronchi)、細支氣管 (bronchia)、小支氣管 (bronchioles)、肺臟 (lungs)，前三項屬於上呼吸道，餘者屬於下呼吸道。

呼吸道感染症是極為常見的病變，對一般人而言，預後佳且較少出現併發症；但老人、嬰幼兒、罹癌者、糖尿病患、愛滋病患等免疫力不足者若感染，恐出現高死亡率之嚴重病變。本章介紹上呼吸道感染症，第二章介紹下呼吸道感染症。

第一節　傷風

1.症狀

傷風 (common cold) 亦稱普通感冒，是一種緩和、自限性 (self-limiting) 病毒感染症，潛伏期約1日，典型症狀包括頭痛、咳嗽、鼻塞、喉嚨痛、流鼻水、體溫微升等。病程約持續 3 至 4 日，患者通常不藥而癒，極少出現肺炎、中耳炎等嚴重併發症。引起此症的病原菌極多，其中最重要的是鼻病毒、腺病毒與冠狀病毒。

2.病原菌 (pathogen)

(1) 鼻病毒 (rhinovirus)：四成以上傷風來自於鼻病毒（圖 7.1.1）感染，它屬於微小 RNA 病毒科 (*Picornaviridae*) 腸病毒屬，無套膜、擁有正性線狀單股 RNA 與二十面殼體。鼻病毒對酸 (pH3-5) 敏感、繁殖溫度為 33-35℃，這兩種特性有別於其他腸病毒。

目前已知的鼻病毒計有百餘型，其胺基酸組成之差異不大，但感染任一型後產生的抗體均無法預防他型鼻病毒的感染；此種現象亦能解釋鼻病毒何以成為最常見的傷風病因。

(2) 冠狀病毒 (coronavirus)：它是冠狀病毒科 (*Coronaviridae*) 中的一員，擁有套膜與螺旋形殼體，如圖 7.1.2 所示；其核酸（線狀單股 RNA）的分子量居所有 RNA 病毒之冠。此種病毒利用醣蛋白與上皮細胞結合，再進入細胞內快速繁

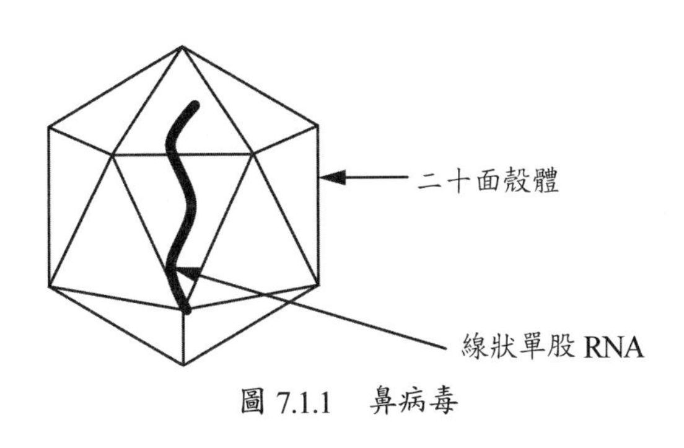

圖 7.1.1　鼻病毒

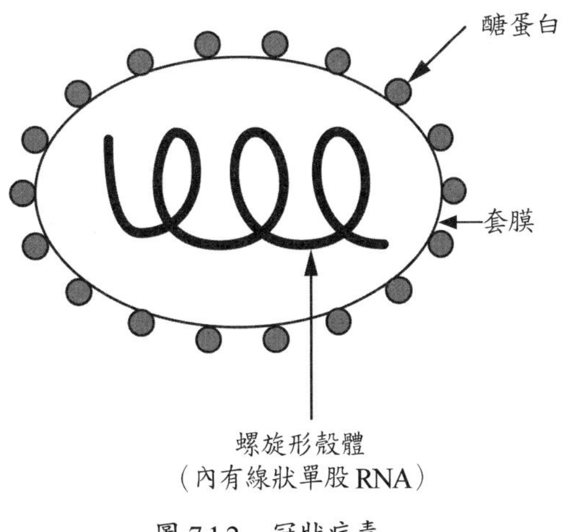

圖 7.1.2　冠狀病毒

殖引起傷風。臨床數據顯示，冠狀病毒平均 2 至 4 年流行一次。

(3)腺病毒 (adenovirus)：擁有線狀雙股 DNA 及二十面殼體之腺病毒屬於腺病毒科 (*Adenoviridae*)。位於殼體頂點之突刺 (spike) 能和細胞接受器結合，亦讓病毒顆粒看來似人造衛星 (圖 7.1.3)。腺病毒無套膜，因此酸、鹼、溫度變化不會改變其感染力，能長時間存在環境中，經空氣、食物、游泳池水等媒介傳播。

腺病毒對動物具致癌性，對人類則無；目前已知者有 41 型，它們分別屬於 A、B、C、D、E、F 六群，其中 B 與 E 型專門感染上、下呼吸道黏膜，造成不同病變。

(4)其他：腸病毒屬中的克沙奇病毒 (Coxackie virus)、艾科病毒 (echovirus) 亦能引起傷風，但病例數較少。

3.傳播途徑

空氣是傳播傷風的主要媒介，但人與人的直接或間接接觸亦能有效散播病原菌，前者如病患與家人、醫護人員的手部接觸，後者是接觸門把、桌面、大眾運輸工具中的拉環或鐵桿等固體媒介物 (fomite)。

4.預防與治療

傷風既是因空氣或接觸而感染，勤洗手、戴口罩、感染高峰期盡量減少進出公共場所即能有效預防，維持正常作息、提升免疫力亦是積極防堵感染的不二法門。患者症狀緩和，因此僅需以支持療法 (supportive therpy)，充分休息、補充營養，即可痊癒。

第二節　急性咽炎

1.症狀

好發於冬季之急性咽炎 (acute pharyngitis) 俗稱喉嚨痛 (sore throat)，症狀包括發燒、喉嚨發炎疼痛、吞嚥不易、扁桃腺發炎腫大，嚴重者可能出現言語困難

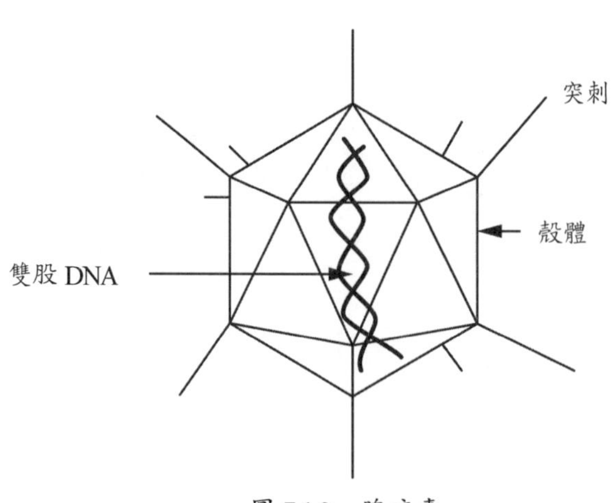

圖 7.1.3　腺病毒

或蜂窩性組織炎。引起咽炎之病原菌有化膿性鏈球菌、淋病雙球菌、流感嗜血桿菌、腺病毒、EB 病毒、巨細胞病毒、克沙奇病毒等。

2.病原菌

(1) 化膿性鏈球菌 (*Streptococcus pyogenes*)：細菌性咽喉炎多是感染化膿性鏈球菌所致，此菌是高營養需求型革蘭氏陽性菌 (Gram-positive bacteria)，屬於 A 群 β 溶血性鏈球菌 (group A β-hemolytic streptococcus)。若將含有此菌之檢體塗抹在血液瓊脂培養基(blood agar plate, BAP)上，隔日即長出周圍有溶血環之菌落。化膿性鏈球菌擁有許多致病因子，是臨床上極為重要的病原菌（見表 7.1.1）。

(2) 淋病雙球菌 (*Neisseria gonorrhoeae*)：此菌屬革蘭氏陰性菌 (Gram-negative bacteria)，它利用纖毛、蛋白酶、孔蛋白等致病因子感染眼睛、上呼吸道與生殖泌尿道，引起病變（圖 7.1.4）。

A. 致病因子

(a) 菌毛 (pilli)：存在菌體表面，能協助淋病雙球菌吸附於黏膜細胞。決定菌毛蛋白質的基因極易突變，使得感染後產生之抗體無法有效對抗再次感染，因此復發率極高。

(b) 孔蛋白 (pore protein, Por)、Opa 蛋白 (opacity-associated protein, Opa)：兩者是外膜的成分，除協助淋病雙球菌侵犯完整的黏膜層外，亦能使它存活於吞噬細胞且在其中繁殖。

(c) IgA 蛋白酶 (IgA protease)：分解附著於黏膜表面之分泌型抗體 IgA，降低其抗菌效果。

(d) 脂寡醣 (lipo-oligosaccharide, LOS)：存在菌體外膜中的脂寡糖能對抗補體，抑制紅、腫、熱、痛之發炎反應。

(e) 轉鐵素 (transferrin)、乳鐵蛋白

表 7.1.1　化膿性鏈球菌的致病因子與作用機轉

致病因子	作用機轉
莢膜 (capsule)	多醣類組成，具抗吞噬的能力
M 蛋白質 (M protein)	細胞壁成分之一，抗吞噬
溶血素 O 與 S(hemolysin O and S)	溶解紅血球，免疫系統對溶血素 O 產生的抗體 (anti-hemolysin O, ASO) 可作為臨床檢驗之用
熱原外毒素（紅斑毒素）(pyogenic exotoxin)	引起發燒，猩紅熱的主因
玻尿酸酶 (hyaluronidase)	分解玻尿酸，使化膿性鏈球菌能在組織中擴散
鏈球菌激酶 (streptokinase)	溶解纖維蛋白，協助化膿性鏈球菌的擴散
DNA 分解酶 (DNase)	分解 DNA 導致宿主細胞死亡

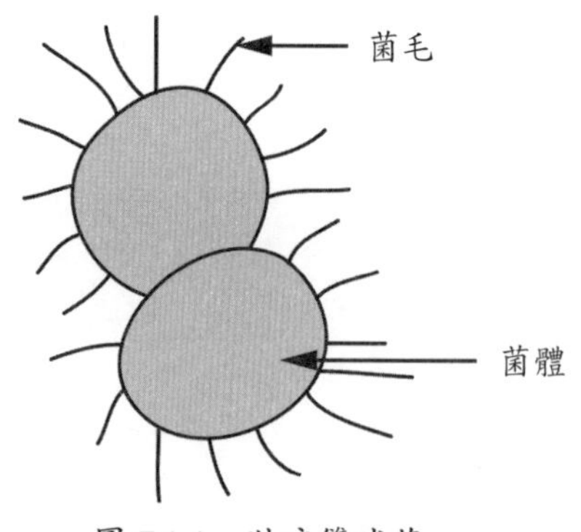

圖 7.1.4　淋病雙球菌

(lactoferrin)：淋病雙球菌利用兩種蛋白奪取宿主的鐵質，促進菌體生長、利於繁植。

B. 抗藥性：數據顯示臨床上常用之治療劑（penicillin），對淋病雙球菌的殺傷力已大不如前，理由是多數菌株擁有抗藥質體 (resistance plasmid, R plasmid)，它能生產 β- 內醯胺酶 (β-lactamase)，分解 penicillin，因此治療時必須增加劑量或改用其他抗生素。

C. 實驗室診斷：鑑定時會使用巧克力培養基 (chocolate agar) 或賽爾馬丁培養基 (Thayer-Martin agar)，淋病雙球菌可在次日長出白色菌落。培養箱內若加入二氧化碳，此菌的生長狀況將更優。

(3) 流行性感冒嗜血桿菌 (*Haemophilus influenzae*)：簡稱為流感嗜血桿菌，它其實與流行性感冒無關，而是急性咽炎的重要病原菌之一。

流感嗜血桿菌屬於革蘭氏陰性菌，生長時需要兩種血液因子 (X, V)，因此被冠上「嗜血」。它所擁有的莢膜不僅是主要致病因子，亦是分類依據。學理上利用莢膜成分將流感嗜血桿菌分為 a、b、c、d、e、f 六型，其中以 b 型引起之感染最為常見。除咽炎外，流感嗜血桿菌尚能感染兒童或嬰幼兒，引起肺炎、會厭炎、腦膜炎、關節炎、心包膜炎、蜂窩性組織炎等嚴重疾病。

臨床鑑定時會使用含有 V 與 X 因子之巧克力瓊脂培養基，有時亦會使用血液瓊脂培養基，但必須在腸球菌或金黃色葡萄球菌同時培養下才能生長，學理上稱此為衛星現象 (satellite phenomenon)。

(4) 單純疱疹病毒 (herpes simplex virus, HSV)：病毒性咽炎的主因是單純疱疹病毒，它屬於疱疹病毒科 (*Herpesviridae*)，因此擁有套膜、線狀雙股 DNA 與二十面殼體。套膜與外殼間為內皮 (tegument)，其中存有參與複製之酵素群、以及抑制免疫反應的病毒蛋白（圖 7.1.5）。

根據核酸 (DNA) 序列，可將單純疱疹病毒分為 4 型，其中第 1、第 2 型皆與咽炎的發生有關。第 1 型 (HSV-1) 經飛沫傳播，感染後會潛藏在三叉神經；第

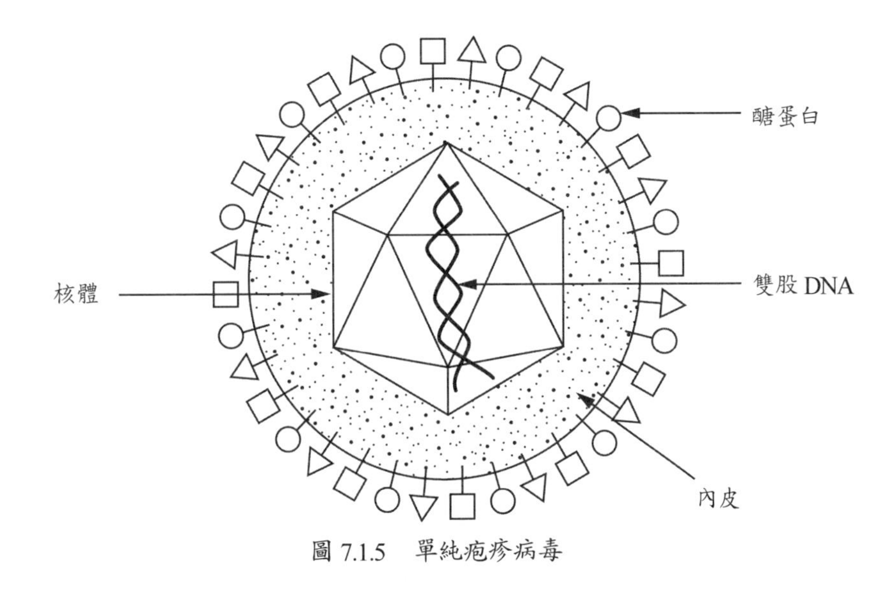

圖 7.1.5　單純疱疹病毒

二型 (HSV-2) 由性行為傳播，因此能藉由口交途徑感染咽喉，它會潛藏在患者的薦骨神經。臨床數據證實這兩種病毒的感染範圍逐漸擴大，第 1 型能從呼吸道擴及生殖道，第 2 型亦會從生殖道擴展到呼吸道。

值得一提的是，潛藏的單純疱疹病毒在患者受傷、過度日曬、情緒不佳、免疫力下降或荷爾蒙改變時，會離開神經節進入呼吸道或生殖道細胞再度繁殖，造成疾病復發。這便是疱疹病毒科最典型的特性「潛藏」及「痼疾復發」。

(5) 巨細胞病毒 (cytomegalovirus)：巨細胞病毒亦是疱疹病毒科中的成員，它的特性與單純疱疹病毒極為相似，但潛藏處為 T 細胞與單核球。此種病毒雖不會引起嚴重病變，但免疫力不足者（尤其是愛滋病患）感染，抑或患者體內的病毒再度繁殖，極可能出現肝炎、肺炎、視網膜炎等病變。

(6) EB 病毒 (Epstein-Barr virus, EB virus)：此病毒屬於疱疹病毒科，它通常不會引起嚴重病變，卻與鼻咽癌 (nasopharyngeal carcinoma, NPC)、伯奇氏淋巴癌 (Burkitt's lymphoma)、B 細胞淋巴癌 (B cell lymphoma)、何杰生氏淋巴癌 (Hodgkin's lymphoma) 的發生有關。究其原因，可能是 EB 病毒感染後潛藏在 B 細胞與唾液腺細胞所致；病毒於潛藏期間，基因體會由線狀改變為環狀，接著嵌入宿主染色體，干擾染色體的正常轉錄與轉譯，導致細胞過度分裂、衍生為癌症。

(7) 克沙奇病毒 (Coxsackie virus)：克沙奇病毒屬於微小 RNA 病毒科，它的外型、特性和鼻病毒相似，但具抗酸性、且繁殖溫度為 37℃。此種病毒進入人體後先在腸道中繁殖，再入侵上呼吸道或中樞神經，引起急性咽炎、無菌性腦膜炎（見本篇第六、七章說明）與其他疾病。

3.傳播途徑

食物、飲水、飛沫、直接或間接接觸。

4.治療

急性咽炎為臨床上十分常見的傳染性疾病，致病因包括細菌與病毒，由於兩者的用藥完全不同，因此必須先確認病原菌後再給予治療，才能見效。

(1)細菌性咽炎 (bacterial pharyngitis)：青黴素、頭孢菌素，目前僅對化膿性鏈球菌有效。淋病雙球菌、流感嗜血桿菌因抗藥性日益嚴重，必須在藥物敏感性試驗 (drug sensitive reaction) 後再決定使用之抗生素。

(2)病毒性咽炎 (viral pharyngitis)

A. 單純疱疹病毒：臨床上以無環鳥苷 (acyclvir) 治療，此種藥物經過胸苷激酶 (thymidine kinase) 磷酸化後，能干擾病毒 DNA 複製酶 (DNA polymerase) 合成基因體。部分病毒株的胸苷激酶因突變而產生對抗無環鳥苷的能力，因此治療重症時更需謹慎。

B. 巨細胞病毒：傳播媒介極多，包括飛沫、接觸、血液、精液、陰道分泌物、移植物等；常用的治療藥物包括 ganciclovir、foscarnet。

C. EB 病毒、克沙奇病毒：少說話、確實休息、不需用藥，待抗體產生後即可痊癒，這便是所謂的支持療法 (supportive therapy)。

5.預防

引起咽炎的病原菌中僅流感嗜血桿菌能以疫苗預防，目前使用者有兩種，其一是含有b型流感嗜血桿菌莢膜之Hib疫苗；其二是在 Hib 疫苗中加入蛋白佐劑之新型疫苗 (HbCV)。

第三節　鼻竇炎

1.症狀

鼻竇或副鼻竇有四，它們分別位於眼後、額頭、頰骨內與鼻樑背側。過敏或鼻腔內側上皮細胞遭受感染時，鼻竇分泌的黏液即蓄積在此處無法排除，造成發炎、頭痛、發燒、鼻塞、流鼻水、顏面疼痛、嗅覺變差等症狀，臨床上謂之鼻竇炎 (sinusitis)。

此症多出現在過敏者與嬰幼兒，且具高復發率，由於症狀與其他呼吸道感染症相似，因此經常被誤診。鼻竇炎之病原菌以鼻病毒、化膿性鏈球菌、流感嗜血桿菌、肺炎鏈球菌、金黃色葡萄球菌（本節詳述）最為常見。

2.病原菌

(1)金黃色葡萄球菌 (*Staphylococcus aureus*)：化膿性球菌中最為人熟知者絕對是金黃色葡萄球菌，它屬於革蘭氏陽性菌，因經常聚集成串似葡萄而得名。抗熱、抗鹽、低營養需求等特性，使金黃色葡萄球菌容易繁殖，因此普遍存在地表、環境、皮膚、衣物、被褥、物體表面，醃漬醬菜中亦有它的蹤跡。

擁有多種致病因子（表 7.1.2）之金黃色葡萄球菌亦是臨床上極為重要的病原菌，它可以感染皮膚引起癰或癤、感染呼吸道引起鼻竇炎、感染心臟引起亞急性心內膜炎；亦能分泌毒素造成食物中毒、休克症候群、脫皮症候群等。此菌一旦入侵血液且在其中繁殖、分泌毒素，則可能引起死亡率極高之敗血症。多重抗藥性是金黃色葡萄球菌帶給人類的最嚴重問題，它不僅對抗青黴素、頭孢菌素，亦能對甲基青黴素 (methicillin) 、萬古黴素 (vancomycin) 產生抗藥性，例如 MRSA(methicillin resistant *Staphylococcus aureus*) 與 VRSA(vancomycin resistant *Staphylococcus aureus*)。前者早已流竄全球各地，引起高致死率之院內感染；後者目前僅存在部分醫院裡，然一旦被它感染，可能陷入無藥可醫的窘境。

(2) 肺炎鏈球菌 (*Streptococcus pyogenes*)：就構造而言，肺炎鏈球菌屬於革蘭氏陽性菌；就分類而論，此菌屬於 α- 溶血性鏈球菌 (α-hemolytic streptococcus)。由於肺炎鏈球菌是細菌性肺炎的主因，因此本節不對其作細論，將在本篇第二章第二節中詳述。

表 7.1.2 致病因子

致病因子	作用
溶血素 (hemolysin)	蛋白質組成，可分爲 α、β、γ、δ，溶解紅血球、破壞表皮細胞，引起溶血、皮膚壞死
腸毒素 (enterotoxin)	由抗熱、抗酵素之蛋白質組成，能破壞腸道細胞，造成食物中毒。目前已知者有 A 、B 、C 、D 、E，其中以 A 型引起的胃腸道病變比例最高
中毒休克症候群毒素 (toxic shock syndrome toxin, TSST)	誘導免疫細胞分泌介白質、干擾素、腫瘤壞死因子，引起休克反應
剝落毒素 (exofoliative toxin)	破壞聯結果細胞之胞橋小體，造成脫皮症候群
殺白血球素 (leukocidal toxin)	破壞巨噬細胞、多型核白血球，降低非特異性免疫的殺菌效果，但宿主產生的抗體可抑制其活性
凝固酶 (coagulase)	凝固血漿，使組織纖維化，進而抑制吞噬作用。葡萄球菌屬中僅金黃色葡萄球菌能分泌凝固酶，可作爲鑑別之用
葡萄球菌激酶 (staphylokinase)	溶解纖維蛋白，利於菌體之擴散
玻尿酸酶 (hyaluronisae)	分解玻尿酸，使菌體容易在組織間擴散

4.治療

治療前必須先確認病原菌，若屬抗藥性較強之肺炎鏈球菌、流感嗜血桿菌與金黃色葡萄球菌時，需再進行藥物敏感性試驗，選擇適當與適量抗生素才能確實清除致病原、緩解症狀。

第四節 哮吼

1.症狀

哮吼 (croup, laryngotracheobronchitis) 好發於幼兒與兒童，病灶幾乎涵蓋整個呼吸道，因此感染者會極度不舒服；症狀包括聲音沙啞、呼吸不順暢、咳嗽時伴有犬吠般的吼聲等。患者常出現粗且高頻之吸氣聲，因此容易被誤診為氣喘發作。另外，哮吼與會厭炎在症狀上十分相似，但後者不會出現犬吠般的咳嗽。

2.病原菌

(1)副流感病毒 (parainfluenza virus)：哮吼多是感染副流感病毒所致，它屬於副黏液病毒科 (*Paramyxoviridae*)，具套膜、螺旋形殼體與一條負性線狀單股 RNA，酸、鹼、乙醚、酒精、溫度變化皆能使其喪失感染力（圖 7.1.6）。套膜上有兩種醣蛋白：血球凝集素—神經胺酸酶 (hemagglutinin-neuraminidase, HN) 與融合蛋白 (fusion protein)，前者負責與上皮細胞接受器結合，後者能將感染細胞融合為多核巨細胞 (polynuclear giant cell)。

副流感病毒可分為 5 種血清型 (1, 2, 3, 4A, 4B)，其中以第 1、2 型造成的感染症最為常見。

(2)其他：呼吸道細胞融合病毒 (respiratory syncytial virus, RSV)、流感病毒 (influenza virus)、金黃色葡萄球菌 (*Staphylococcus aureus*)、流感嗜血桿菌 (*Haemophilus influenza*)，其中兩種細菌的相關說明見「咽炎」與「鼻竇炎」，餘者於本篇第二章詳述。

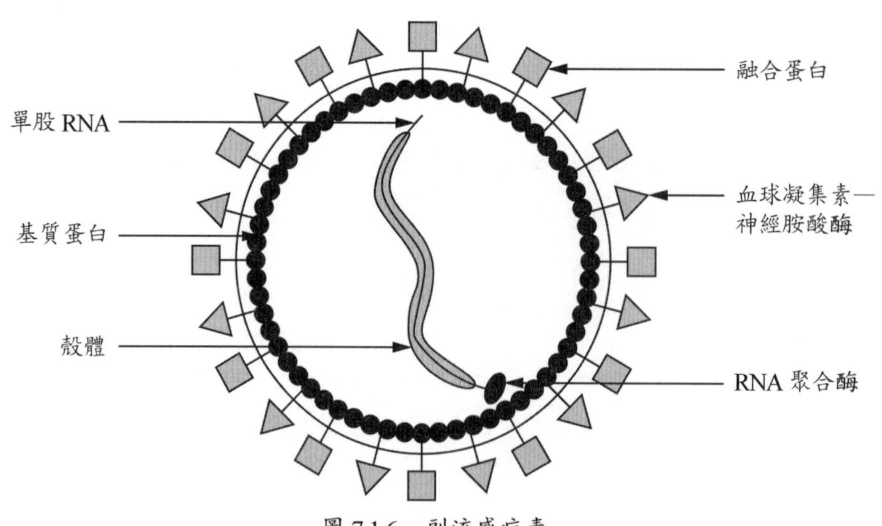

圖 7.1.6 副流感病毒

3.傳播途徑

飛沫、呼吸道。

4.治療

(1)細菌性哮吼：慎選抗生素後再進行治療。

(2)病毒性哮吼：休息、補充養分、勿出入公共場所，不需使用任何藥物，症狀即可緩解。

第五節　會厭炎

1.症狀

會厭（休克器官）位於喉部，人站立時它是空氣進出的通道，吞嚥時它會遮蔽喉頭使食物順利進入胃腸道，而不致誤入氣管、影響呼吸的順暢。會厭若遭受微生物感染即出現會厭炎 (epiglottitis) ，典型症狀包括發燒、流涎、咽喉腫痛、吞嚥疼痛、聲音沙啞、呼吸淺且急、咽喉膿瘍（多見於遭受感染之成人）。由於病程發展快速，臨床上因此將會厭炎列入必需立刻處理之急症。

會厭炎好發於 2 至 4 歲的幼童，患者若未及時接受妥善治療，可能死於呼吸困難。

2.病原菌

細菌性病原菌是會厭炎發生的主因，其中最重要的是 b 型流感嗜血桿菌，其他如化膿性鏈球菌、肺炎鏈球菌、金黃色葡萄球菌、單純疱疹病毒、水痘帶狀疱疹病毒（相關說明見本篇第六章病毒性皮膚感染症）亦能引起相同疾病。

3.傳播途徑

飛沫、接觸。

4.預防

接種流感嗜血桿菌疫苗 (Hib, HbCV) 或肺炎鏈球菌疫苗能有效預防會厭炎的發生，rifampin 則能保護暴露在病原菌中的幼童或成人。

5.治療

臨床上處理會厭炎，尤其是急性會厭炎時，必須使用抗生素與侵入性療法（氣切或插管），前者可以控制發炎，後者則能維持呼吸道的通暢。目前多以第二或第三代頭孢菌素 cefuraoxim, cefamancole, ecefotaxime, ceftriaxon 對付抗藥性極強之流感嗜血桿菌。

第六節　白喉

1.症狀

所有上呼吸道感染症中最嚴重者非「白喉」(diphtheria) 莫屬，它是一種急性細菌感染症，好發於未接種疫苗之兒童，潛伏期約 2 至 5 日。臨床上依據病變發生處將此症分為呼吸道白喉與皮膚白喉，前者可再細分為：(1) 鼻白喉：症狀最輕，單側鼻翼脫色或鼻腔流出液體；(2) 咽白喉：喉嚨水腫疼痛，淋巴結腫大；(3) 喉頭白喉：多發生在嬰幼兒，症狀較為嚴重。皮膚白喉的初始症狀雖僅有化膿，但數週後可能出現極嚴重之神經與心血管病變。

2.病原菌

白喉桿菌 (*Corynebacterium diphtheriae*) 外型似棒，它屬於需氧性革蘭氏陽性菌，無任何特殊構造，但細胞質內存有富含磷酸鹽且能提供能量之異染小體 (metachromatic granules)。白喉桿菌不會侵入血液，僅在鼻、咽喉、扁桃腺、傷口處繁殖，當數目達一定量時，菌體即釋出毒素，抑制上皮細胞合成蛋白質。此毒素若為組織吸收便能進入血液，引起毒血症 (toxemia)。

白喉外毒素 (diphtheria toxin) 並非白喉桿菌製造，而是菌體內共生之 β- 原噬菌體（溫和噬菌體，β-lysogenic phage）所生產。它由蛋白質組成，結構可分為 A 與 B 兩部分，B 負責將 A 送入細胞，A 負責抑制宿主細胞合成蛋白質。學理上稱此類毒素為 AB 毒素，其他如溶血素、腸毒素、霍亂毒素、志賀氏毒素、中毒休克症候群毒素等，亦歸入 AB 毒素的範疇中。

臨床鑑定時會將患者的檢體接種至呂佛氏血液瓊脂培養基或亞碲酸鹽血液瓊脂培養基，若分別長出灰白色與灰黑色菌落，即表示檢體中存有白喉桿菌。

3.傳播途徑

白喉桿菌僅感染人類，通常經由呼吸道、傷口進入人體；接觸患者分泌物、污染的醫療器材或物體表面亦可能遭受感染。

4.預防

接種疫苗是杜絕白喉的最佳方法，目前使用之疫苗有兩種：(1)DPT 疫苗：成分為白喉類毒素 (D) 、百日咳死菌 (P) 與破傷風類毒素 (T) ，部分接種者會出現神經病變；(2)DaPT 新型疫苗：以百日咳蛋白質 (aP) 取代成分中容易引起副作用之百日咳死菌 (P) ，臺灣使用之五合一疫苗 (DaP-Hib-IPV)，即含有此種新型疫苗。

5.治療

治療白喉時必須充分掌握病情的發展，一旦出現可疑症狀，不需等待細菌培養確認，立即為患者注射抗毒素 (antitoxin) 與抗生素 (penicillin, erythromycin)；前者能破壞進入血液的外毒素，後者會殺死傷口或呼吸道中的白喉桿菌，使其無法繼續繁殖、分泌毒素。

第七節　腮腺炎

1.症狀

腮腺炎 (mumps, parotitis) 為自限性疾病，但具高度傳染性，好發於幼兒，症狀包括發燒、頭痛、單側或雙側腮腺腫大疼痛。患者在抗體產生後痊癒，並產生永久免疫，亦即終生不再感染。部分感染者可能出現睪丸炎、卵巢炎、胰臟炎、腦膜炎或聽覺障礙，然為數不多。

2.病原菌

腮腺炎病毒 (mumps virus) 屬於副黏液病毒科 (*Paramyxoviridae*) ，其構造、特性皆與副流感病毒相同，如套膜、殼體、基因體、醣蛋白等，相關內容參見本章第四節「哮吼」。

3.傳播途徑

空氣與污染物是傳播腮腺炎的主要媒介，但值得注意的是，腮腺炎病毒會隨患者尿液排出體外。幼兒若遭感染必須十分謹慎處理，避免尿液中的病毒繼續感染其他家中成員。

4.預防

注射 MMR 疫苗能有效預防腮腺炎，其成分有三，腮腺炎病毒 (M) 、麻疹病毒 (measles virus, M) 、德國麻疹病毒 (rubella virus, R)。由於 MMR 屬於活減毒型疫苗 (attenuated vaccine) ，成分中的病毒仍具感染力，再加上德國麻疹病毒能感染胎兒，因此孕婦不得接種，接種疫苗後三個月內不得懷孕。

5.治療

目前尚無治療腮腺炎的藥物，因此支持療法是照護患者的最佳方式。

第二章　下呼吸道感染症

Lower Respiratory Infections

微生物經飛沫或其他媒介入侵氣管、支氣管、細支氣管、小支氣管或肺臟時，極可能引起下呼吸道病變，其症狀通常比上呼吸道感染症嚴重，再加上患者多是免疫力較差者──老人、嬰幼兒、罹癌者、糖尿病患、愛滋病患者與心肺功能不足之個體，因此積極預防與謹慎治療是處理下呼吸道感染症的重要課題。

第一節　流行性感冒

1.症狀

就症狀而言，流行性感冒 (influenza, flu) 與傷風相似，它的潛伏期約 1-3 日，病程可長達 1 至 2 週，症狀較複雜嚴重，包括高燒、寒顫、頭疼、肌肉關節疼痛，部分患者出現腹瀉、腹痛。流感併發症有肺炎、鼻竇炎、中耳炎、心肌炎、支氣管炎、雷氏症候群等。

2.致病原

流行性感冒病毒 (influenza virus) 是流感的唯一病因，但它為何經常引起全球恐慌？問題核心在於構造及特性。

流感病毒屬於正黏液病毒科 (*Orthomyxoviridae*)，擁有 7 至 8 條線狀負性單股 RNA，以及對冷、熱、有機溶劑具感受性之套膜，殼體呈螺旋對稱（圖 7.2.1）。血球凝集素 (hemagglutinin, HA, H) 與神經胺酸酶 (neuraminidasem, NA, N) 嵌入套膜中，前者結合至上皮細胞接受器（唾液酸）後，病毒便能進入細胞繁殖。神經胺酸酶會切除病毒與唾液酸間的結合，使新病毒得以釋出，啟動另一波感染。

學理上依據核蛋白 (nucleoprotein) 與

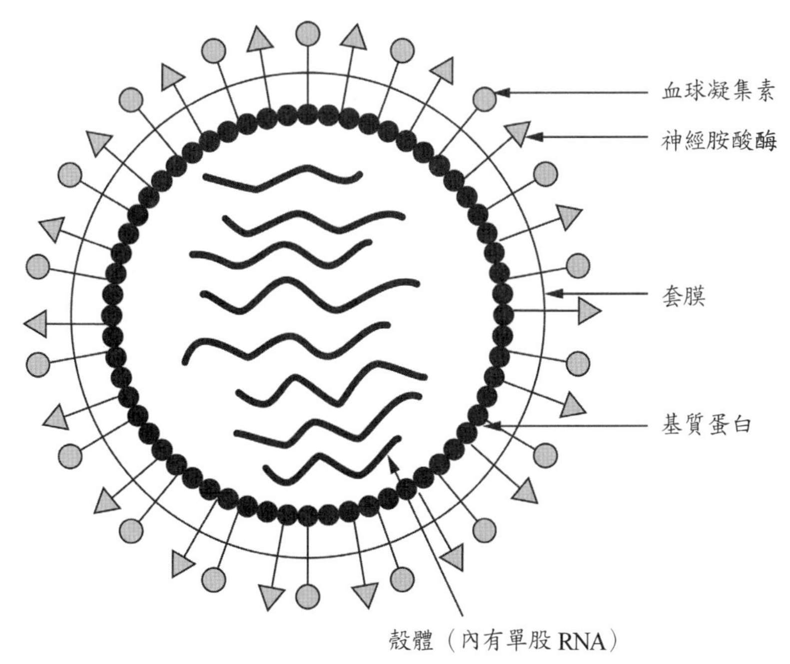

圖 7.2.1　A 型流感病毒

基質蛋白 (matrix protein) 的不同，將流感病毒分為 A 、B 、C 三型，前二型擁有 8 條單股 RNA ，C 型則有 7 條。A 型流感病毒的流行頻率最高，因此再依據紅血球凝集素 (H) 與神經胺酸酶 (N) ，將其分為多種亞型。目前已知血球凝集素有 15 種，神經胺酸酶有 9 種，常見的亞型包括 H1N1, H1N2, H2N2, H2N3, H3N1, H3N2, H5N1, H5N2, H5N8, H7N1, H7N2, H7N7, H7N9, H9N2 等；其中 H1, H2, H3 感染人類，H5, H7, H9 感染禽類，H5, H7 屬於高病源性，H9 屬於低病源性 A 型流感病毒。

流感病毒的多變來自於抗原漂移 (antigenic drift) 與抗原轉移 (antigenic shift) ，它們通常發生在決定血球凝集素、神經胺酸酶的基因。抗原漂移是經多次點突變 (point mutstion) 後形成，它能引起可受控制之地區性 A 或 B 型流感。抗原轉移是基因重組 (gene rearrangement) 所致，它能產生新型 A 型流感病毒，引起失控的全球性大流行。

3.傳播途徑

飛沫，接觸患者呼吸道分泌物或受其污染之固體表面。

4.預防

提高免疫力是預防流感的最佳方法，但幼兒、老年人、氣喘病患、糖尿病患、心肺功能不佳者等高危險群，應於每年接種流感疫苗。注射疫苗後 2 週內即可產生保護性抗體。目前使用之疫苗有以下兩種，由於它們的保護效果較低、副作用較多，未來可能被研發中基因型疫苗或次單位疫苗取代。

(1) 三價不活化型流感疫苗 (trivalent inactivated influenza vaccine)：傳統流感疫苗，亦是臺灣目前使用之注射型疫苗，它含有 1 種 B 型流感病毒與 2 種 A 型流感病毒（例如 H1N1, H3N2）；3 種病毒經處理後，留下神經胺酸酶、血球凝集素及其他構造蛋白，因此又稱裂解型疫苗。若在其中加入另一種 B 型流感病毒，即為四價不活化型疫苗 (quadrivalent inactivated influenza vaccine)。

對蛋白過敏者，如氣喘、嚴重蕁麻疹、過敏性休克患者應經過醫師審慎評估後，再決定是否接受疫苗，否則可能出現嚴重後果。

(2) 三價活減毒流感疫苗 (trivalent live attenuated influenza vaccine, trivalent LAIV)：2003 年問世的新型流感疫苗，其成分為 1 種 B 型與 2 種活減毒性流感病毒。此型疫苗的保護效果較佳，但它可能發生突變感染接種者，導致嚴重病變；因此規定 2 至 49 歲者才能接種。孕婦，代謝異常者，罹患血液疾病者，心肺、腎臟、功能不佳者建議不要使用此型疫苗。

活減毒流感疫苗的使用法極為簡便，僅需將它直接噴入接種者鼻腔即可。若在其中再加入另一種 B 型流感病毒，便是四價活減毒型疫苗 (quadrivalent inactivated influenza vaccine)。

5.治療

(1) Amantadine, rimantadine：作用於離子通道 (ion channel, M2 protein)，抑制病毒基因體自殼體釋出，核酸複製與蛋白質合成因此不能順利進行。必須注意的是，此類藥物僅能治療 A 型流感。

(2) Osetamivir, zanamivir：抑制神經胺酸酶的活性，使新病毒無法離開受宿主細胞。此類藥物能同時治療A與B型流感。

第二節　肺炎

下呼吸道感染性疾病中最嚴重的是肺炎 (pneumonia)，其症狀不僅複雜，病程發展快速；引起肺炎的病原菌更是不計其數，包括細菌、病毒、黴菌與寄生蟲。

1.分類

(1) 感染來源

A. 內生性感染 (endogenous infection)：感染源來自呼吸道中的常在菌，例如肺炎鏈球菌、克雷白氏肺炎桿菌、卡氏肺囊蟲，通常發生在個體免疫力不足時。

B. 外生性感染 (exogenous infection)：感染源為環境中的病原菌，其中較重要者包括大腸桿菌、綠膿桿菌、肺炎鏈球菌、流感嗜血桿菌、退伍軍人桿菌、金黃色葡萄球菌、腺病毒、流感病毒、副流感病毒、巨細胞病毒、人類間質肺炎病毒、呼吸道細胞融合病毒。大抵而言，幼兒型肺炎多是病毒或續發性細菌感染所致，成人型肺炎的元凶則多為細菌。

(2) 感染場所

A. 社區感染型肺炎 (community-acquired pneumonia, CAP)：發生在非住院者或住院未達 48 小時者的肺實質性感染。

B. 院內感染型肺炎 (nosocomial pneumonia, hospital-acquired pneumonia, HCP)：住院後 48 至 72 小時內若出現肺炎則謂之院內感染型肺炎，其感染源以細菌為主。

(3) 症狀

A. 典型性肺炎 (typical pneumonia)：常在菌或細菌性病原菌感染整個肺臟或大部分肺葉後引起之疾病稱為典型性肺炎，其潛伏期約 1 至 3 日，症狀包括高燒、寒顫、乾咳、肋膜痛、痰呈紅色或鐵鏽色等。此種肺炎多發生在酗酒者或罹患糖尿病、愛滋病、慢性病之個體，死亡率雖高達三成，但極容易治癒。

B. 原發性非典型性肺炎 (primary atypical pneumonia)：此症可簡稱為非典肺炎，其症狀和典型性肺炎極為相似但較溫和，潛伏期可長達2週，病程進展緩慢，死亡率亦較低。治療非典肺炎時不可使用青黴素或頭孢菌素，理由是引起此症之肺炎披衣菌、肺炎黴漿菌對兩種抗生素均無感受性。

C. 間質性肺炎 (pneumonitis, interstitial pneumonia)：肺臟受病毒感染後，其間質部位出現漿細胞浸潤，患者有高燒、寒顫、咳嗽、呼吸短而急等症狀。

D. 真菌性肺炎 (fungal pneumonia)：此類肺炎的發生率較其他型為低，感染者多是免疫能力較差或患有心肺功能障礙之個體，因此對高齡化社會而言，真菌性肺炎自有其不可忽視的重要性。症狀包括發燒、乾咳、肌痛、頭痛、呼吸短促、肺部節結，此外，病原菌侵犯血液引起敗血症 (sepsis) 後，通常會繼續入侵心、肝、脾、腎、腦等處，引起嚴重病變，死亡率甚高。

E. 寄生蟲性肺炎 (parasitic pneumonia)：寄生蟲的幼蟲在感染者肺內移行時（急性期）會引起發燒、咳嗽、腹瀉、蕁麻疹、嗜酸性白血球增加等，慢性期仍有咳嗽，但症狀會惡化為胸痛、咳血、呼吸困難、胸腔積水、支氣管擴張、肺部纖維化。

2.病原菌

(1) 典型性肺炎

A. 肺炎鏈球菌 (*Streptococcus pneumoniae*)：部分學者習慣以舊名（肺炎雙球菌，*Diplococcus pneumoniae*）稱之。此菌屬於兼性厭氧型革蘭氏陽性菌，亦是一種半溶血性鏈球菌 (α-hemolytic streptococcus)，若將它接種在血液瓊脂培養基上，次日會長出周圍有綠色溶血環之菌落。肺炎鏈球菌是鼻咽的常在菌之一，正常情況下不會感染，但有時會轉移至他處，引起肺炎、氣管炎、鼻竇炎、腦膜炎等症，患者多是免疫力不足者。此菌擁有下列數種致病因子。

(a) 莢膜 (capsule)：抗吞噬作用之特殊構造，由多醣類組成，亦是肺炎鏈球菌的主要致病因子。它能與特定抗體發生腫脹反應 (Quellung reaction)，學理上利用此種特性將肺炎鏈球菌分為 90 餘種血清型，其中第 3、14、19A 與 23F 型流行於臺灣。

(b) 肺溶素 (pneumolysin)：蛋白質組成之外毒素，能與宿主細胞膜的固醇結合，接著形成使細胞溶解的孔洞；此外，肺溶素亦能誘導免疫細胞合成介白質、腫瘤壞死因子等刺激發炎反應的細胞激素。

(c) IgA 蛋白酶 (IgA protease)：破壞黏膜表面的分泌型 IgA ，降低特異性免疫對肺臟提供的保護效果。

B. 綠膿桿菌 (*Pseudomonas aeruginosa*)：此菌因能分泌綠膿菌素而得名，它是一種擁有單端單鞭毛之嗜氧性革蘭氏陰性菌，見圖 7.2.2。營養需求低的特性使綠膿桿菌能在水、空氣、土壤、固體表

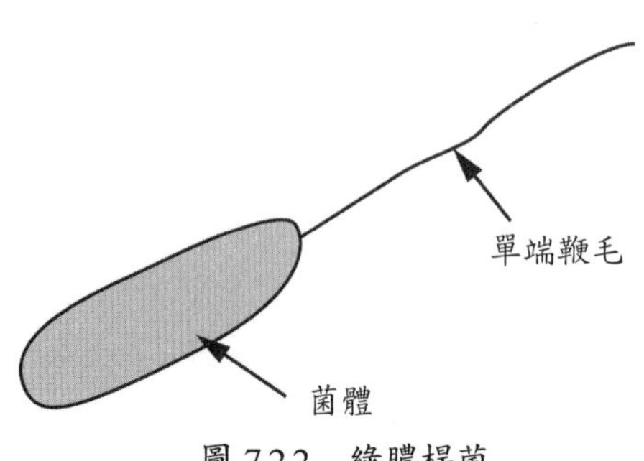

圖 7.2.2　綠膿桿菌

面繁殖且長時間存於其中。此菌是臨床上極為重要的院內感染源與伺機性病原菌，引起的疾病包括肺炎、外耳炎、皮膚炎、敗血症、心內膜炎、泌尿道發炎等。

綠膿桿菌的致病因子有五：(1) 菌毛：協助菌體吸附於上皮細胞、利於繁殖；(2) 莢膜：對抗吞噬作用，亦能使綠膿桿菌附著在物體表面繁殖、形成生物膜；(3) 外毒素 A(exotoxin A)、外酶 S(exoenzyme S)：抑制宿主細胞合成蛋白質，導致組織壞死、器官失能；(4) 彈性蛋白酶 (elastase)：破壞血管與呼吸道的彈性組織；(5) 綠膿菌素 (pyocyanin)：破壞肺臟細胞、殺害與其競爭之微生物。除此之外，多重抗藥性能使綠膿桿菌能夠長時間存在患者體內，造成更劇烈的破壞。

C. 克酵雷白氏肺炎桿菌 (*Klebsiella pneumoniae*, KP)：此菌屬於兼性厭氧型革蘭氏陰性菌，擁有莢膜，但缺乏鞭毛（以上兩者有別於其他腸內菌）。克雷白氏肺炎桿菌具有發酵乳醣的能力，可在 EMB 與 McConky 培養基上分別長成黑色及粉紅色菌落。另外，克雷白氏肺炎桿菌不僅是人類呼吸道、胃腸道的常在菌，更是醫院裡常見的多重抗藥菌種。凡遭其感染者，尤其是住院病人、免疫力不足個體，可能出現難以治療之疾病。

D. 嗜肺性退伍軍人桿菌 (*Legionella pneumophila*)：退伍軍人桿菌為新近發現的革蘭氏陰性菌，因曾在 1977 年美國退伍軍人集會時感染許多與會人士而得名；此菌能經由冷氣、蓮蓬頭或冷卻水塔釋出之水霧散播。

嗜肺性退伍軍人桿菌具有抗酸、抗鹼、抗高溫的特性，其感染高峰在夏季，感染處多在裝有空調之密閉空間，如 KTV、超市、醫院、電影院、百貨公司等。主要感染洗腎、罹癌、酗菸酒、患糖尿病或染有呼吸道病變的個體；值得慶幸的是，嗜肺性退伍軍人桿菌極少在人與人之間交互傳染，因此容易控制。

E. 腦膜炎雙球菌 (*Neisseria meningitidis*)：此菌為革蘭氏陰性球菌，擁有菌毛與莢膜；由於生性極為脆弱，再加上營養需求高，因此無法在環境中長時間存活。另外，腦膜炎雙球菌在鹼性環境中極容易出現自溶 (autolysis) 的現象。其他詳細內容見本篇第十二章第一節「細菌性膜腦炎」。

(2) 非典型性肺炎(atypical pneumonia)

A. 肺炎披衣菌 (*Chlamydia pneumoniae*)：此菌無法自行合成能量，必須由活細胞提供其生長、繁殖之場所，因此被稱為絕對細胞內寄生菌 (obligate intracellular bacteria)。至於肺炎披衣菌的歸屬則意見分歧，理由是它的細胞壁缺乏胜醣，對革蘭氏法使用之染劑不具感受性，因此儘管它的構造、特性與革蘭氏陰性菌較為相似，仍被視特殊細菌。

披衣菌擁有兩種外型，一是基質小體 (elementary body, EB)，二是網狀小體 (reticulum body, RB)；前者負責感染，後者負責繁殖。基質小體藉由內噬作用進入宿主細胞，接著轉形為網狀小體。當細胞內的網狀小體繁殖至一定數目時，它們會再轉形為基質小體，而且離開原細胞，繼續進行感染，如圖 7.2.3 所示。

披衣菌屬中尚有兩菌種能引起肺炎，鸚鵡披衣菌 (*Chlamydia psittaci*) 與砂眼披衣菌 (*Chlamydia trachomatis*)。前者屬於人畜共通病原菌，禽類是其主要感染對象，人類是因吸入含有此菌之空氣而感染；後者通常存在患者的產道中，引起新生兒肺炎，詳細內容見本篇第五章性行為感染症。

B. 肺炎黴漿菌 (*Mycoplasma pneumoniae*)：黴漿菌因缺乏細胞壁而呈現多樣的外形，它對抑制胜醣合成之藥物（penicillin、cephalosporin、vancomycin 等）具天然抗性。為對付環境滲透壓，其細胞膜中含有其他菌種缺少的固醇。由於黴漿菌能製造能量、且可以通過孔徑 450 奈米之濾紙片，因此被譽為目前所知的最小自由營生型微生物 (the smallest free living microbe)。

學理上視黴漿菌為特殊細菌，屬中最重要的致病菌為肺炎黴漿菌，它利用菌體蛋白 (P1) 結合至呼吸道上皮細胞，再以二分裂法進行繁殖。當菌數足夠時即開始抑制氣管纖毛擺動，甚至造成脫落，引起原發性非典型性肺炎。

(3) 病毒性肺炎(viral pneumonia)

A. 人類間質肺炎病毒 (human metapneumovirus)：此種病毒早已是感染人類呼吸道的病原菌，然礙於當時技術的限制，直到 2001 年才由患者檢體中分離出。目前將其列入副黏液病毒科 (*Paramyxovir-*

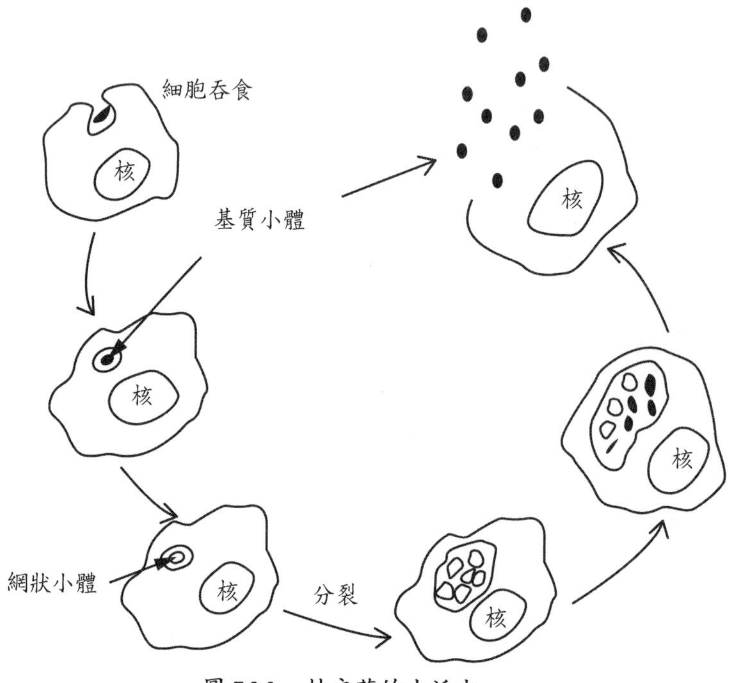

圖 7.2.3　披衣菌的生活史

idae)，擁有套膜、線狀負性單股RNA、螺旋形殼體、醣蛋白與融合蛋白。人類間質肺炎病毒有三種 (A, B, C) 血清型，A 與 B 型感染人類，C 型感染禽類。

B. 呼吸道細胞融合病毒 (respiratory syncytial virus, RSV)：嬰幼兒發生肺炎、支氣管炎的主因，其構造、特性、科別皆與人類間質肺炎病毒相同。

C. 副流感病毒 (parainfluenza virus)：已在本篇第一章第四節「哮吼」中詳述。

D. 流感病毒 (influenza virus)：肺炎是流感後的主要併發症之一，但流感病毒亦能引起原發性肺炎 (primary pneumonia)。相關敘述見本章第一節「流行性感冒」。

(4) 眞菌性肺炎(fungal pneumonia)

此類真菌多感染免疫力低下者，因此常被稱為伺機性病原菌 (opportunistic pathogen)。

A. 卡氏肺囊蟲 (*Pneumocystis carinii*)：存在許多健康者肺臟，它曾被誤認為原蟲；在核醣核酸 (RNA) 序列鑑定及細胞壁組成分析後，學界正式將其納入酵母菌型真菌，如圖 7.2.5 所示。如今為了區分感染對象又將它改名為 *Pneumocystis jerovecii*。此種真菌亦是愛滋病患者發生肺炎的主因。

B. 莢膜組織漿菌 (*Histoplasma capsulatum*)：屬於雙型性真菌，環境中 (25℃) 呈菌絲型、患者體內 (37℃) 為酵母菌型，如圖 7.2.4 所示。它通常存在土壤、禽類或蝙蝠糞便內。人們翻攪土壤時，莢膜組織漿菌即進入體內進行感染。

C. 粗球孢子菌 (*Coccidioides immitis*)：沙漠土壤中常見的真菌，擁有關節孢子（圖 7.2.3）。此種真菌感染肺臟後，關節孢子會逐漸增大成圓球狀，接著以二分裂法產生許多內孢子，它們撐破關節孢子的細胞壁後釋出，再感染支氣管。由於粗球孢子菌引起之病變外觀與肺癌極為相似，必須以組織切片進行鑑定。

D. 新型隱球菌 (*Cryptococcus neoformans*)：新型隱球菌存在土壤與鴿糞內，其外型與繁殖過程皆與酵母菌相似，但擁有厚壁莢膜（圖 7.2.4），詳細內容見第四篇第二章第二節。簡言之，新型隱球菌的染色體可以是單套或雙套，前者結合後成為雙套，後者能經減數分裂成為單

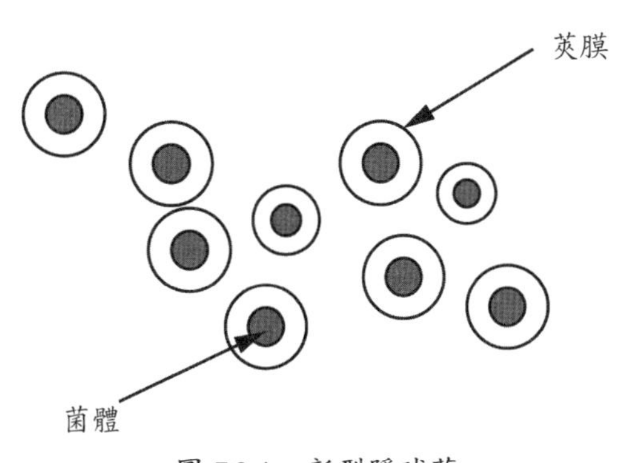

圖 7.2.4　新型隱球菌

套。新型隱球菌的莢膜使它能存活於巨噬細胞中，甚至能隨之進入腦部，引起慢性腦膜炎。

E. 麴菌 (aspergillus)：此類真菌屬於子囊菌綱，如圖 7.2.5 所示，它們普遍生存在含氧、高糖、高鹽的環境中，半數以上利用無性生殖（孢子生殖）產生後代。多數麴菌對人們有益，提供酒類、酵素、抗生素、檸檬酸等；僅少數感染人類引起疾病，例如黃麴菌 (*A. flavus*) 、薰煙麴菌 (*A. fumigatus*) ，前者分泌的黃麴毒素與肝癌的發生有關，後者則經呼吸道感染免疫功能不良者，引起過敏、肺炎、氣管炎。

(5) 寄生蟲性肺炎(parasitic pneumonia)

A. 衛氏肺吸蟲 (*Paragonimus westermani*)：一種雌雄同體（圖 7.2.6）、自體受精之蠕蟲，它專門感染貓、犬與人。其囊狀幼蟲經未煮熟之蝦、蟹或污染的食具進入人體，在小腸內脫囊後侵犯肺臟，再發育為成蟲。受精後產生之蟲卵隨痰液或糞便排出體外，進入水中發育為纖毛幼蟲，之後相繼感染第一宿主（螺螄）、第二宿主（甲殼動物），長成可感染脊椎動物之囊狀幼蟲。

B. 蛔蟲 (*Ascaris lumbricoides*)：雌雄異體之大型蠕蟲，遭其感染者累計至少 14 億以上，可謂是最為常見的寄生蟲感染源。蟲卵在潮濕土壤內繁殖為幼蟲（成熟卵）再經水、食物，或手的接觸進入人體；幼蟲在十二指腸中脫殼、孵化，接著侵犯血液。之後隨血液到達肝、心、肺，過程中雖繼續發育，但幼蟲必須由呼吸道返回胃腸道才能發育為成蟲。雌蟲與雄蟲在小腸中交配後，每日約產下 20 萬個卵，患者糞便將其排出體外，新的生活史自此開始（圖 7.2.7）。蛔蟲的雌蟲體積較大，雄蟲的尾端捲曲且有 1 對交尾刺，蟲卵由厚壁外殼包裹，因此能長時間存在環境直至孵化為止。

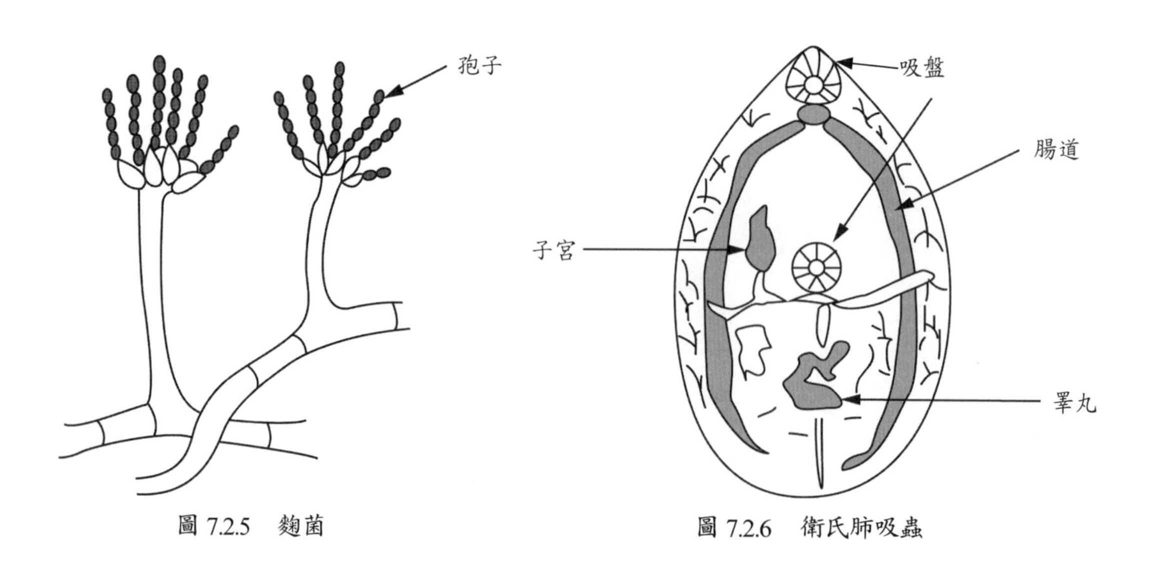

圖 7.2.5　麴菌

圖 7.2.6　衛氏肺吸蟲

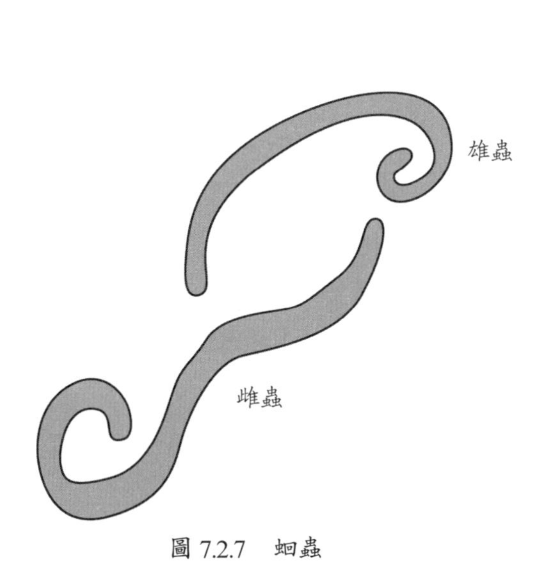

圖 7.2.7　蛔蟲

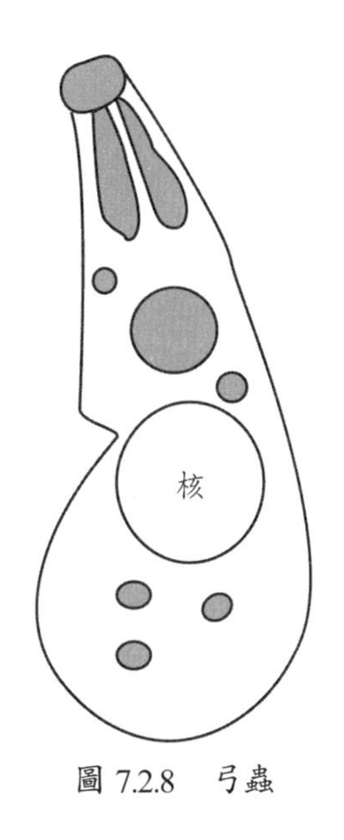

圖 7.2.8　弓蟲

C. 弓蟲 (*Toxoplasma gondii*)：弓蟲（弓型蟲）屬於寄生性原蟲，因外型似弓而得名（圖 7.2.8）。弓蟲以貓科動物為天然宿主與終宿主 (definite host)，它會利用這些動物的小腸上皮細胞進行有性生殖，產生上百萬個具厚壁之卵囊 (oocyst)。卵囊釋入腸腔後會隨貓糞排出體外，污染水、食物、土壤與物體表面，包括人類在內的溫血動物若不慎接觸或誤食即遭受感染。

對人類而言，弓蟲的傳播途徑有三，一是手的接觸、二是食入含卵囊的水與食物、三是懷孕。前二種能引起肺炎或腦炎，第三種則感染胎兒，造成死產或導致視力不良、心智發育遲緩等先天性感染症。接觸貓與處理貓砂後，應確實洗淨雙手後再進食，孕婦（尤其是懷孕三個月內的婦女）必須更為謹慎。

3.治療

(1) 細菌性肺炎

A. 肺炎鏈球菌性肺炎：九十餘型肺炎鏈球菌已對傳統治療劑 (penicillin) 產生抗藥性。它們利用染色體變異的方式，改變青黴素結合蛋白 (penicillin-binding proteins, PBP) 結構，使青黴素因無作用處而喪失殺菌能力。治療前必須對分離自患者檢體的肺炎鏈球菌進行藥物敏感性試驗，才不致延誤病情。

在臺灣，肺炎鏈球菌多感染 5 歲以下幼兒、65 歲以上老人，造成嚴重的侵入性肺炎；因此自 103 年 1 月 1 日起，1 至 2 歲幼兒可免費接種 13 價結合型肺炎鏈球菌疫苗 (pneumococcal 13-valent conjugate vaccine, PCV13)。它是一種重組蛋白型疫苗 (recombinant protein vaccine)，其成分為 1、3、4、5、6A、6B、7F、9V、14、18C、19A、19F、

23F 型肺炎鏈球菌之莢膜。此種疫苗能預防肺炎、中耳炎、腦膜炎。

B. 綠膿桿菌性肺炎：治療此症前必須以藥物敏感試驗確定可使用之抗生素。

(2) 病毒性肺炎

A. 流感病毒：amantadine、rimantadine、osetamivir、zanamivir。

B. 呼吸道細胞融合病毒、人類間質肺炎病毒：ribavirin。

C. 其他：支持療法。

(3) 眞菌性肺炎

一般使用 triazole、echinocandins，症狀嚴重時則注射 amphotericin B，但此種藥物的副作用極為嚴重，注射後需監控患者的肝、腎功能。

(4) 寄生蟲性肺炎

A. 衛氏肺吸蟲：praziquantel、bithionol，前者較為常用，後者的療效較差。

B. 蛔蟲：mebendazole、abendazole。

C. 弓蟲：首選藥品為口服型 trimethoprim-sulfamethoxazole (TMP-SMX)。

第三節　氣管炎

1.症狀

臨床上有時將氣管炎 (tracheitis) 納入急性上呼道感染症，它亦是流感後的併發症之一，多發生在嬰幼兒、老年人、吸煙者、心肺功能不佳或罹患相關疾病者。典型症狀包括發燒、咳嗽、胸痛、喉痛、痰呈黃色、呼吸困難且帶有高頻率的喘息聲，患者於治療後多能痊癒。若未獲妥善照護，病原菌極可能繼續進犯支氣管與肺臟，死亡率將向上攀升。

2.病原菌

(1) 金黃色葡萄球菌 (*Staphylococcus aureus*)：氣管炎的首要病因，其抗藥性極為普遍，並能引起休克、敗血症、器官衰竭，因此必須謹慎治療。相關敘述見本篇第一章第三節「鼻竇炎」。

(2) 肺炎鏈球菌 (*Streptococcus pneumoniae*)：此種革蘭氏陽性菌能引起多種呼吸道感染症，氣管炎為其中之一；它的特性與致病因子見本章第二節「肺炎」。

(3) 流感嗜血桿菌 (*Haemophilus influenzae*)：此菌雖無關於流感，卻能侵入流感患者的呼吸道引起病變。流感嗜血桿菌的抗藥性亦極為嚴重，選擇適當、適量抗生素為治療原則。其他相關說明見本篇第一章第六節「會厭炎」。

(4) 黏膜炎莫拉氏球菌 (*Moraxella catarrhalis*)：部分學者直譯為卡拉莫拉氏菌，它原是人類上呼吸道的常在菌，如今已被認定為病原菌。其外型、特性皆與淋病雙球菌相似，例如高營養需求、需氧性革蘭氏陰性菌。黏膜炎莫拉氏球菌擁有的致病因子包括：抗補體之脂寡醣 (lipo-oligosacchaaride, LOS)、抗吞噬之外膜蛋白 (outer membrane protein, OMP)，以及促進菌體生長之乳鐵蛋白 (lactoferrin)。

3.傳播途徑

呼吸道。

4.預防與治療

治療氣管炎時除需注意病原菌的抗藥性外，更需監控患者的病情變化；遇有重症時需改變治療方式，例如入住加護病房、靜脈注射抗生素、使用呼吸器等。

第四節 結核

1.症狀

自古埃及時代起，結核 (tuberculosis) 即開始傷害人類；由於症狀主要出現在肺臟，因此曾被稱為肺癆、癆病或肺結核。之後發現病變亦會發生在骨、皮膚、腦膜、胸膜、腎臟、子宮、胃腸道、淋巴結等肺外組織或器官，如今已較少使用「肺結核」一詞。

(1) 初期結核 (primary tuberculosis)：結核桿菌經飛沫進入肺臟，被巨噬細胞吞食後立即在其中繁殖，並誘導發炎反應，接著形成肉芽腫。肉芽腫雖能抑制結核桿菌四處擴散，卻亦保護結核桿菌逃避免疫細胞的攻擊。於此同時，結核桿菌會隨巨噬細胞進入淋巴結、造成腫大。

免疫功能健全時能壓制感染，肉芽種最終鈣化，存在其中的結核桿菌不再繁殖，臨床上稱之為潛伏性結核 (latent tuberculosis)。患者多無臨床症狀，但 5% 會在數週至數月後出現續發性結核。

必須注意的是，免疫功能不足者（尤其是細胞性免疫較差者）在初次感染後會發生粟狀結核 (miliary tuberculosis) 或瀰散型結核，患者體內的結核桿菌會直接侵入血液，再擴散全身各處，破壞肝、脾、腎、骨骼、骨髓等重要器官，死亡率為二至四成。

(2) 續發性結核 (secondary tuberculosis)：無症狀之初期結核患者在罹癌、感染愛滋病等因素的刺激下出現續發性結核。鈣化肉芽腫內的結核桿菌將再度繁殖，引起倦怠、胸痛、寒顫、咳血、食慾不佳、體重減輕、夜間盜汗、午後微燒等症狀。

2.病原菌

結核桿菌 (*Mycobacterium tuberculosis*) 屬於嗜氧菌，不具纖毛、鞭毛、莢膜等特殊構造，但細胞壁富含脂質，因此具有抗熱、抗乾燥的特性，對濕熱較為敏感；生長緩慢，平均每 18 小時分裂一次。結核桿菌在抗酸性染色 (acid- fast staining, Ziehl-Neelsen staining) 後呈現紅色，因此又被稱為抗酸菌 (acid- fast bacillus)。

結核桿菌雖無明顯的致病因子（但有學者認為是細胞壁上的索狀因子 (cord factor)），卻能帶來慢性、複雜、可復發之呼吸道感染症。它的多重抗藥性 (multi-drug resistance) 更是現今最嚴重的問題，理由是結核桿菌能經由封閉的交通工具，如飛機、捷運、高速鐵路，四處散布。值得一提的是，開放性結核 (open tuberculosis) 患者的飛沫與痰液中含有大量結核桿菌。

3.檢驗法

結核是臺灣極為嚴重的流行病，因此人們除需明瞭結核的症狀外，亦需清楚臨床上檢驗結核桿菌的方法。

(1)結核菌素試驗 (tuberculin skin test)：將定量之結核菌蛋白 (purified protein derivative, PPD) 注入皮膚，2 至 3 日後，測量注射處皮膚的紅腫硬塊；直徑大於等於 1 公分者表示曾經感染或接種過疫苗（陽性結果）。詳細說明見第六篇第五章「過敏」。值得一提的是，臺灣目前使用的結核蛋白是 PPD RT23 2TU；此外，愛滋病患、痲疹患者、使用免疫抑制者即便感染結核或接種過疫苗仍不會出現陽性結果。

(2)染色與培養 (staining and cultivation)：將痰液檢體塗抹於玻片後再進行抗酸性染色，若出現紅色桿菌可作為感染的直接證據；未出現者不可視為未感染，理由是痰中的結核桿菌過少而無法檢出。為確認計，必須將檢體接種在 Middlebrook 7H10、Middlebrook 11 或 Lowenstein-Jensen(L-J) 培養基，4 至 8 週觀察菌落。目前以 Middlebrook7H9 配合自動化液態系統培養檢體，可在 2 週內獲知結果。

(3)電腦斷層掃描 (CT scan)：染色或培養檢體呈陰性時，可進行胸部斷層掃描，偵測空洞、淋巴病變、粟狀病變；此法較傳統 X 光檢驗法更為敏感。

(4)聚合酶連鎖反應 (polymerase chain reaction, PCR)：此法能在數小時內測出結核桿菌，但抹片檢查為陰性時，靈敏度會降至五成。由此可見，聚合酶連鎖反應仍無法完全取代傳統培養法；目前改以單股 DNA 探針之核酸雜交法 (hybridizationn) 進行檢驗，靈敏度能提升至 100%。

4.傳播途徑

傷口、呼吸道、直接接觸。

5.預防與治療

(1)預防：接種卡介苗 (bacillus Calmette-Guerin, BCG) 能預防結核，其成分為活減毒牛型結核桿菌 (*Mycobacterium bovis*)。

(2)治療：結核與多種慢性呼吸道病變在症狀上相當類似，必須確認後再行治療，才能見療效。

A. 潛伏性結核：以 Iosniazid 、rifampin 或 rifapentine 治療，療程為 4 至 9 個月不等，視藥物而定。

B. 續發性結核：以四種藥物——isoniazid 、rifampin 、ethambutol 、pyrazinamide 合併治療，療程為 8 週；之後再以 isoniazid 、rifamoin 繼續治療 18 週。

第五節　嚴重急性呼吸道症候群

1.症狀

世界衛生組織將 2003 年發生在中國大陸，之後向全球擴散之非典型性肺炎命名為嚴重急性呼吸道症候群 (severe acute respiratory syndrome, SARS) ，同時將引起此症的病原菌定調為新型冠狀病毒。患者的典型症狀包括高燒（38℃以上）、頭痛、肌痛、咳嗽、腹瀉、呼吸急促困難，死亡率極高。若以胸部 X 光攝影進行偵測，可見肺部的堅實化病變，因此即便痊癒，患者的肺功能亦無法完全恢復。

2.病原菌

此症的病因是嚴重急性呼吸道症候群冠狀病毒 (SARS-coronavirus, SARS-CoV)，它是冠狀病毒科 (*Coronaviridae*) 中的一員，因此擁有正性線狀單股 RNA 、螺旋形殼體，其套膜來自內質網膜。目前認為蝙蝠是此種病毒的天然宿主。

3.傳播途徑

患者飛沫、體液或遭其污染之物體為主要傳播媒介，感染多發生近距離接觸，因此極容易在家人間、醫院內擴散，不得不慎。

4.預防與治療

流行時戴口罩，照護患者時使用 N95 口罩；確實洗手、測量體溫、減少出入人群聚集處（尤其是封閉且通風不良的公共場所）。目前對藥物的使用仍無定論，但依序以免疫球蛋白、類固醇、ribavirin 進行治療，的確可以改善病情。

第六節 中東呼吸道症候群

1.症狀

中東呼吸道症候群 (Middle East respiratory syndrome, MERS) 的感染首例出現在 2012 年的阿拉伯半島，但 2015 年的主疫區卻在韓國。兩地相隔甚遠，學界相信駱駝的口沫應是傳播媒介。其症狀與嚴重急性呼吸道症候群相似，但症狀更為嚴重，除肺部病變外尚有腎衰竭、心包炎、血管內瀰散性凝血，死亡率極高。

2.病原菌

疾病管制預防中心 (CDC) 在症狀相似的前提下，先稱其為新型 SARS 病毒，經確認後才命名為中東呼吸道症候群冠狀病毒 (Middle East respiratory syndrome coronavirus, MERS-CoV)，其特性、構造皆與 SARS-CoV 相似；但天然宿主應是單峰或雙峰駱駝。

3.傳播途徑

此症的傳播途徑仍不清楚，目前認為最可能的傳播途徑是接觸駱駝飛沫。

4.預防與治療

前往疫區洽公、旅遊、居住者必須經常洗手，避免與人近距離接觸，出入擁擠、封閉之場所時最好戴口罩。目前仍無治療劑可用。

第三章 胃腸道感染症

Gastrointestinal Tract Infections

人類胃腸道是由一條長約九公尺的彎曲管狀構造所組成，因此不屬於內臟。它起於口腔 (oral cavity)，終於肛門 (anus)，中間則有食道 (oesophagus)、胃臟 (stomach)、小腸 (small intestine)、大腸 (large intestine)，如圖所示。

小腸分為十二指腸 (duodenum)、空腸 (jejunum) 與迴腸 (illeum)，大腸則有結腸 (colon)、直腸 (rectum) 與盲腸 (caecum)。當食物進入人體後，胃酸、膽汁、胰液、腸道酵素將它們分解為可吸收的營養素、可使用的能量。

水或食物中若含有致病性微生物，它們亦會進入胃腸道，造成腸胃炎 (gastroenteritis) 與食物中毒 (food poisoning)。部分學者認為前者是微生物侵犯所致，後者則是微生物毒素引起；但此種立論較適合細菌性病原菌，對病毒、寄生蟲而言則無區別，因為兩種微生物的產毒性並不明顯。本章以「腸胃炎」綜合論之。

第一節　細菌性腸胃炎

1.症狀

嘔吐、腹瀉、腹痛是細菌性腸胃炎 (bacterial gastroenteritis) 的典型症狀，它可以出現在進食後 30 分鐘，亦可能於數小時至 3 日內發生。患者多不藥而癒，或在治療後痊癒，但嚴重者會併發菌血症 (bacteremia)、敗血症 (septicemia, sepsis)、溶血性尿毒症 (hemolytic uremic syndrome, HUS)，死亡率遠高於一般腸胃炎。值得一提的是，蛋類、海鮮、禽肉、米飯、牛奶、蔬菜、乳酪等食物若未妥善保存或適當烹煮，極容易遭受細菌性病原菌污染。

2.病原菌

(1) 大腸桿菌 (*Escherichia coli*, *E. coli*)：能迅速發酵乳糖之大腸桿菌屬於革蘭氏陰性、兼性厭氧菌，它擁有的特殊構造包括周鞭毛（H 抗原）、菌體蛋白（O 抗原）、黏膜層（K 抗原）（圖 7.3.1）。其

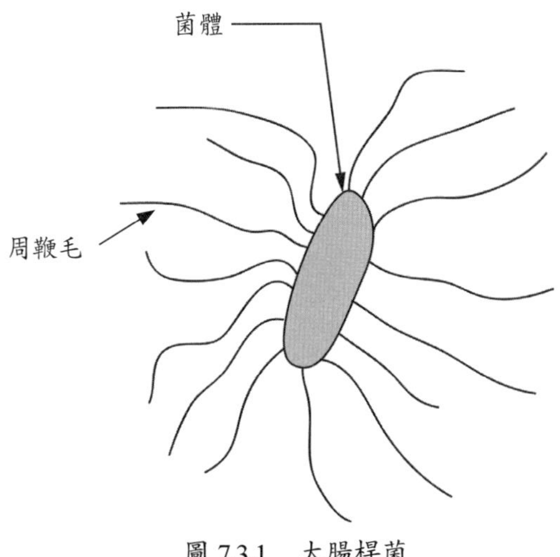

圖 7.3.1　大腸桿菌

中黏膜層的位置、功能、成分與莢膜幾乎完全相同，因此部分學者認為黏膜其實就是莢膜。

大腸桿菌計有兩大類，其一是常在菌，其二是致病菌。前者僅能感染免疫力不足者，引起伺機性感染症 (opportunistic infections)；後者能感染所有人類，依據致病因子能將它們分為以下數種。

A. 腸產毒性大腸桿菌 (enterotoxigenic *E. coli*, ETEC)：此種大腸桿菌利用菌毛吸附在小腸黏膜上，大量繁殖後釋出抗熱型腸毒素 (heat-stable enterotoxin, ST enterotoxin) 與懼熱型腸毒素 (heat-labile enterotoxin, LT enterotoxin)。兩者皆能活化腺苷環化酶(adenyl cycalse)，使 cAMP 或 cGMP 濃度上升，水、鈉離子、氯離子因此釋入腸腔中，引起旅行者腹瀉 (traveler's diarrhea) 與嬰兒腹瀉。

B. 腸出血性大腸桿菌 (enterohemorrhagic *E. coli*, EHEC)：此菌利用菌毛、類志賀毒素 (shiga-like toxin, verotoxin) 進行感染，後者能抑制宿主細胞合成蛋白質，導致腸道壞死、出血性結腸炎 (hemorrhagic colitis) 與溶血性尿毒症。值得一提的是，溶血性尿毒症能引起貧血與急性腎衰竭，患者若為兒童，死亡率將更高。

腸出血性大腸桿菌擁有多種菌株，其中以 O157:H7 最為常見，它屢屢在美、日等已開發國家造成疫情。除此之外，O104:H4 亦曾在 2011 年污染豆芽，造成許多食用者死亡。

C. 腸致病性大腸桿菌 (enteropathogenic *E. coli*, EPEC)：此菌以吸附素 (adhesin) 附著在腸道黏膜後，再利用毒素進行破壞引起病變。開發中國家的嬰兒腹瀉與此種大腸桿菌有關。

D. 腸集結性大腸桿菌 (enteroaggregative *E. coli*, EAEC)：腸集結性大腸桿菌僅能感染人類，它利用菌毛聚集在腸黏膜上，再以溶血素、抗熱型腸毒素（與腸產毒性大腸桿菌相同）引起病變。

E. 腸侵襲性大腸桿菌 (enteroinvasive *E. coli*, EIEC)：此菌主要侵犯結腸，造成發炎與穿孔，症狀與桿菌性痢疾相似（見下段說明）。

(2) 金黃色葡萄球菌 (*Staphylococcus aureus*)：金黃色葡萄球菌是腸胃炎、食物中毒的主因之一，其重要性及普遍性絕對不亞於大腸桿菌。它釋出的抗熱性腸毒素 (A, B, C, D, E, G, H, I) 能經由蛋糕、西式點心等高蛋白食品進入人體，引起噁心、腹痛、腹瀉。金黃色葡萄球菌的相關敘述見本篇第一章第三節「鼻竇炎」。

(3) 沙門氏桿菌 (*Salmonella* spp.)：此菌擁有周鞭毛與黏液層（Vi 抗原），屬於兼性厭氧型革蘭氏陰性菌；由於它能同時感染人類與動物，因此是臨床上極為重要的人畜共通病原菌 (zoonotic pathogen)。沙門氏桿菌無法發酵乳糖，但能分解硫酸亞鐵產生硫化氫。

學界曾以為沙門氏桿菌有二千餘種，但比對基因序列才發現它們其實是腸沙門

氏桿菌 (*Salmonella enterica*) 的血清型；若要改變命名恐牽涉過廣，因此仍沿用舊式分類。

A. 傷寒桿菌 (*Salmonella enterica servor typhi*, *Salmonella typhi*)：此菌吸附在小腸黏膜後被腸巨噬細胞吞食，但黏液層使它能存活其中，再隨之散布至肝、膽、脾、骨髓、皮膚等處，引起傷寒 (typhoid) 或稱腸熱症 (enteric fever)。症狀通常出現在感染後 24 小時內，初期為持續發燒、肝脾腫大、心跳減緩、白血球數降低、腹部玫瑰疹等；之後則有腹瀉、腸道潰瘍。免疫力正常者症狀較輕，不足者症狀較為嚴重且可能出現腸穿孔。

   約有 2-5% 感染者在痊癒後轉為帶原者 (carrier)，潛藏在膽囊中的傷寒桿菌會隨糞便或尿液排出體外，污染飲水、蔬菜、水果、貝類（尤其是牡蠣），繼續感染其他人。值得注意的是，患者若有膽結石，或再感染血吸蟲，成為慢性帶原的機率將升高。

B. 副傷寒桿菌 (*Salmonella enterica serovar paratyphi*, *Salmonella paratyphi*)：副傷寒桿菌可分為 A、B、C 三型，A 型為副傷寒 (paratyphoid) 主因。副傷寒的症狀與傷寒相似，但較輕、較緩和。傷寒桿菌與 A 型副傷寒桿菌僅能感染人類。

C. 鼠傷寒桿菌 (*Salmonella typhimurium*)、豬霍亂桿菌 (*Salmonella choleraesuis*)：感染時，兩種病原菌先吸附在迴腸、結腸黏膜，繁殖後釋出的毒素能刺激細胞製造大量 cAMP，使水分、鈉離子、氯離子釋入腸腔引起腹瀉、發燒、噁心、嘔吐。

(4) 志賀氏桿菌 (*Shigella* spp.)：菌名帶著東方味的志賀氏桿菌是桿菌性痢疾 (bacillary dysentery) 的元兇，根據致病能力將其分為四種亞群，如表 7.3.1 所示。

   志賀氏桿菌為兼性厭氧型革蘭氏陰性菌，不具周鞭毛、無法發酵乳糖。它擁有兩種致病因子，入侵蛋白 (invasive protein) 與志賀毒素 (shiga toxin)。前者由質體製造，能侵犯迴腸、結腸黏膜，誘導病變發生；後者能抑制宿主細胞合成蛋白質，造成組織壞死。典型症狀包括發燒、噁心、嘔吐、水瀉、腹部絞痛、裏急後重 (rectal tenesmus) 等。糞

表 7.3.1

亞群	菌名	致病力
A	痢疾志賀氏桿菌 (*Shigella dysenteriae*)	最強，僅需 10 至 100 隻細菌即能感染人類，引起症狀
B	痢疾志賀氏桿菌 (*Shigella flexneri*)	次強，曾在臺灣引起區域性疫情
C	鮑氏志賀氏桿菌 (*Shigella boydii*)	次弱，曾流行臺灣
D	宋內氏志賀氏桿菌 (*Shigella sonnei*)	最弱

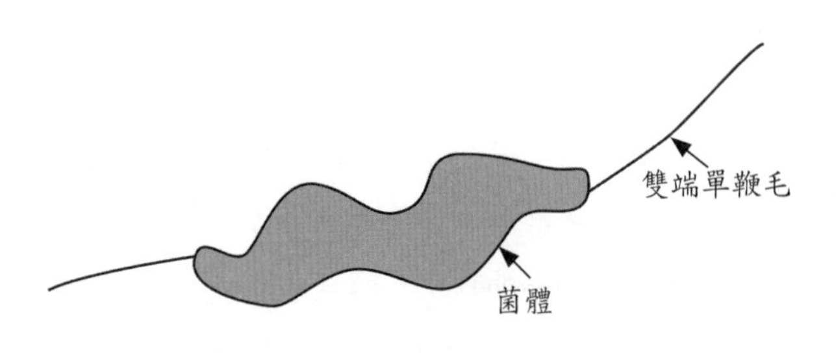

圖 7.3.2 曲狀桿菌

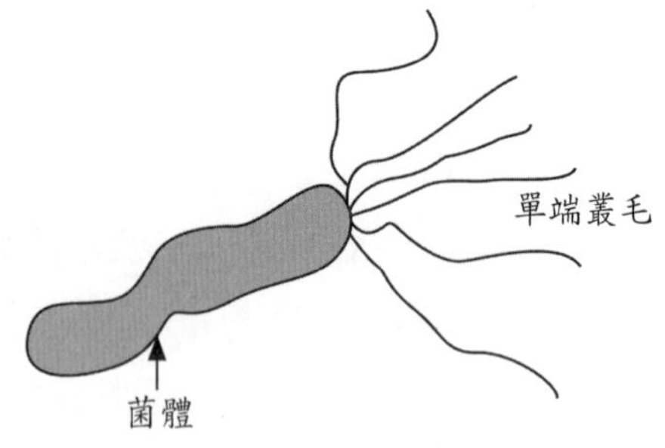

圖 7.3.3 幽門螺旋桿菌

便中若有血液、黏膜即為赤痢（血痢），裏急後重是痢疾的特有病徵，意指患者雖有排便感卻無法解便。

補充水分與電解質後感染者多能痊癒且無後遺症，但免疫力不足者恐出現溶血性尿毒症，因此除給予適當適量的抗生素外，照護亦應格外謹慎。

(5) 曲狀桿菌屬 (*Campylobacter* spp.)：具運動性之曲狀桿菌擁有單端或雙端單鞭毛，如圖 7.3.2 所示。它是一種微需氧型革蘭氏陰性菌，外型呈一或多個螺旋狀，最佳生長溫度為 42 至 45℃，繁殖時必須使用血液瓊脂培養基。此群細菌主要存在禽類與哺乳動物體內，人類多是飲用遭污染的水、乳汁，食入未煮熟的肉品（尤其是禽肉）或直接接觸病獸而感染。曲狀桿菌屬中最常感染人類的是空腸曲狀桿菌 (*Campylobacter jejuni*) 、胎兒曲狀桿菌 (*Campylobacter fetus*)。

目前對它們的致病機轉仍不清楚，僅知它們能侵犯小腸黏膜，引起急性結腸炎。感染者會出現發燒、肌痛、腹瀉、腹痛，症狀能持續數日，腹瀉趨緩後可痊癒；若屬免疫不全之重症者，會出現敗血症、腹膜炎、腦膜炎、關節炎、肝腫大等，因此必須接受治療。

(6) 幽門螺旋桿菌 (*Helicobacter pylori*)：此菌在微生物史上享有重要地位，它的發現不僅改寫消化性潰瘍病因，更改變潰瘍的治療方式。由於幽門螺旋桿菌能在 5% 含氧量中生長且擁有單端叢毛，因此曾被納入曲狀桿菌屬（圖 7.3.3）。

幽門螺旋桿菌藉水、食物、醫療器械入侵人體，到達胃臟後立即以細胞壁的外膜蛋白（outer membrane protein，致病因子 1）吸附在上皮細胞。接著在單端叢毛（致病因子 2）的保護下快速鑽入胃壁，繼而釋出尿素酶（uriase，致病因子 3），它能將尿素分解為氨與二氧化碳；前者可以中和胃酸，使幽門螺旋桿菌獲得適合生長之中性環境，之後即開始大量繁殖並製造空泡毒素（vacuolating toxin，致病因子 4），它會破壞黏膜、導致空泡化。

胃壁與腸壁在上述致病因子的反覆作用下出現發炎反應，久而久之便衍成慢性胃炎 (chronic gastritis) 、胃潰瘍 (peptic ulcer, gastric ulcer) 、十二指腸潰瘍 (duodenal ulcer)，有些甚至發展為胃癌

(gastric carcinoma)。

臺灣感染幽門螺旋桿菌的比例超過60%，八成的消化性潰瘍因其而起，胃癌患者中半數以上曾感染過此菌，這些數據使得「幽門螺旋桿菌檢驗」成為臨床上極為重要的工作，因此不得不知。目前使用的鑑定方法計有以下四種：

A. 培養胃鏡採集之檢體；

B. 對胃切片進行染色，再檢查組織病變；

C. 血清學法：檢測患者糞便中的菌體抗原、血清中的特異性抗體；

D. 尿素呼氣試驗法 (urea breath test, UBT)：令待測者喝下含同位素之尿素，若呼出的二氧化碳中存在 C^{13} 或 C^{14} 即表示感染。

(7) 霍亂弧菌 (*Virbio cholerae*)：僅能生長在鹼性環境的霍亂弧菌擁有單端單鞭毛，如圖 7.3.4 所示。它屬於兼性厭氧型革蘭氏陰性菌，無法發酵乳糖，致病因子包括菌毛與毒素。

A. 菌毛：霍亂弧菌進入人體後，能在胃酸作用下繼續存活者會利用菌毛吸附在小腸黏膜，迅速繁殖並分泌毒素。

B. 霍亂毒素 (cholera toxin)：蛋白質組成之 AB 毒素，A 部分與小腸黏膜接受器結合後，B 部分立即進入小腸細胞內活化腺苷環化酶 (adenyl cycalse)，導致 cAMP 濃度上升，水、鈉離子、氯離子因無法再吸收而釋入腸腔中，引起米湯樣腹瀉 (rice water stool)。若未接受及時治療，患者可能出現酸中毒，死亡率偏高。

(8) 腸炎弧菌 (*Vibrio parahaemolyticus*)：此菌亦稱副溶血性弧菌，其構造、特性皆與霍亂弧菌相似，但它僅能生長於海水中，因此具有嗜鹽性。腸炎弧菌主要藉蝦、魚、貝等海鮮感染人類，然其致病因子為何？學界目前仍不清楚。

(9) 蠟狀桿菌 (*Bacillus cereus*)：蠟狀桿菌又名仙人掌桿菌，它是一種在土壤中繁殖的革蘭氏陽性菌，因此能附著在植物上。蠟狀桿菌擁有對抗不良環境之內生性芽胞，見圖 7.3.5。當它隨著肉、蔬菜、米類製品進入人體後，立即發育為繁殖體，快速分裂後釋出腸毒素 (enterotoxin)、溶血素 (hemolysin)、細胞毒素

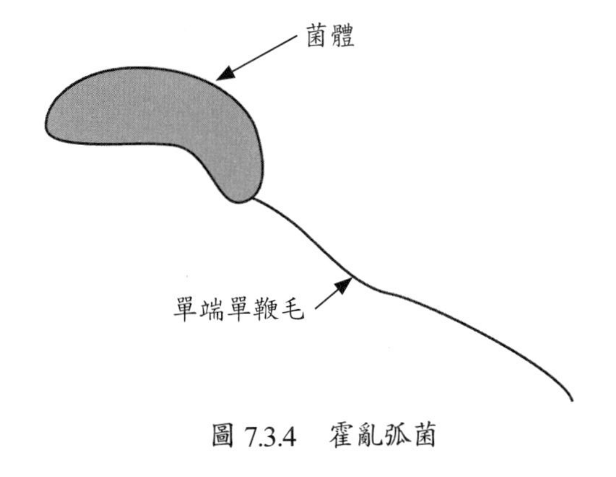

圖 7.3.4　霍亂弧菌

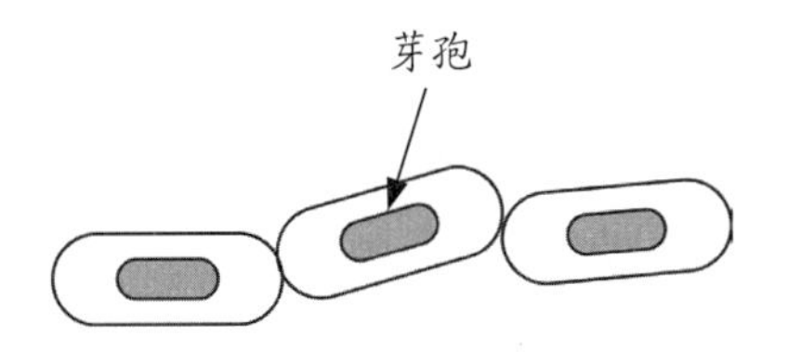

圖 7.3.5　蠟狀桿菌

(cytotoxin)；三種外毒素聯合破壞腸道細胞，引起嘔吐型或腹瀉型食物中毒。

(10)困難梭狀芽胞桿菌(*Clostridium difficile*)：人類腸道中存有少量困難梭狀芽胞桿菌，它擁有芽胞與周鞭毛，屬於厭氧型革蘭氏陽性菌。當個體免疫力降低或口服抗生素（尤其是clindamycin）時，困難梭狀芽胞桿菌會大量繁殖，釋出腸毒素、細胞毒素破壞腸道細胞，導致偽膜性腸炎、或稱抗生素相關性偽膜性結腸炎(antibiotic-associated pseudomembraneous colitis)。它藉著患者糞便傳播，因此處理排泄物時應審慎，以免發生院內感染；除此之外，困難梭狀芽胞桿菌多具有抗藥性，治療時必須選擇適當藥物。

3.預防與治療

細菌性腸胃道感染症通常在補充水分與電解質後緩解，症狀嚴重者需以抗生素治療；由於多數病原菌具抗藥性，因此必須在藥物敏感性試驗後，再決定抗生素的種類與劑量。霍亂、消化性潰瘍、偽膜性腸炎的處理較為複雜，說明如下。

(1)霍亂：此症能使患者喪失大量水分，因此先以口服或靜脈注射為患者進行復水(rehydration)，之後再視症狀給予藥物。輕者僅需補充水分，中至重度者需以doxycycline 治療；患者若為孕婦、嬰幼兒，必須改用 azithromycin 、erythromycin 或 chloramphenicol 。

(2)消化性潰瘍

A. 三合一療法：質子幫浦抑制劑（制酸劑，omeprazole 、pantoprazole 、rabeprazole）合併兩種抗生素 (amoxicillin, clametronidazole, clarithromycin) 治療，療程為 1 至 2 週。幽門螺旋桿菌已有抗藥性，例如對 clarithromycin 具抗性者需改以 levofloxacin 治療。

B. 四合一療法：此法是在三合一療法中添加 bithmus subsalicylate ，它具有殺菌、制酸、抗發炎等多重作用，能提高治療效果。

(3)偽膜性結腸炎：患者需持續口服 vancomycin 或靜脈注射 metronidazole 達 10 至 14 日之久。由於療程較長，恐誘導病患體內的腸球菌產生對抗 vancomycin 的能力，增加治療的困難度，因此臨床上多選用 metronidazole 。

第二節　病毒性腸胃炎

1.症狀

大抵而言，病毒性腸胃炎 (viral gastroenteritis) 的症狀較為單純，如腹瀉、嘔吐、發燒、頭痛、胃痛等；它的潛伏期約 1 至 2 日，感染時病毒會利用殼體或套膜上的醣蛋白與小腸細胞接受器結合，再進入細胞內繁殖；絨毛因遭受破壞而縮短，無法進行再吸收，最後出現症狀。特異性抗體產生後，病毒不再繁殖，新絨毛長出、取代受創絨毛，一切恢復正常，症狀亦消失。新生兒、嬰幼兒、老年人、失能者、愛滋病患除補充水分、電解質外，有時需住院接受治療。

2.病原菌

(1) 嬰幼兒腹瀉

A. 輪狀病毒 (rotavirus)：全球每年約五百萬名嬰幼兒發生腹瀉，他們多是感染輪狀病毒所致。此種病毒屬於呼腸病毒科 (*Reoviridae*)，在電子顯微鏡下呈現輪狀而得名。它缺乏套膜，卻擁有蛋白質組成之外殼體 (outer capsid)、中殼體 (middle capsid)、與內殼體 (inner capsid)，如圖 7.3.6 所示。基因體由 11 條線狀雙股 RNA 組成，因此在感染過程中容易與他型輪狀病毒發生重組，其結果會改變病毒的抗原，最後產生新型病毒。

輪狀病毒有七群 (A, B, C, D, E, F, G)，其中 A 群最常出現在幼兒園與托嬰中心，它能經由教師、看護者的手，以及處理不當之尿片散播，引起集體感染。

B. 腺病毒 (adenovirus)：已知的血清型計有四十一種，其中 30、40 與 41 型能感染嬰幼兒，引起嚴重腹瀉，因此在小兒胃腸道感染的重要性僅次於輪狀病毒。其他相關說明見本篇第一章第一節「傷風」。

(2) 其他年齡層

A. 星狀病毒 (astrovirus)：引起腹瀉的病毒多無套膜，此種病毒亦然。它屬於星狀病毒科 (*Astroviridae*)，因此擁有二十面殼體與線狀正性單股 RNA（圖 7.3.7）。

B. 杯狀病毒科 (*Caliciviridae*)：此病毒科的所有成員均能引起腸胃炎，例如諾羅病毒 (Norovirus) 、諾克病毒 (Norwalk virus)、類諾克病毒 (Norwalk-like virus)、沙波病毒 (Sapovirus) ，它們因著發現地點而命名。這些病毒擁有線狀正性單股 RNA 與二十面殼體。繁殖過程中，病毒的基因體會先轉譯為多蛋白，再切割為數個單一蛋白，接著參與病毒 RNA 複製。

C. 冠狀病毒 (coronavoris)：相關說明見本篇第一章第一節「傷風」。

3.傳播途徑

遭污染的飲水、食物、果汁。

4.預防與治療

隨時補充水分，避免感染者脫水，症狀會逐漸緩解；絕對不可使用抗生素，因

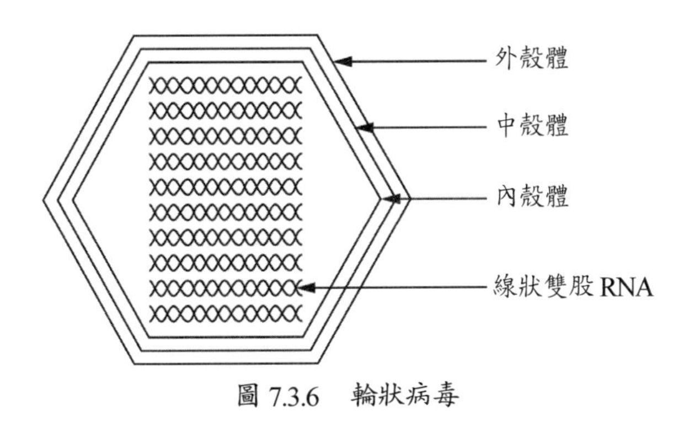

圖 7.3.6　輪狀病毒

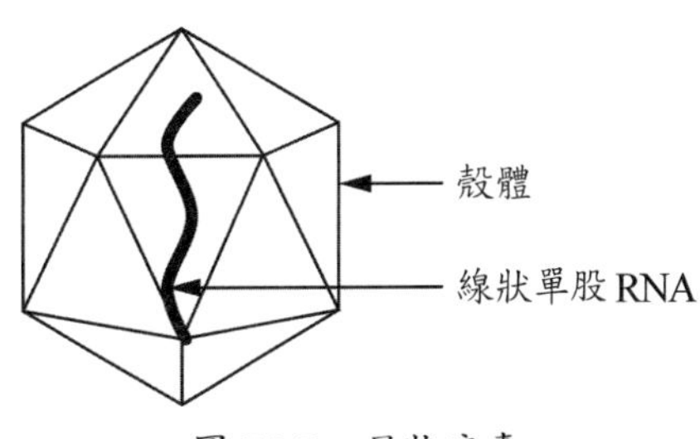

圖 7.3.7　星狀病毒

它對病毒性腸胃炎無效。嚴重者需住院治療。

第三節 寄生蟲性腸胃炎

1.原蟲性腸胃炎

(1) 病原菌

A. 痢疾阿米巴 (*Entamoeba histolytica*)：部分學者稱之為溶組織阿米巴。它屬於厭氧性原蟲，生活史中出現兩種外形，一是負責繁殖的營養體 (trophozoit)，二是具厚壁、能對長存環境的囊體 (cyst)，它會隨著飲水進入人體，接著在腸道內脫殼成為營養體。營養體會侵犯組織引起病變，之後轉形為囊體，再由患者的糞便排出體外。痢疾阿米巴全球皆有，但衛生環境較差的地區容易出現疫情。

B. 梨形鞭毛蟲 (*Giardia lamblia*)：此種原蟲生長在厭氧環境中，擁有厚壁的囊體具抗氯特性，因此能長時間存在水域中，感染露營者、背包客及進行水上活動者。它的生活史與痢疾阿米巴極為類似，囊體進入人體後成為營養體（圖 7.3.8），後者吸附腸道上皮細胞繁殖，再行破壞，病變處僅出現在腸道。值得注意的是，梨形鞭毛蟲亦能經由性行為感染人類。

C. 大腸纖毛蟲 (*Balantidium coli*)：大腸纖毛蟲亦有囊體與營養體，後者的細胞質內存在大核與小核，如圖 7.3.9 所示。囊體隨著水與食物進入人體，轉形為營養體，分裂後再成為囊體。除人類外，大腸纖毛蟲尚能感染豬、鼠等哺乳動物。

D. 微隱孢子蟲 (*Cryptosporidium parvum*)：此種原蟲的卵囊（oocyst ，圖 7.3.10）不僅能對抗極熱、極寒與酸鹼變化，亦具有感染力。根據估算，132 個囊體即可造成病變。水或食物將卵囊帶入人體後立即脫去外殼成為孢子體、再轉形為營養體，經過複雜的有性與無性生殖後形成卵囊，它們會隨著患者糞便排入水中。微隱孢子蟲對免疫力不足者的危害

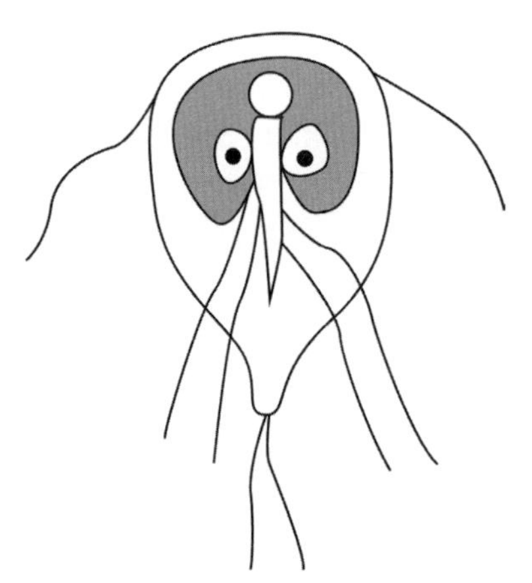

圖 7.3.8 梨形鞭毛蟲

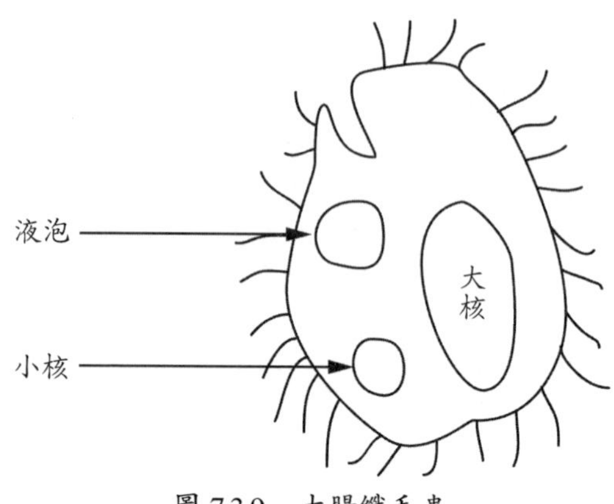

圖 7.3.9 大腸纖毛蟲

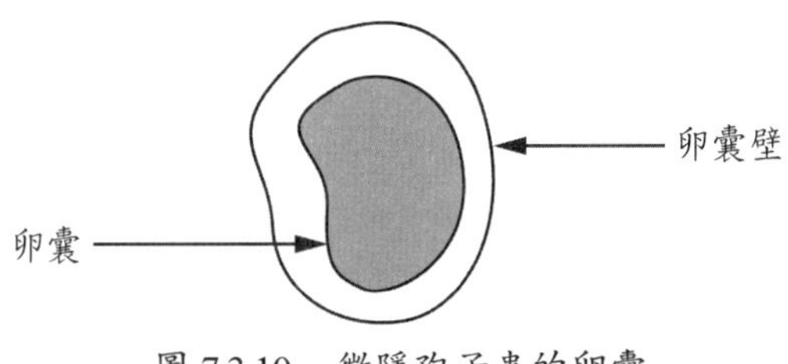

圖 7.3.10　微隱孢子蟲的卵囊

表 7.3.2

蠕蟲	症狀	傳播途徑	治療
痢疾阿米巴	血痢、肝膿瘍、腸道發炎	水	chloroquine iodoquinol metronidazole
梨形鞭毛蟲	腸道不適、免疫球蛋白降低減	水、性行爲	mebendazole metronidazole
大腸纖毛蟲	急性腹瀉（20 分鐘／次）、糞便帶血、腸道發炎或穿孔	水、食物	iodoquinol metronidazole tetracycline
微隱孢子蟲	通常無症狀，免疫力不足者若感染可能出現嚴重急性腹瀉，每日會流失 10-15 公升水分	水	Nitazoxanide

居所有原蟲之冠，因此這些人必須將水完全煮沸後才能飲用。

(2) 症狀、傳播途徑、治療

見表 7.3.2。

2.蠕蟲性腸胃炎

(1) 病原菌

A. 蛔蟲 (*Ascaris lumbricoides*)：此種大形線蟲屬於雌雄異體，雌蟲大於雄蟲，蟲卵由原壁包裹；其他相關敘述見本篇第二章第二節「肺炎」。

B. 蟯蟲 (*Enterobius vermicularis*)：蟯蟲的體形小而細長，似大頭針；雌蟲在夜間會爬行至肛門口產卵。患者抓癢時，蟲卵便沾上其手指與指縫中，之後再隨食物進入體內，引起自體感染 (autoinfection)。蟯蟲亦能附著在被褥、衣服上，因此極容易在家庭、幼兒園內擴散。

C. 美洲鉤蟲 (*Necarter americanus*)、十二指腸鉤蟲 (*Ancyclostoma duodenale*)：兩種鉤蟲的外形極為相似，但前者較大；雄蟲比雌蟲小，其尾部有交尾囊。蟲體的前端具鉤能吸附在小腸上獲取養分與血液。成蟲交配後產生的蟲卵隨患者的糞便進入土中，孵化為幼蟲後再鑽進皮膚引起感染。

D. 鞭蟲 (Trichu*lis trichiura*)：此種線蟲因外

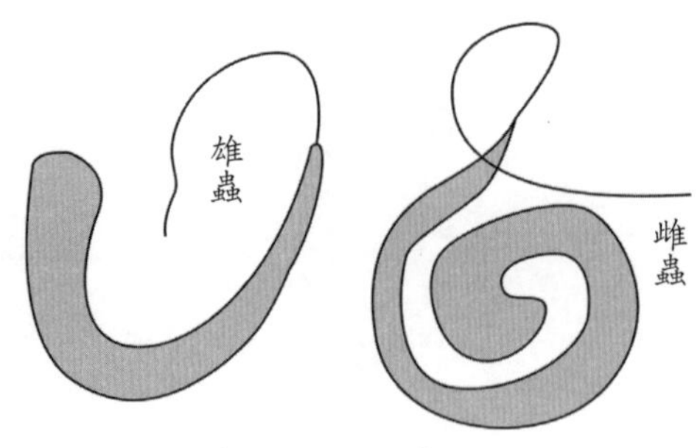

圖 7.3.11 鞭蟲

形如鞭而得名，其前端細長、尾部粗大（圖 7.3.11），雄蟲擁有交尾刺；雌蟲與雄蟲交配後產生的蟲卵進入土壤後發育為胚卵。兒童在含有胚卵的沙土上玩耍後，未洗淨雙手即進食，胚卵便趁機進入其體內，之後在小腸中相繼發育為幼蟲與成蟲。

E. 薑片蟲 (*Fasciolopsis buski*)：最大的人類腸吸蟲，外形似薄切之薑片；蟲體內存在卵巢與睪丸，因此屬於雌雄同體。蟲卵孵化為感染性幼蟲的過程中，需要螺類、水中植物的參與。人類若食入未煮熟且含有薑片蟲之荸薺、茭白筍，即遭受感染。

F. 條蟲 (tapeworm, cestode)：此類蠕蟲是所有寄生蟲中構造最複雜者，體長由數毫米至數米；頭節、頸部、體節是它們的基本結構，節片內的雌性與雄性生殖系統極為發達。同體受精後產生的蟲卵若進入動物體內即孵化為幼蟲，人類若食入未煮熟的肉類便遭受感染。詳細說明見第五篇第二章「蠕蟲」。

感染人類的條蟲有多數種，本段僅介紹與腸胃炎有關之有鉤條蟲、無鉤條蟲與廣節裂頭條蟲。

(a) 有鉤條蟲 (*Taenia solium*)：亦稱豬肉條蟲，頭節有鉤與吸盤，體長 2-3 公尺，節片近 900。豬是它的中間宿主，人類是它的終宿主。未煮熟的豬肉是有鉤條蟲的感染媒介之一。

(b) 無鉤條蟲 (*Taenia soginata*)：亦稱牛肉條蟲，頭節有吸盤，但無鉤；體長約 4-10 公尺，節片近 2000。其致病能力比有鉤條蟲低，牛、人分別是它的中間宿主與終宿主，因此食入未煮熟的牛肉，感染無鉤條蟲的機率會上升。

(c) 廣節裂頭條蟲 (Diphy*llobothrium latum*)：亦稱魚肉條蟲，頭節有鉤與吸盤，節片約 3000-4000，長度為 3-10 公尺。魚是此種條蟲的中間宿主，人是它的終宿主；經常食用生魚片或未煮熟魚肉者，感染廣節裂頭條蟲的比例將高於一般人。

(2) 症狀、傳播途徑、治療

見表 7.3.3 所示。

表 7.3.3

蠕蟲	症狀	傳播途徑	治療
蛔蟲	噁心、嘔吐、腹瀉、便秘，蟲數多時可能引起腸道發炎、穿孔或阻塞	水、食物	mebendazole piperazine citate pyrantel pamote
蟯蟲	便秘、腹瀉、盲腸發炎	水、食物	mebendazole pyrantel pamote
美洲鉤蟲 十二指腸鉤蟲	噁心、嘔吐、腹瀉、便秘、腸道出血	皮膚	mebendazole pyrantel pamote
鞭蟲	多無症狀，嚴重者出現血痢、脫肛、缺鐵性貧血等	水、食物	mebendazole oxantel pyrantel pamote
薑片蟲	成蟲數目眾多時會引起發炎、腹瀉、貧血等症狀	荸薺、茭白筍	Praziquantel
有鉤條蟲	噁心、腹痛、失明、神經病變	豬肉	albendazole niclosamide praziquantel
無鉤條蟲	腸道病變僅在蟲數眾多時發生，患者多無症狀	牛肉	niclosamide praziquantel
廣節裂頭條蟲	腸道病變、維生素 B_{12} 不足	魚	niclosamide praziquantel

第四章 病毒性肝炎

Viral Hepatitis

俗稱國病之「肝炎」的病因極多，如酒精、藥物、過勞、中毒、脂肪堆積、微生物感染、自體免疫疾病等；因篇幅有限，本章僅聚焦在引起肝炎的六種病毒：A、B、C、D、E、G 型肝炎病毒。除此之外，EB 病毒、黃病毒、單純疱疹病毒、巨細胞病毒亦能引起肝臟發炎。

肝炎檢驗是臨床上極為重要的工作，由於至今仍無法培養肝炎病毒，因此必須藉助肝功能指數 (liver function index)、血清學法 (serological method)。前者是偵測患者血中的天冬胺酸基轉移酶 (aspartate aminotransferase, AST)、丙胺酸基轉移酶 (alanine transferase, ALT) 的濃度；數值愈高者，酵素濃度愈高，肝功能愈差。血清學法能檢驗患者血清中的特異性抗原與抗體，因此用於確認感染源。A 型與 E 型肝炎病毒經胃腸道感染，餘者由輸血、生產、懷孕、性行為與共用針頭傳播。

第一節　A 型肝炎

1.症狀

此種肝炎的潛伏期約 4 週，其症狀來自病毒和免疫細胞、免疫因子作用的結果；因此 A 型肝炎病毒不會直接破壞感染者的肝臟。患者若為成人，會出現倦怠、高燒、嘔吐、黃疸、食慾不佳、尿液色深等症狀；未獲審慎照護，可能轉為死亡率極高之猛爆型肝炎。凡得過 A 型肝炎者，必定擁有以下特徵：(1) 產生特異性 IgG，未來不再感染同型肝炎；(2) 症狀可以痊癒，不會轉為慢性肝炎、肝硬化、肝癌；(3) 肝臟中的 A 型肝炎病毒能被完全清除，因此不會成為帶原者 (carrier)。

2.病原菌

A 型肝炎病毒 (hepatitis A virus, HAV) 屬於微小 RNA 病毒科 (*Picornaviridae*)，其舊名為腸病毒 72 型，如今被納入肝炎病毒屬。A 型肝炎病毒無套膜，擁有二十面殼體與線狀正性單股 RNA（圖 7.4.1），能長時間存在水中、堆肥內。當它進入肝細胞後，立即轉譯出多蛋白，經宿主與病毒的蛋白酶切割後成為功能蛋白及構造蛋白；前者參與 RNA 複製，後者組成醣蛋白與殼體。

3.傳播途徑

病毒隨患者的膽汁、糞便排出體外污

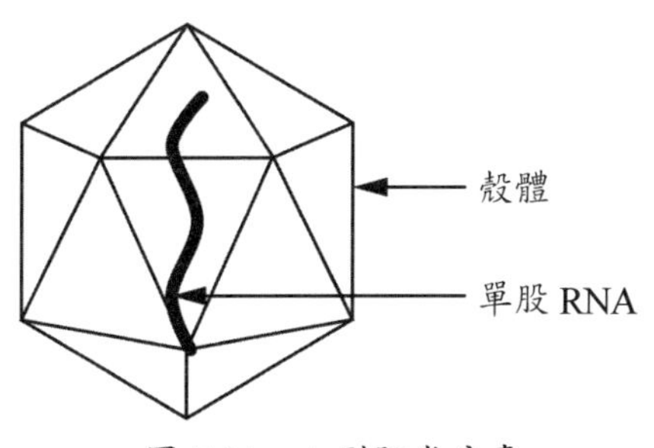

圖 7.4.1　A 型肝炎病毒

染水源、海鮮（尤其是貝類），誤食後即遭受感染。由於 A 型肝炎病毒在感染過程中會進入血液，因此能感染濫用藥物者，但極為罕見。

4.預防與治療

吃熟食、接種 A 型肝炎疫苗（非活性疫苗，inactivated vaccine）均能有效預防感染。值得提醒的是，數十年來臺灣未出現 A 型肝炎疫情，因此人們的血清中多無保護性抗體 IgG。若要前往中國、印度或東南亞等地旅遊或洽公，除需注意飲食安全外，亦可於行前注射疫苗，以產生主動免疫。

廚房、下水道、汙水處理廠、醫院（尤其是兒童醫院）的工作人員，接觸 A 型肝炎病毒的機率較其他人高出許多，應注射疫苗以預防感染。

5.臨床檢驗

感染 A 型肝炎病毒後免疫系統會先後產生兩種抗體，anti-HAV IgM 與 anti-HAV IgG；前者是急性感染期的指標，後者則顯示患者已進入痊癒期。

第二節　B 型肝炎

1.症狀

B 型肝炎的潛伏期長達 3 個月以上，因此曾被稱為長潛伏期性肝炎，目前則極少使用。其症狀、致病機轉雖類似於 A 型肝炎，卻更為複雜。急性肝炎、慢性肝炎、猛爆性肝炎、慢性活動性肝炎、帶原、肝硬化、肝癌等皆與 B 型肝炎病毒的感染有關。

(1) 急性肝炎 (acute hepatitis)：此種肝炎多發生在成人與青少年，肝功能指數為正常值的十數倍，之後緩緩下降。患者的免疫系統在感染後 6 個月內產生特異性抗體 (anti-HBs)，症狀亦逐漸緩解，因此不會轉為慢性肝炎、肝硬化或肝癌。

(2) 慢性肝炎 (chronic hepatitis)：感染 B 型肝炎後 6 個月內，肝功能指數若未降至正常值，且患者體內無保護性抗體 (anti-HBs) 者，即謂之慢性肝炎。組織因持續遭受破壞而出現纖維化、肝硬化，其中約 5% 會衍生為肝癌。

(3) 猛爆型肝炎 (fulminant hepatitis)：B 型肝炎病毒的快速攻擊，致使肝細胞在 2 周內大量壞死，九成患者因此喪失生命。除病毒外，藥物與毒素亦能引起猛爆型肝炎。

(4) 慢性活動性肝炎 (chronic active hepatitis, CAH)：此症具有慢性肝炎的基本特徵，例如組織纖維化、肝功能指數居高不下、無保護性抗體等。患者若出現黃疸與腹水，必須及時處理，否則可能轉為猛爆型肝炎。

(5) 帶原 (carrier)：年齡愈小、免疫功能愈低者，清除肝臟中 B 型肝炎病毒的能力愈差，因此新生兒帶原率最高，近九成；5 歲以下嬰幼兒帶原率為 25-50%，成人則僅有 5%。

2.病原菌

B 型肝炎病毒 (hepatitis B virus, HBV)

屬於肝 DNA 病毒科 (*Hepadnaviridae*)，它擁有三種外型，絲狀體、球狀體與鄧氏顆粒。

(1) 病毒顆粒

A. 鄧氏顆粒 (Dane particle)：擁有感染力之 B 型肝炎病毒，其直徑約 42nm，如圖 7.4.2 所示。它擁有套膜、核酸與二十面殼體，套膜來自宿主細胞之內質網膜，核酸由不完全雙股 DNA(partial double-stranded DNA) 組成，核酸和聚合酶 (DNA polymerase)/ 反轉錄酶 (reverse transcriptase) 共價結合，兩種酵素先將核酸轉錄為前基因體 RNA(pregenomic RNA)，再將其反轉錄為不完全雙股 DNA。

B. 絲狀顆粒 (filamentous particle)：表面抗原聚集而成之細長型結構，不具感染力，亦無繁殖能力。直徑約 20 nm，但長度不一。

C. 球狀顆粒 (spherical particle)：表面抗原聚集而成之球型結構，直徑約 20 nm。無感染力、無繁殖能力。

(2) 病毒蛋白 (viral protein)

A. 表面抗原 (hepatitis B surface antigen, HBsAg, Australian antigen)：存在套膜上，它是由大 (L-HBsAg)、中 (M-HBsAg)、小 (S-HBsAg) 三種醣蛋白組成，見圖 7.4.2。B 型肝炎疫苗的成分即是表面抗原，個體施打後可以產生特異性抗體 (anti-HBs)，它能對抗同型病毒的再度感染，因此亦稱保護性抗體。目前使用之疫苗產自酵母菌，約有 1 成接種者無感受性，不會產生表面抗體。

B. 核心抗原 (hepatitis B core antigen, HBcAg)：此種蛋白質組成二十面殼體，凡感染 B 型肝炎病毒者，包括帶原者，急性肝炎、慢性肝炎、猛爆性肝炎等，皆會產生核心抗體 (anti-HBc)，因此它是曾經感染過 B 型肝炎的印記。

C. 隱藏性抗原 (hepatitis B e antigen,

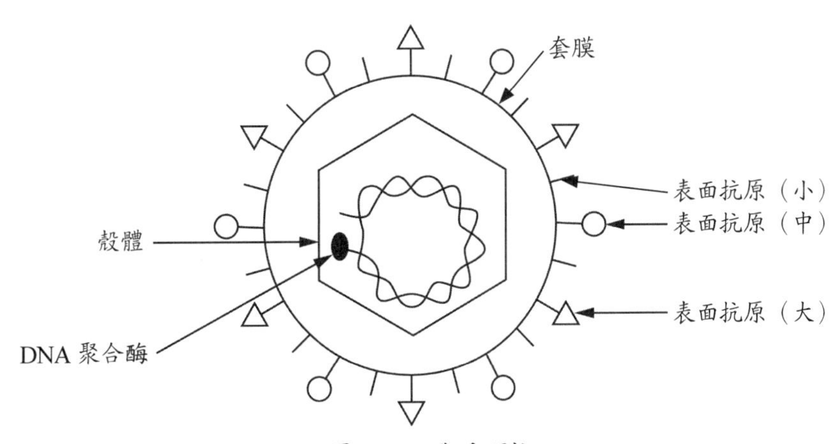

圖 7.4.2　鄧氏顆粒

HBeAg)：由可溶性蛋白質組成，存在殼體內，它與 B 型肝炎病毒的感染最為密切。當患者血清內出現此種抗原時，表示肝臟、血液與體液中含有大量 B 型肝炎病毒，因此極容易感染他人。臨床數據顯示孕婦生產前後若出現 HBeAg，新生兒感染 B 型肝炎的機率將高達 95%。

隱藏性抗原消失之際便是 e 抗體 (anti-HBe) 出現之時，肝中的 B 型肝炎病毒繁殖趨緩甚至終止，感染他人的能力亦隨之減弱。正常情況下，HBeAg 與 anti-HBe 存在血清中的時間極短；但若 HBeAg 存在時間延長便成為臨床所謂的「e 帶原」。

(3) 血清型(serotypes)

利用表面抗原的蛋白質組成，將 B 型肝炎病毒分為 4 種亞型 (adr, adw, ayr, ayw)，其中 adw 亞型引起的肝炎主要發生在臺灣。

(4) 基因型(genotype)

學理上根據基因體的核苷酸組成與排列順序將 B 型肝炎病毒分為八型 (A-H)，其中 A、E、G、H 型無亞型，B 型有五種亞型(B1-B5)，C 型有四種亞型(C1-C4)，D 型有八種亞型 (D1-D8)，F 型有兩種亞型 (F1, F2)。

3.傳播途徑

B 型肝炎病毒的傳播途徑可分為兩大類：(1) 垂直傳染 (vertical transmission)：病毒經胎盤、產道進入胎兒與新生兒體內，近五成的帶原與此有關；(2) 水平傳染 (horizantal transmission)：病毒經血液、體液與黏膜入侵人體，因此輸血、性行為、共用牙刷或共用針頭為主要傳播途徑。共用針頭之廣義解釋應包括紋眉、刺青、鑽耳洞、使用毒品等。值得一提的是，e 帶原者的唾液中含有高濃度病毒，因此亦可以成為傳播媒介。

4.預防與治療

(1) 預防

A. 一般新生兒接種 B 型肝炎疫苗，帶原孕婦產下的新生兒需在出生後 24 小時內注射 B 型肝炎免疫球蛋白 (hepatitis B immunoglobulin, HBIG)，之後再接種疫苗。
B. 安全性行為，不與他人共用針頭、牙刷、刮鬍刀亦能有效預防。

(2) 治療

干擾素 (interferon-α)、反轉錄酶抑制劑 (lamivudine, adefovir, entecavir, telbivudine, tenofovir)。

5.臨床檢驗

B 型肝炎的檢驗較其他肝炎病毒複雜，因此以表 7.4.1 綜合論之。

表 7.4.1　血清學檢驗結果與臨床意義

感染	HBsAg	HBeAg	Anti-HBs	Anti-Hbe	Anti-HBc
未感染	-	-	-	-	-
s 帶原（HBsAg 帶原）	+	-	-	+	+
e 帶原（HBeAg 帶原）	+	+	-	-	+
急性感染（早期）	+	+	-	-	+
急性感染（中期）	-	-	+	+	+
痊癒	-	-	+	-	+

第三節　C 型肝炎

1.症狀

一般而言，C 型肝炎的症狀較輕，通常是倦怠、厭食與上腹部疼痛，肝功能指數無明顯上升，因此不易察覺。兩成患者可獲痊癒，八成會轉為慢性或持續性肝炎，其中有些會在多年後演變成肝癌、肝硬化、血管炎、腎絲球腎炎、冷凝球蛋白血症。臨床統計發現，C 型肝炎轉為肝癌的人數高於 B 型肝炎。患者若酗酒或再感染其他病毒，尤其是愛滋病毒、B 型肝炎病毒，預後將更差。

2.病原菌

C 型肝炎病毒 (hepatitis C virus, HCV) 屬於黃病毒科 (*Flaviviridae*)，具有套膜、正性線狀單股 RNA 與二十面殼體，如圖 7.4.3 所示；套膜上的醣蛋白 E 能與細胞接受器結合。目前已知的 C 型肝炎病毒計有六型 (1-6)，其中以 1、2、3 型最為常見，它們可再分為 a 、b 兩種亞型，亦即 1a 、1b 、2a 、2b 、3a 、3b。發生在台灣的 C 型肝炎通常與 1b、2a、2b 有關。

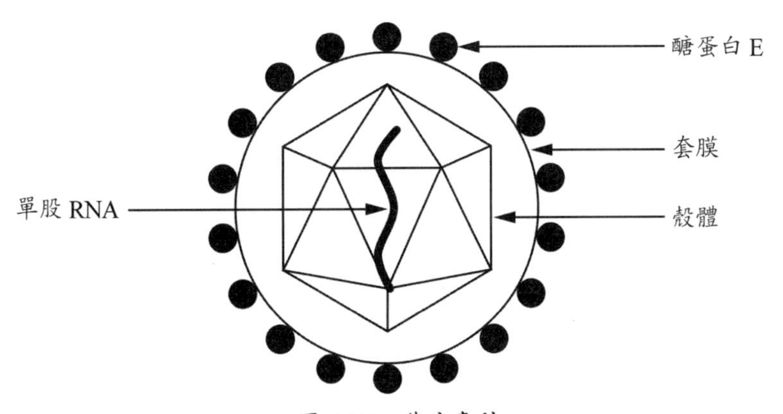

圖 7.4.3　黃病毒科

3.傳播途徑

輸血是C型肝炎病毒的主要傳播途徑，除此之外，性行為及共用針頭（吸毒、刺青、紋眉、紋眼線、鑽耳洞等）亦能散布C型肝炎病毒。

4.預防

目前雖無預防性疫苗可供使用，但確實篩檢血源與血液製劑、使用拋棄式針頭、針筒、審慎選擇刺青（紋眉與紋眼線）店家等，皆能有效預防C型肝炎的感染。

5.治療

目前以長效型干擾素(PEG-α-interferon)與Ribavirin合併治療C型肝炎，但療效與C型肝炎病毒的血清型有關，第2、3型的效果最佳，第1型最差。若再加入蛋白酶抑制劑(beceprevir, telaprevir)，可提升治療效果。

臺灣感染C型肝炎的人數不少，因此它的治療是重要的臨床工作；但療期甚長，再加上藥物的副作用常使患者無法招架。醫學因著患者血清內的病毒濃度定義治療效果，同時將它分為以下四類：(1)快速病毒反應(rapid virologic response, RVR)、(2)早期病毒反應(early virologic response, EVR)、(3)延遲病毒反應(delayed virologic response, DVR)、(4)持續病毒反應(sustained virologic response, SVR)，見表7.4.2。

6.臨床檢驗

血清中若出現anti-HCV表示感染，但此種抗體無法提供保護；反轉錄聚合酶連鎖反應(RTPCR)可進一步確認C型肝炎病毒的血清型。

第四節　D型肝炎

1.症狀

D型肝炎與B型肝炎關係極為密切，它們會同時發生，或前後出現。個體同時感染(co-infection)B型與D型肝炎，通常會出現急性肝炎，症狀與其他急性肝炎相似，包括倦怠、發燒、噁心、嘔吐、黃疸等。個體若先感染B型肝炎，再感染D型肝炎（重複感染，super infection），抑

表 7.4.2

定義	說明
RVR	治療4週，患者血清中即無C型肝炎病毒，或無此病毒之RNA。效度最優，療程最短，治癒率最高。
EVR	治療12週後，患者血清中無C型肝炎病毒RNA、或減少100倍以上。
DVR	治療12週後，患者血清中C型肝炎病毒RNA、減少100倍以上，24週後無C型肝炎病毒。
SVR	療程結束後，患者血清中持續24週無C型肝炎病毒。

或是 B 型肝炎帶原者感染 D 型肝炎，兩種情況下皆可能出現猛爆型肝炎或嚴重型慢性活動性肝炎。

2.病原菌

D 型肝炎病毒 (hepatitis D virus, HDV) 屬於缺陷性病毒 (defective virus) ，由於無法自行在活細胞內繁殖，有時以 δ 病原 (delta agent, δ agent) 取代病毒的稱法。儘管如此，它仍擁有病毒構造，例如套膜、二十面殼體、環狀負性單股 RNA；但套膜與醣蛋白 (HBsAg) 均來自 B 型肝炎病毒。由此可見，D 型肝炎病毒的繁殖需要 B 型肝炎病毒的參與。

3.傳播途徑

D 型肝炎的感染途徑與 B 型肝炎相似，包括輸血、性行為、共用針頭。

4.預防與治療

接種 B 型肝炎疫苗能有效預防 D 型肝炎，此外，施行安全性行為、不與人共用針頭亦能杜絕感染。

5.臨床檢驗

患者血清中若出現抗體 (anti-HDV IgG, anti-HDV IgM) 、或 D 型肝炎病毒基因體，即表示感染；特異性抗體以血清學法檢測，病毒基因體則是以反轉錄聚合酶連鎖反應進行檢驗。

第五節　E 型肝炎

1.症狀

E 型肝炎的症狀與 A 型肝炎完全相同，此種肝炎無帶原，亦不會惡化為慢性肝炎、肝硬化或肝癌。孕婦若不慎感染，可能發生猛爆型肝炎，死亡率約二至四成。

2.病原菌

E 型肝炎病毒 (hepatitis E virus, HEV) 原屬於杯狀病毒科 (*Caliciviridae*) ，近來發現其基因體結構及序列和杯狀病毒相去甚遠，因此將它納入新的病毒科（E 型肝炎病毒科，*Hepeviridae*）。它擁有二十面殼體、線狀正性單股 RNA，但缺乏外套膜，因此極為穩定，圖 7.4.4。

病毒脫殼後釋出基因體，它會轉譯為

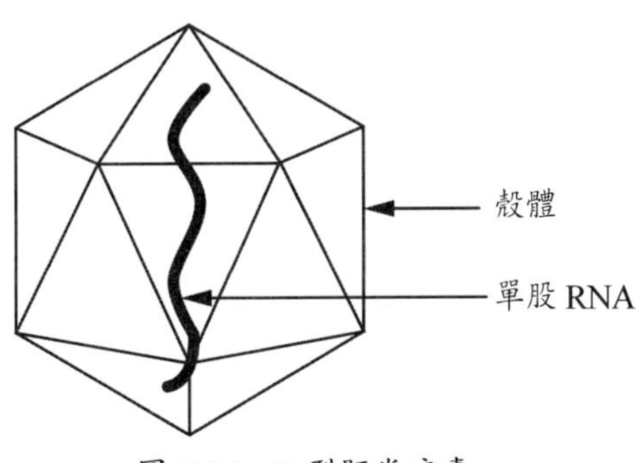

圖 7.4.4　E 型肝炎病毒

多蛋白，之後由蛋白酶切割為數個單一蛋白，繼續執行核酸複製與蛋白質合成的工作。E 型肝炎病毒計有四種血清型 (HEV-1, HEV-2, HEV-3, HEV-4)，第 1、2 型僅感染人類，第 3、4 型可同時感染人、豬及其他哺乳類，因此屬於人畜共通病原菌。

3. 傳播途徑

水與食物是傳播 E 型肝炎的主要媒介。由於部分 E 型肝炎屬於人畜共通疾病，因此接觸哺乳類時應小心謹慎，避免生食豬肉與豬內臟。

4. 預防與治療

烹熟食物、注意環境衛生、審慎處置患者糞便皆能有效預防 E 型肝炎；此症屬於自限型病變，僅需確實休息、攝取高養分食物即可痊癒。E 型肝炎盛行於印度、中國、蘇俄、非洲、南美洲、東南亞，前往當地旅行時應特別注意食安。根據疾管局統計，每年感染 E 型肝炎者約 10 餘人，其中一至五成屬於境外移入。

5. 臨床檢驗

糞便中的抗體 (anti-HEV) 或血液中的 E 型肝炎病毒 RNA，皆表示感染。

第六節　G 型肝炎

G 型肝炎病毒 (hepatitis G virus, HGV) 是晚近發現的新型病毒，它與 C 型肝炎病毒皆屬於黃病毒科 (*Flaviviridae*)，因此在構造、特性、複製、傳播、預防上極為相似，此處不再贅述。

第五章 細菌性皮膚、肌肉感染症

Bacterial Skin and Muscle Infections

覆蓋在體表的皮膚約有1.7平方公尺，它具有防水、排汗、調節體溫、阻擋微生物入侵等功能；但外傷或免疫力下降時，皮膚常在菌能直接侵犯或藉由侵入性治療引起感染症。除此之外，利用空氣、食物、性行為等途徑入侵人體的微生物亦能造成皮膚病變，例如水痘、痲疹、傷寒、梅毒。

肌肉位於皮膚下方，解剖學依其所在處分為心肌 (cardiac muscle) 、平滑肌 (smooth muscle) 與骨骼肌 (skeleton muscle)。前者因無法隨自由意志收縮而被稱為不隨意肌，骨骼肌能隨自由意志收縮，因此為隨意肌。

本章先論細菌引起之皮膚感染症，如癰癤、丹毒、膿疱、氣性壞疽、蜂窩性組織炎、脫皮症候群、壞死性筋膜炎；最終節處再談細菌性肌肉炎。

第一節　癤、癰

1.症狀

臺語俗稱之「疔仔」即是癤 (boils, furuncles) 與癰 (carbuncles)，兩者皆是化膿性球菌入侵毛囊或皮脂腺後引起的急性皮膚感染症；但癤的病灶較淺、較小、症狀緩和，癰則較深、較大且症狀較為嚴重。此種局部性化膿性疾病好發於夏季，患者多是年輕人，病變通常出現在頭部、背部、頸部、腋下、鼠蹊、腰部、臀部與大腿前側。

癤、癰的初期症狀為小結節，之後逐漸變大化膿，患部出現紅、腫、熱、痛之發炎反應。結節中央的膿需以手術引流，才能緩解病情且避免病原菌向他處擴散。患者若免疫力不足，症狀將更加嚴重。癤、癰若在顏面，病原菌可能經眼靜脈進入顱內引起海綿狀靜脈竇炎，患者會出現頭痛、高燒、畏寒、甚至昏迷。

2.病原菌

金黃色葡萄球菌 (*Staphlococcus aureus*) 是癤、癰的主要元兇，此菌之相關說明見本篇第一章第三節「鼻竇炎」。

3.傳播途徑

衛生習慣不良、免疫力下降，抑或是做臉、刮鬍、清除青春痘後造成的刮傷，皆能使存在皮膚表面之金黃色葡萄球菌侵入，引起癰與癤。

4.預防與治療

勿久座、穿著透氣衣物、提升免疫力皆能有效防止癤、癰的發生。一旦出現症狀應立即就醫，切勿自行處理，以免病情惡化。臨床治療時建議使用 cloxacillin 、cephalexin 或併用 sulfamethoxazole 與 trimethoprim ，但必須先確認金黃色葡萄球菌對抗生素的感受性，尤其是症狀嚴重的病例。

第二節　膿疱病

1.症狀

外觀上，膿疱病 (impetigo) 幾乎無法與水痘、疱疹、濕疹、體癬、天瘡疱、蚊蟲叮咬、接觸性皮膚炎區隔，理由是這些疾病的發展過程非常相似，皆由紅疹發展為水疱，再形成膿疱，最後結痂痊癒。釐清病因時會培養水疱或濃疱檢體（以上方法用於確認病原菌），或檢測患者血清中的抗體與免疫細胞（確認濕疹、接觸性皮膚炎）。

本節所論之細菌性膿疱病（大疱型膿疱病，bullous impetigo）好發嬰兒、幼童、青少年，症狀多出現在顏面或鼻周圍皮膚，有時會向身體其他部位擴散。

2.病原菌

化膿性鏈球菌 (*Streptococcus pyogenes*) 、金黃色葡萄球菌 (*Stapylococcus aureus*) ，兩者的詳細說明分別見本篇第一章第二節「急性咽炎」與第三節「鼻竇炎」。

3.傳播途徑

膿疱病極容易在群居環境中擴散，如家庭、幼兒園、托嬰中心，傳播媒介包括手、玩具、毛巾、衣服、被褥等。另外，化膿性鏈球菌、金黃色葡萄球菌亦能藉由機械性病媒（蠅類）在人與人之間散布。

4.治療

膿疱病的病程持續 1 週左右，較少出現併發症，輕者僅需將痂皮小心移除，再塗抹抗生素軟膏即可。嚴重者必須口服抗生素，但使用前應進行藥物敏感性試驗。由於患者多是兒童且復發頻率極高，必須慎防併發之風濕熱、腎絲球體腎炎。

第三節　丹毒

1.症狀

丹毒 (erysipelas) 屬於高復發性皮膚感染症，其病變較靨、癤嚴重。病原菌能經下列途徑感染：(1) 外傷、燒燙傷、慢性潰爛造成的傷口；(2) 水痘、足癬（香港腳）患者抓癢後造成的裂縫或損傷。症狀包括高燒、寒顫、頭痛。病變處出現熱且疼痛之大片紅斑，嚴重者甚至有水疱或血疱。

此症好發於老人、嬰幼兒、痛風患者、糖尿病患、肝功能不足與其他免疫力較差的個體，病變多集中在小腿（脛骨）、雙頰、足部等處。若未及時治療，病原菌可能入侵血液、心臟、關節、骨骼，引起敗血症、風濕性心臟病、多發性關節炎等嚴重併發症。

2.病原菌

化膿性鏈球菌 (*Streptococcus pyogenes*)，相關說明見本篇第一章第二節「急性咽炎」。

3.預防與治療

由於化膿性鏈球菌的抗藥性仍不明顯，因此可直接以 benzylpenicillin 、cefazolin 、procaine benzylpenicillin 等抗生素治療。使用前必須確認患者不會對此類藥物產生過敏反應，若出現過敏，必須立即以腎上腺素 (epinephrine) 解毒。

第四節　蜂窩性組織炎

1.症狀

病原菌若經由皮膚或黏膜的傷口，入侵真皮層與皮下組織並在其中繁殖，極可能引起蜂窩性組織炎 (cellulitis)。它的症狀、好發對象皆與丹毒相似，但值得注意的是，下肢血液循環不良者亦常出現蜂窩性組織炎。由於此症發生在深部組織，不易察覺，因此一旦出現紅、腫、熱、痛之發炎反應即需就醫，否則可能衍生為致命性病變。另外，處理淺層感染時亦需謹慎，確定症狀完全解除後才能停止用藥，避免病原菌向下侵犯，引起骨髓炎、敗血症。

2.病原菌

蜂窩性組織炎屬於常見之細菌性急性感染症，因此致病的元兇甚多，其中較重要者包括綠膿桿菌、化膿性鏈球菌、金黃色葡萄球菌、多殺性巴斯德桿菌、創傷弧菌、紅斑丹毒絲菌、親水性厭氧單胞菌。

(1) 綠膿桿菌：相關說明見本篇第二章第二節「肺炎」。

(2) 創傷弧菌 (*Vibrio vulnificus*)：於下節「壞死性肌膜炎」中說明。

(3) 多殺性巴斯德桿菌 (*Pasteurella multocida*)：此種高營養需求之革蘭氏陰性菌擁有莢膜，能生長在有氧與無氧環境中，動物的腸道與呼吸道亦是它的重要棲息所。學理上依據莢膜的成分將多殺性巴斯德桿菌分為 A、B、D、E、F 五型，它們能經由貓、犬及其他動物的抓傷及咬傷感染人類。

(4) 紅斑丹毒絲菌 (*Erysipelothrix rhusiopathiae*)：外型細長多變之紅斑丹毒絲菌屬於革蘭氏陽性菌，它能生長在有氧與無氧下，以人工培養基繁殖時，必需在在培養箱中加入 5-10% 二氧化碳，生長狀況較佳。自然環境下，此菌能同時感染人類與動物，引起各種病變。

(5) 親水性厭氧單胞菌 (*Aeromonas hydrophila*)：此菌是擁有單端鞭毛之兼性厭氧型革蘭氏陰性菌，它能在 4℃下生長，亦能對抗多種抗生素。親水性厭氧單胞菌感染時會釋出氣單胞溶解素 (aerolysin)，它會聚集在宿主細胞表面，使細胞膜形成許多直徑約 3 奈米之孔洞，內容物逐漸流出後，細胞即萎縮死亡。

(6) 侵蝕艾肯菌 (*Eikenella corrodens*)：侵蝕艾肯菌屬於革蘭氏陰性菌，同時具有兼性厭氧與高營養需求的特性。它是人類口腔與上呼吸道的常在菌，進食中牙齒不慎咬傷口腔內頰，抑或是互毆時拳頭擊中牙齒、傷及黏膜等，皆可能感染。

3.治療

臨床上治療蜂窩性組織炎前應先確認感染源，若感染源為綠膿桿菌、金黃色葡萄球菌時，必須進行藥物敏感性試驗後再給予治療劑。感染源若是化膿性鏈球菌、多殺性巴斯德桿菌、紅斑丹毒絲菌、親水性厭氧單胞菌或侵蝕艾肯菌時，可使用 penicillin、tetracycline 等抗生素。

第五節　壞死性筋膜炎

1.症狀

筋膜由緊密的結締組織組成，分為淺層與深層兩類，前者存在皮下組織，後者包裹肌肉、骨骼、血管。

細菌經由皮膚傷口或裂縫進入真皮、皮下組織後，若再繼續向下侵犯極可能引起壞死性筋膜炎 (necrotizing fasciitis)，其嚴重程度更甚其他皮膚感染症。它好發於腹部、臀部、四肢、會陰等處，外傷、開刀、肌肉注射、昆蟲叮咬可增加細菌的感染率。壞死性筋膜炎之初期症狀似蜂窩性組織炎，但之後會迅速惡化：(1) 小血管阻塞導致組織缺氧壞死，皮膚逐漸轉為紫黑色；(2) 病變處化膿甚至產生具惡臭之氣體。若未及時治療，極可能演變成高致死性敗血症。

2.病原菌

壞死性筋膜炎的病原菌主要為創傷弧菌、化膿性鏈球菌，但厭氧菌與腸內菌或化膿性球菌的共同感染，亦能引起壞死性筋膜炎。

(1) 化膿性鏈球菌 (*Streptococcus pyogenes*)：此菌因能引起壞死性肌膜炎而被冠以嗜肉菌 (flesh-eating bacteria) 之恐怖別稱。其他相關敘述見本篇第一章「急性咽炎」。

(2) 創傷弧菌 (*Vibrio vulnificus*)：亦稱海洋弧菌或海洋創傷弧菌是一種存在海洋與海湖交界的嗜鹽、嗜鹼型革蘭氏陰性菌；當環境酸鹼度低於 6 時，海洋弧菌即停止生長。它擁有單端單鞭毛（與霍亂弧菌相同），致病因子為莢膜與內毒素。

人類遭受感染的途徑有兩種：(a) 胃腸道：生食被海洋弧菌汙染的魚、蝦、貝；(b) 皮膚：接觸海水，處理海鮮時遭外殼、魚鰭、魚刺劃傷，或被漁具、魚鉤刺傷。免疫力正常者，僅出現腹痛、腹瀉、皮膚發炎等症狀；免疫力差者，尤其是肝癌、肝硬化、慢性肝炎患者，症狀將更為嚴重，包括高燒、畏寒、菌血症、壞死性肌膜炎與敗血性休克。

成功大學、陽明大學與國家衛生研究院組成之團隊，於 2013 年 12 月 19 日完成創傷弧菌基因體（528 萬鹼基對）的定序與分析。此項成就不僅令臺灣名揚國際，亦能讓醫學界進一步明瞭創傷弧菌的致病因。

3.治療

對患部進行引膿、清瘡手術，徹底去除壞死組織，降低病灶處的病原菌含量並抑制感染範圍的擴大。接著肌肉或靜脈注射 clindamycin、benzylpenicillin，患者即可痊癒。必須謹記壞死性筋膜炎屬於進展快速的疾病，因此及早發現，及早治療，才能提高存活率。

第六節　脫皮症候群

1.症狀

好發於 5 歲以下嬰幼兒（尤其是新生

兒）之脫皮症候群 (scaled skin syndrome)，主要來自於金黃色葡萄球菌、化膿性鏈球菌的感染。它的前驅症狀包括高燒、咽炎與結膜炎，之後全身皮膚變紅、起水疱；水疱破裂後皮膚逐漸剝落，外觀如三度燒燙傷。若未及時施以治療將導致脫水、蜂窩性組織炎，嚴重者可能出現肺炎、敗血症、腦膜炎。

2.病原菌

金黃色葡萄球菌經由傷口或消毒不全之臍帶進入皮膚，大肆繁殖後分泌脫皮毒素 (exfoliatin A, B)，它能分解連接細胞之胞橋小體，造成表皮剝離脫落。此菌之詳細說明見本篇第一章第三節「鼻竇炎」。

3.預防與治療

(1) 預防：護理新生兒前應確實洗淨雙手，再以 75% 酒精消毒臍帶，每日需重複數次。

(2) 治療：引起脫皮症候群之金黃色葡萄球菌多能對抗青黴素 (penicillin)，因此治療時必須進行藥物敏感性試驗後再決定抗生素。另外，患者最好住進燒燙傷加護病房再進行治療，才能有效防止其他病原菌的感染。

第七節　炭疽病

1.症狀

炭疽病 (anthrax) 的初期症狀為皮膚紅腫，接著進入水疱期與結痂期，因痂皮漆黑如炭而得「炭疽」之名。病程約持續數週之久，症狀輕者在結痂期之後痊癒，重者會出現高燒、菌血症。

2.病原菌

擁有芽孢之炭疽桿菌 (*Bacillus anthracis*)，如圖 7.5.1 所示，屬於兼性厭氧型革蘭氏陽性菌，具抗冷、抗熱、抗乾燥、抗輻射與抗化學製劑的特性。它通常棲息在 20-40℃土壤內，感染草食性動物；人類多是處理動物皮毛時不慎吸入含芽孢的空氣而感染，因此又稱毛工病 (wool's sorter disease)。

炭疽桿菌的致病因子有二，莢膜與外毒素；容易培養與對抗惡劣環境的特性，使其成為生化武器的絕佳材料，美國在

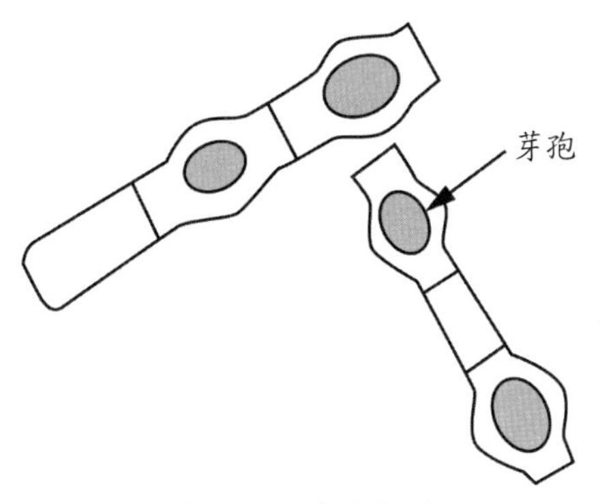

圖 7.5.1　炭疽桿菌

911 事件後出現的中毒個案即與此有關。

(1) 莢膜：炭疽桿菌的莢膜由 D- 麩胺酸 (D-glutamic acid, D-glutamate) 組成，不是常見的多醣類。莢膜若消失，炭疽桿菌的致病能力即大受影響。

(2) 炭疽毒素 (anthrax toxin)：質體 (pOX2) 製造之外毒素含有三種成分，腫脹因子 (edema factor)、致死因子 (lethal factor)、保護性抗原 (protective antigen)。它們必須聚集為複合物後才具有破壞力。保護性抗原與細胞膜接受器結合後，將腫脹因子與致死因子送進細胞內。腫脹因子能使 cAMP 濃度上升，造成水分大量蓄積；致死因子會攻擊白血球與巨噬細胞。由作用機轉可見，炭疽毒素亦屬於 AB 毒素。

3.預防

衛福部疾管局將炭疽病列入第二類法定傳染病，亦即必須在發現後 24 小時內向當地衛生機關通報。杜絕炭疽桿菌感染，可由下列數項工作入手：(1) 為動物接種活減毒疫苗；(2) 處理病獸或遭污染的物體時必須穿戴防護性衣物及口罩；(3) 病獸屍體應焚毀，遭污染之物體可用甲醛、漂白水消毒或薰蒸；(4) 謹慎處理動物皮毛，尤其是來自疫區者。

4.治療

臨床上以 penicillin、ciprofloxacin、doxycycline 等抗生素進行治療，療程需二個月。

第八節　痲瘋病

1.症狀

痲瘋病 (leprosy) 是一種慢性皮膚肉芽腫感染症，又名癩病或漢生症 (Hansen's disease)，其感染史可追溯至四千年前。經過漫長的觀察與研究，醫學界終於還痲瘋清白，同時定義它為「低傳染性、高治癒性病變」，人們不需再視它為恐怖的絕症。

臨床上依據嚴重程度將痲瘋分為類結核型痲瘋、痲瘋瘤型痲瘋、邊際型痲瘋，世界衛生組織則是依病變處內的菌數進行分類，結果為少菌型痲瘋 (paucibacillary leprosy) 與多菌型痲瘋 (multibacillary leprosy)；前者相當於類結核型痲瘋，後者等同於邊際型與痲瘋瘤型痲瘋。

(1) 類結核型痲瘋 (tuberculoid leprosy)：病灶集中在神經，皮膚亦會出現異常；屬於良性、非進行性痲瘋。症狀包括感染處皮膚脫色，周邊神經受損導致感覺麻痺，若未接受治療恐出現變形或肢體殘障。患者的細胞性免疫正常、病灶處的菌數較少，預後因此極佳，痲瘋菌素試驗 (lepromin test) 結果呈陽性。此種試驗的說明見第六篇第五章「過敏反應」。

(2) 痲瘋瘤型痲瘋 (lepromatous leprosy)：屬於惡性、進行性痲瘋，皮膚與神經皆會出現異常；前者包括斑塊、增厚、潰瘍、結節，神經病變與類結核型痲瘋相同。由於顏面皮膚的病變最為明顯，因此被稱為獅子面 (leonine facies)。患者的細胞性免疫功能不足、病變處的菌數較多、感染他人的能力較強，預後不佳，痲瘋菌素試驗結果呈陰性。

(3) 邊際型痲瘋 (borderline leprosy)：最常見的痲瘋，感染者會同時出現前述兩種痲瘋的症狀；免疫力正常時，症狀會轉為良性的類結核型痲瘋，不足時會轉為惡性的痲瘋瘤型痲瘋。

2.病原菌

(1) 痲瘋桿菌 (*Mycobacterium leprae*)：此菌擁有嗜氧、耐乾燥、懼濕熱、生長緩慢的特性；它的細胞壁富含脂質，僅對嗜酸性染色法具感受性，學理上稱之為抗酸菌 (acid-fast bacilli)，通常不列入革蘭氏陽性菌。痲瘋桿菌在構造上與結核桿菌相似，但截至目前為止仍無法以人工培養基進行培養。

痲瘋桿菌主要感染皮膚、黏膜與周邊神經，有時亦會侵犯肝臟、脾臟、骨骼、眼睛、淋巴系統，此種現象僅見於重症患者。當它入侵人體後會直接在皮膚細胞與神經細胞內繁殖，平均潛伏期為 2 至 5 年，短則 3 個月，最長可達 40 年。

(2) 瀰散型痲瘋桿菌 (*Mycobacterium lepromatosis*)：2008 年發現之新型痲瘋桿菌，其特性與痲瘋桿菌相同，能引起瀰散型痲瘋瘤型痲瘋 (diffuse leprosy)，患者體內存在大量病原菌，使皮膚、神經遭受莫大損害，此種疾病主要流行於墨西哥與加勒比海地區。

3.傳播途徑

痲瘋桿菌經飛沫、傷口散播，但其傳染力極低，再加上九成人類對其具天然免疫力，因此必須和患者長期與近、接觸才可能感染。

4.預防與治療

避免與患者接觸是預防痲瘋的最高原則，因此「隔離治療」曾被廣泛運用在防堵感染上，但它有違背人性、拆散家庭之嫌，目前則提倡「居家照護」。患者必須接受長期治療。

(1) 類結核型痲瘋（少菌型痲瘋）：每日以 dapson 、每月以 rifampin 治療，療程為 6 個月。

(2) 痲瘋瘤型痲瘋、邊際型痲瘋（多菌型痲瘋）：患者必須每日服用 dapson 與 clofazimine，每月服用 rifampin，治療時間需持續 1 年。

第九節　萊姆症

1.症狀

「萊姆」之名來自美國康州東南的 Lyme 鎮與 Old Lyme 鎮，它們是首次發現萊姆症之處，因此與水果中的萊姆 (lime) 全然無關。

萊姆症 (Lyme disease) 是一種藉蜱或壁蝨 (tick) 傳播的人畜共通疾病 (zoonotic disease) ，目前主要流行於歐洲與北美；它能引起多重病變，受損器官包括眼、心臟、關節、神經、血管等。臨床上將其病程分為以下三個階段。

(1) 第一期（早期）：遭壁蝨叮咬後 3-30 日，感染者會出現發燒、頭痛、肌肉關節疼痛、淋巴結腫大等症狀。眼與皮膚亦有病變，前者為濾泡性結膜炎，後者則是外觀似極靶心 (bulls eye) 之遊走性紅斑 (erythema migrans)。若未接受治療，病程將進入第二期。

(2) 第二期（中期）：遊走性紅斑向外擴散、未叮咬處亦會出現紅斑，眼睛病變自結膜擴及角膜、虹膜、葡萄膜。淋巴結中的病原菌隨血液進入關節、心臟、中樞神經，引起腦炎、關節炎（短暫性）、腦膜炎、心肌炎、顏面神經麻痺。少數患者的心房與心室間的傳導受干擾而阻斷。

(3) 第三期（晚期）：此期的症狀不如第二期多變，但症狀更為嚴重且能持續數月至數年之久。主要症狀包括心肌炎、關節炎、關節痛、關節變形、四肢皮膚萎縮，部分患者會併發慢性腦脊髓炎。上述症狀，尤其是關節病變經常於痊癒後復發。

2.病原菌

引起萊姆症的病原菌有三，其一流行於北美，名為伯氏疏螺旋菌或包氏疏螺旋菌 (*Borrelia burgdorferi*)，見圖 7.5.2；另外兩種 (*Borrelia afzelii*, *Borrelia garinii*) 流行於歐洲。它們以蜱為傳播媒介，以鹿、鳥、犬、貓、囓齒類動物為自然宿主與貯存宿主。

疏螺旋菌屬於革蘭氏陰性菌，擁有數條鞭毛以及能伸縮之鞘膜（包覆細胞壁），因此具運動性。它能生長在特殊的培養基上，但繁殖速度極為緩慢。

3.預防與治療

滅鼠與防蜱叮咬能有效預防萊姆症，首選的治療藥物為 doxycycline 、amoxicillin 、erythromycin 、ceftriaxon 。

第十節　氣性壞疽

1.症狀

產氣莢膜桿菌進入傷口後，在低氧環境下快速繁殖、釋出毒素與細胞外酶，數小時至數日內即引起氣性壞疽 (gas gangrene)，臨床上又稱此症為梭狀芽孢桿菌性肌壞死 (clostridial myonecrosis)。初時，感染處劇痛，由紅色轉紫色再轉為黑色，周圍的肌肉失去彈性，手壓病變處時

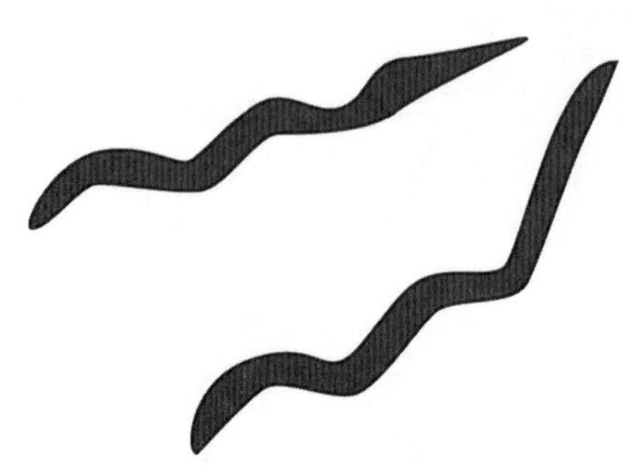

圖 7.5.2　伯氏疏螺旋菌

氣泡與帶惡臭之分泌物自其中冒出。患者會出現頭痛、噁心、高燒、心跳加速、呼吸急迫，若未即時接受治療症狀將更為嚴重，如貧血、黃疸、血尿、血壓下降、瞻妄休克，最後死亡。

2.病原菌

產氣莢膜桿菌 (*Clostridium perfringens*)，亦稱氣性壞疽桿菌，顧名思義，產氣 (H_2, CO_2) 、莢膜、氣性壞疽必定與它有關。再加上此菌是梭狀芽孢桿菌屬中的一員，因此厭氧、具芽孢（菌體中央，如圖 7.5.7 所示）、革蘭氏陽性菌便成為它的另外三個特徵及屬性。產氣莢膜桿菌的耐氧能力比同屬中的肉毒桿菌、破傷風桿菌高，因此能入侵血液與組織，引起壞死、菌血症、氣性壞疽、食物中毒、厭氧性蜂窩性組織炎等病變。它是目前所知繁殖速度最快的細菌，平均每 6 至 8 分鐘分裂一次。

學理上依據產毒能力將產氣莢膜桿菌分為五型 (A, B, C, D, E)，它們分泌的毒素計有下列數種：(1)α 毒素：最重要的致病因子，五型產氣莢膜桿菌皆能製造，它會溶解宿主細胞膜的卵磷脂，引起溶血與肌肉壞死；(2)θ 毒素：細胞致死性毒素，作用機轉與 α 毒素相似，它與壞死性腸炎的發生最為相關，但僅 C 型產氣莢膜桿菌製造；(3) 腸毒素：A 型產氣莢膜桿菌感染人類後即以此毒素破壞小腸上皮細胞，引起腹瀉；(4) 細胞外酶：蛋白酶、膠原酶、琉璃醣酶、去氧核糖核酸酶，作用於細胞、組織、DNA。

值得一提的是，C 型產氣莢膜桿菌能同時分泌 α 與 β 毒素，因此在血液瓊脂培養基上繁殖後會形成雙區溶血環。除此之外，若將產氣莢膜桿菌培養在牛奶培養基後，試管內將出現暴風雨式發酵 (stormy fermentation)。

3.傳播途徑

外力造成的傷口，如車禍、墮胎等。

4.治療

首先以手術進行清創，切除受感染及壞死組織，減少產氣莢膜桿菌的生存空間；接著以高壓氧、大量抗生素 (penicillin, tetracycline) 治療，才能抑制病原菌繁殖。有時需為患者輸血，或補充水分、電解質、高蛋白；若仍然無法控制產氣莢膜桿菌繁殖，恐須截肢 (amputation) 以提升保護患者的存活率。

第十一節　心內膜炎

1.症狀

細菌感染心臟內膜與瓣膜後即發生心內膜炎，臨床上依其病程分為急性心內膜炎 (acute endocarditis) 與亞急性心內膜炎 (subacute endocarditis)。前者的病程為 2-6 週，症狀包括高燒、寒顫、心博過快、呼吸急促。病原菌一旦進入血液，可以引起敗血症或心臟衰竭；瓣膜上的贅生物若脫落恐造成栓塞或心臟麻痺。亞急性心內膜炎的病程為數週至數月，患者會出現發燒

（溫度較低）、倦怠、盜汗、肌肉關節疼痛。

2.病原菌

(1) 急性心內膜炎

A. 金黃色葡萄球菌：詳細說明見本篇第一章第二節「急性咽炎」。

B. 化膿性鏈球菌：相關敘述見本篇第一章第三節「鼻竇炎」。

C. 肺炎鏈球菌：參見本篇第二章第二節「肺炎」之說明。

D. 綠膿桿菌：參照本篇第二章第二節「肺炎」之說明。

(2) 亞急性心內膜炎

草綠色鏈球菌 (viridans streptococci) 是一群存在口咽、腸道、呼吸道、女性生殖道的正常菌叢，它們屬於 α 溶血性鏈球菌，其中較為人所知者包括血鏈球菌 (*Streptococcus sanguinis*)、轉醣鏈球菌 (*Streptococcus mutans*)，蛀牙的發生皆與它們有關，但前者若進入血液可以感染心臟內膜與瓣膜，引起亞急性心內膜炎。

3.預防與治療

裝置支架、人工瓣膜者，抑或是心臟功能不佳個體，罹患自體免疫疾病者皆屬於心內膜炎之好發族群；再加上病原菌極易經由心臟或牙科手術進入人體，因此醫師在術後應特別注意併發症的問題。治療時應依據病原菌種類及抗藥性選擇適當適量之治療劑，療程中有時需輔以其他方法。

第六章 病毒性皮膚、肌肉感染症

Viral Skin and Muscle Infections

就外觀而言，病毒引起的皮膚感染者極為相似。症狀之始為紅疹，部分感染者在紅疹退去後痊癒，例如麻疹、德國麻疹、嬰兒玫瑰疹；其他會由紅疹轉為水疱或膿疱，結痂後才獲痊癒，如水痘、天花、唇疱疹、傳染性軟疣。

第一節　水痘

1.症狀

水痘 (varicella, chickenpox) 是一種全身性病毒感染症，病程約持續 1 週，病毒會從血液分批感染皮膚，因此會同時出現四種典型症狀，紅疹、水疱、膿疱與結痂。

兒童感染水痘後多無大礙，但患者若是孕婦、嬰兒、免役力不足個體，極可能出現嚴重的續發性細菌感染，如肺炎、腦炎、敗血症、蜂窩性組織炎、壞死性筋膜炎，死亡率甚高。懷孕未達 20 週者一旦感染，可能產下患有先天性水痘症候群之新生兒，機率約 0.4-2%；症狀包括體重偏低、皮膚病變、發育不全、中樞神經異常。孕婦若是在分娩前後感染，問題將更加嚴重，新生兒雖不會出現畸形，死亡率卻高達 25-30%。

值得注意的是，感染者雖獲痊癒，其背根感覺神經細胞中卻存在著不會繁殖的水痘帶狀疱疹病毒。當他們年老、罹癌、感染愛滋病毒、或服用免疫抑制劑時，潛伏的病毒將再行複製，新病毒隨即進入腰間、腋下、大腿、顏面、頸部、胸部等處，引起皮膚病變，數目不多，但極為疼痛，臨床上稱之為帶狀疱疹 (zoster, shingles)，俗稱皮蛇。

帶狀疱疹通常在一個月內緩步退去，但它通常沿著感覺神經分布，使得部分患者在症狀消失後仍深受疼痛所苦。

2.病原菌

水痘帶狀疱疹病毒 (varicella-zoster virus) 屬於疱疹病毒科，構造及特性幾乎與單純疱疹病毒無異，例如套膜、線狀雙股 DNA 、二十面殼體，但其潛藏處為患者的背根感覺神經細胞。此種病毒經空氣入侵人體後，立即在呼吸道上皮細胞內大量繁殖，接著進入血液，引起病毒血症 (viremia)；之後擴散至皮膚，造成病變。

3.傳播途徑

呼吸道、直接接觸患者或接觸遭污染之器皿、衣服、被褥等。除此之外，病毒亦能經由懷孕與生產感染胎兒與新生兒。

4.預防與治療

提升免疫力、接種活減毒水痘疫苗是最積極的預防方法，避免接觸患者、孕婦減少與幼兒、兒童接觸之機率，亦能有效防止水痘病毒的感染。臨床上使用之治療劑包括 acyclovir 、famciclovir 、valacyclovir 。

第二節　麻疹

1.症狀

麻疹 (measles) 屬於衛生福利部規定之第二類法定傳染病，因它具有高度傳染性。九成感染者出現高燒、咳嗽 (cough)、鼻炎 (coryza)、畏光 (photophobia)、結膜炎 (conjunctivitis) 等前驅症狀。於此同時，頰黏膜出現點狀潰瘍：柯氏斑 (Koplik's spots)。數日後，皮膚即長出丘疹，由耳後擴散至顏面、再至軀幹與四肢。高燒與丘疹約在 1 週左右逐漸消退，症狀即獲緩解且終生不再感染。

麻疹通常發生在呼吸道感染症盛行之春、秋兩季，照護患者時必須避免發生咽炎、肺炎、中耳炎等併發症。除此之外，感染麻疹後發生的腦部病變亦不可輕忽。

(1) 急性漸進型腦炎 (acute progressing encephalitis)：麻疹病毒直接感染腦細胞且在其中繁殖，引起接近 100% 之死亡率，此症多出現在無法有效抑制病毒複製之免疫力不足者，尤其是先天性免疫功能缺陷者。由於患者的宿主細胞中存在病毒複製時特有的包涵體，學理上又稱此症為麻疹包涵體腦炎 (measle inclusion body encephalitis)。
(2) 感染後腦炎 (post-infectious encephalitis)：免疫力正常者感染麻疹後，腦細胞內應無病毒，亦無病毒繁殖之跡象；但部分患者會產生破壞髓鞘之自體抗體，神經元喪失髓鞘後，因無法傳遞訊息而導致麻痹、昏迷等症。此種現象多發生在兒童，死亡率一至二成。
(3) 亞急性硬化性泛腦炎 (subacute sclerosing panencephalitis, SSPE)：較罕見，此症通常發生在感染後多年，存在部分患者腦中的病毒因突變而快速繁殖，產生許多構造不全之缺陷病毒。抗體雖能抑制複製，病毒卻仍對腦細胞造成傷害，功能因此喪失，死亡率高達 100%。

2.病原菌

麻疹病毒 (measles virus) 的外形呈圓體狀、橢圓球狀或不規則狀，見圖 7.6.1。它屬於副黏液病毒科 (*Paramyxoviridae*)，擁有套膜，因此對酸、鹼、紫外線、溫度變化極為敏感。線狀負性單股 RNA 組成之基因體由螺旋型殼體包覆，血球凝集素 (hemagglutinin, H) 與融合蛋白 (fusion protein, F) 存在套膜上；前者負責與細胞接受器結合、啟動感染，後者則能使宿主

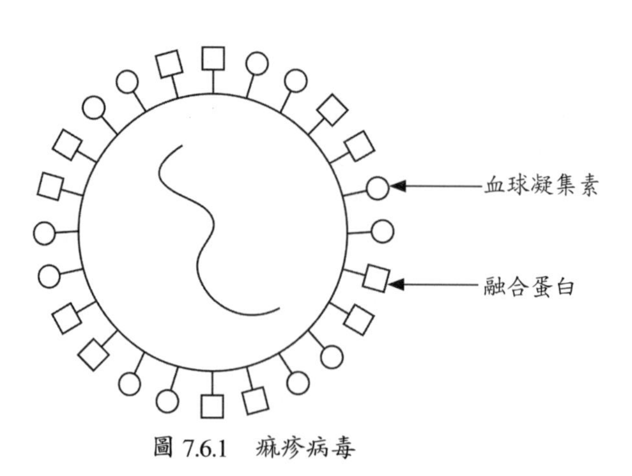

圖 7.6.1　麻疹病毒

細胞融合成多核巨細胞 (polynuclear giant cell)。

麻疹病毒僅能感染人類，它經由呼吸道進入人體，經血液引起病毒血症後，再進犯皮膚、眼睛、氣管、口腔黏膜等處造成各種病變。

3.傳播途徑

飛沫、接觸患者或其鼻黏膜分泌物。

4.預防與治療

接種活減毒 MMR(measles, mumps, rubella) 三合一疫苗，即可有效預防麻疹；但近年來部分宗教狂熱者拒絕為兒女施打疫苗，使麻疹、德國麻疹等疾病有死灰復燃之勢，其後座力不容小覷。

第三節　德國麻疹

1.症狀

德國麻疹 (rubella, German measles) 亦稱風疹，好發於兒童與青少年，潛伏期約1至2週。初期症狀包括頭痛、微燒、鼻炎、結膜炎、局部淋巴結腫大；繼而顏面與頸部出現丘疹，之後擴及軀幹及四肢。丘疹約持續3日，隨後便逐漸消退，因此又名「三日疹」(three-day rash)。部分感染者 (25-50%) 的皮膚無丘疹，僅出現類感冒症狀。德國麻疹引起的併發症包括肺炎、紫斑症、聽力受損、感染後腦炎、關節發炎疼痛等。

婦女若在懷孕三個月內感染德國麻疹，病毒將經由血液進入子宮感染胎兒，造成死胎、流產，或干擾胎兒發育，導致失聰、小腦症、白內障、青光眼、智能不足、心臟病變等先天性畸形。若是在懷孕六個月後感染，胎兒畸形的比例會降低；又若是在分娩前後感染，通常無症狀，但新生兒會成為感染他人的帶原者 (carrier)。

2.病原菌

德國麻疹病毒 (rubella virus) 屬於套膜病毒科 (*Togaviridae*)，擁有套膜、線狀正性單股 RNA 與二十面殼體，如圖 7.6.2 所

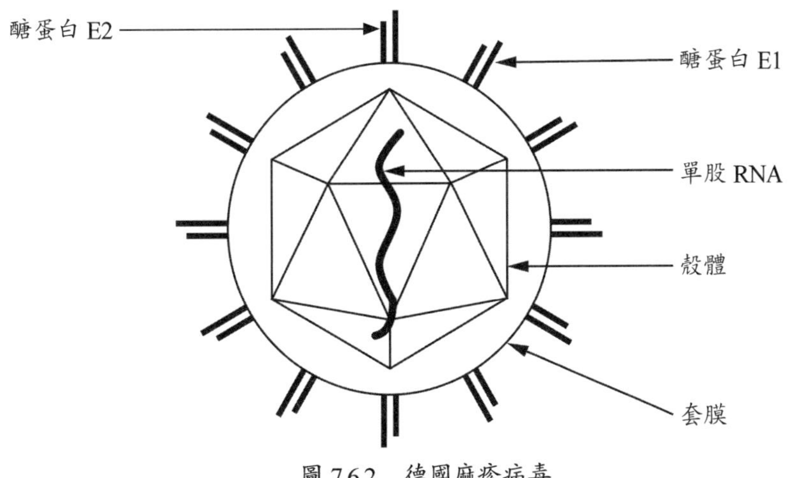

圖 7.6.2　德國麻疹病毒

示。醣蛋白 E1 與 E2 組成之三元體 (trimer) 嵌入套膜中，專與細胞接受器結合；E1 亦是德國麻疹病毒的血球凝集素。

德國麻疹病毒能經血液侵犯其他組織器官，亦能進入胎兒體內造成感染；它會從患者的糞便、尿液、飛沫排出體外感染其他人。

3.傳播途徑

接觸、飛沫、懷孕、生產。

4.預防與治療

MMR 三合一疫苗能預防德國麻疹。必須注意的是，孕婦不可接種此種疫苗，接種後三個月內亦不可懷孕，理由是疫苗中的活減毒德國麻疹病毒會侵入胎盤感染胎兒。

第四節　嬰兒玫瑰疹

1.症狀

嬰兒玫瑰疹 (roseola infantum) 亦稱嬰兒急性疹 (exanthema subtitum) 多發生在 6 個月至 2 歲之嬰幼兒，潛伏期約 1 週。初期症狀包括微咳、腹瀉、持續 2 或 3 日之高燒 (39-41℃)，醫學上因此稱它為「三日熱」(three-day fever)。燒退後，顏面、軀幹、四肢（較少）即出現丘疹，它不會轉變為水疱與膿疱，此點不同於其他病毒性皮膚感染症。皮膚病變消失後即告痊癒，產生之抗體可保護患者終生不再感染。

年紀較長或免疫力不足者若遭受感染，症狀將複雜許多，可能出現肝炎、腦炎、單核球增多症等併發症。6 個月以下的嬰兒擁有來自母親之特異性抗體 (IgG)，因此即便感染亦較少出現臨床症狀。玫瑰疹雖屬輕微、自限性疾病，但仍能引起肺炎、中耳炎等併發症。

2.病原菌

(1) 人類疱疹病毒第 6 型 (human herpesvirus 6, HHV-6)：此種病毒屬於疱疹病毒科 (*Herpesviridae*)，擁有套膜、外皮、線狀雙股 DNA 及二十面殼體。它有兩種亞型 (6A, 6B)，其中 6B 是嬰兒玫瑰疹的主要元兇。它經由呼吸道進入人體後立即感染帶有 CD4 膜蛋白之細胞，如單核球、巨噬細胞、輔助性 T 細胞，並在其中繁殖，導致病變。症狀緩解後，病毒會潛入上述細胞，待患者免疫力減弱時再啟動感染，但不會引起病變。

(2) 人類疱疹病毒第 7 型 (human herpesvirus 7, HHV-7)：它的特性、構造和人類疱疹病毒第 6 型完全相同，但感染後的潛藏處為唾液腺細胞。此種病毒通常感染 2 歲以上之幼兒或兒童，症狀較輕，併發症較為少見。

3.傳播途徑

呼吸道，接觸患者或遭污染之物體。

4.預防與治療

目前仍無預防性疫苗，對患者施以支持療法即可，症狀嚴重者可使用 ganciclovir 或 foscarnet。

第五節　天花

1.症狀

天花 (smallpox) 是一種具高傳染性的嚴重皮膚病變，病毒自呼吸道侵入人體後，隨即在上皮細胞內複製，之後進犯血液造成病變。患者皮膚會同步出現丘疹、水疱、膿疱、結痂之變化，症狀由顏面向軀幹、四肢擴散。醫學上依據臨床症狀將天花分為重症 (variola major) 與輕症 (variola minor)，前者較常出現，可再分為以下四種。

(1) 典型天花 (ordinary smallpox)：九成天花屬於此類。患者先出現高燒、寒顫、頭痛、背痛等前驅症狀後才見皮膚病變，其水疱與膿疱既深且硬。

(2) 緩和型天花 (modified smallpox)：症狀似典型天花但較輕微且不發燒，發疹期短、丘疹的數量較少，通常發生在接種疫苗的個體，死亡率約 1%。

(3) 惡性天花 (malignant smallpox)：皮膚病變緩慢進行，但病毒血症極為嚴重；數個水泡、膿疱會融合成扁平狀病變，因此又稱為稱扁平型天花 (flat smallpox)；此症好發於幼兒與免疫功能不足者，死亡率為 90%。

(4) 出血性天花 (hemorrhagic smallpox)：患者的脾臟與骨髓中存在大量病毒，皮下與黏膜皆會出血，皮膚出現紫斑。此種天花通常發生在孕婦、免疫力低下者，死亡率將高達 90-100%。

2.病原菌

目前所知能感染人類的最大型病毒為天花病毒 (smallpox virus, variola virus)，它屬於痘病毒科 (*Poxviridae*)，擁有套膜、側體、線狀雙股 DNA 及啞鈴型殼體，如圖 7.6.3 所示。痘病毒科是唯一在宿主細胞質內複製核酸之 DNA 病毒，其繁殖場所為賈乃利包涵體 (Guarnieri's inclusion body)。天花病毒具有抗高溫與抗乾燥之特性，能長時間存在環境中，因此曾有恐怖組織將它列入生化武器之選項中。

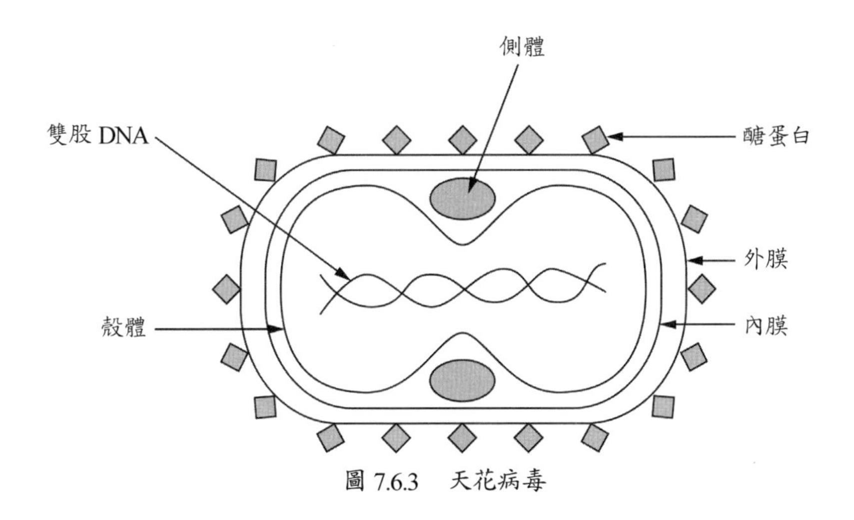

圖 7.6.3　天花病毒

3. 傳播途徑

呼吸道，接觸患者或受其分泌物污染之物體。

4. 預防與治療

世界衛生組織 (WHO) 於 1980 年正式宣布「天花已被根除，自 1983 年起人們不需要接種疫苗」的重大消息。天花消失的原因有三：(1) 天花病毒僅感染人類；(2) 患者產生抗體後即痊癒，無帶原者；(3) 全球人類施打疫苗。必須提醒的是，天花疫苗的成分不是天花病毒，而是活減毒型痘苗病毒 (live-attenuated vaccinia virus)。為防禦恐怖組織可能掀起的生化武器大戰，美國於 2002 年再度啟動天花疫苗的生產工作。

第六節　唇疱疹

1. 症狀

唇疱疹 (herpes labialis) 亦稱冷瘡 (cold sore)，英文名稱除前述二者外，尚有 orolabial herpes、herpes simplex labialis、recurrent herpes labialis，這些文字中藏有數個關鍵密碼，病灶處（唇，labia）、復發 (recurrent) 以及症狀 (herpes)。

患者感染後，唇或鼻周圍皮膚有刺痛感，數日後出現丘疹，再轉為水疱，最後結痂痊癒且不會留下疤痕，病程約 1 至 2 週。原本存在水疱中的病原菌會潛入神經細胞，在日曬、外傷、壓力、情緒低落、荷爾蒙改變、免疫力下降等因素能使其活化，導致疾病復發，且各次復發的部位皆與前次相同。

除皮膚病變外，部分患者（尤其是嬰幼兒）會出現發燒、頭痛、暈眩等；牙齦與頰黏膜若同時出現病變，則為疱疹性口齦炎 (herpetic gingivostomatitis)。

2. 病原菌

第一型單純疱疹病毒 (herpes simplex virus, HSV) 是唇疱疹發生的主因，它擁有套膜、線狀雙股 DNA 與二十面殼體，詳細敘述見本篇第一章第二節「急性咽炎」。

3. 傳播途徑

接觸病變處的水疱、或與患者共用化妝品。

4. 預防與治療

唇疱疹的復發性極高，再加上病變集中在顏面，患者於發病期間情緒必定不佳。解決之道便是在病灶處出現刺痛感時立即塗抹含有 acyclovir、famciclovir 或 valacyclovir 之軟膏，不僅能緩解症狀，亦可縮短病程。提高免疫力、減少日曬時間、保持愉悅心情等均能有效預防唇疱疹的復發。

第七節　皮膚疣

1. 症狀

皮膚疣 (skin warts) 是人類乳突狀瘤病毒感染表皮基底層後促進細胞增生的結果，它的形成約需數月之久，多出現在顏面、臉部、足底、指甲周圍。學理上依據病變的外型與出現部位將皮膚疣分為以下數類。

(1) 普通疣 (common warts)：最為常見，通常出現在手部，病灶處表面凸起粗糙，顏色較正常皮膚深。

(2) 足底疣 (plantar warts)：顧名思義，此種皮膚疣出現在足底與足跟；其外觀與雞眼十分相似，但以手術刀剔除表面後會出現血點。

(3) 扁平疣 (flat warts)：好發於顏面、手部與小腿，病灶處顏色較「普通疣」淺，其表面雖有凸起、卻屬平滑型。

(4) 絲狀疣 (filiform wart)：表面凸起成肉柱狀，多出現在嘴唇、眼眶周圍。

2.病原菌

人類乳突瘤病毒 (human papillomavirus) 屬於乳突瘤病毒科 (*Papillomviridae*)，目前已知者計有 120 餘型，它們擁有二十面殼體、環狀雙股。由於缺乏套膜，此種病毒長時間存在環境中，經接觸、性行為傳播。人類乳突瘤病毒專門感染皮膚角質細胞 (keratinocytes) 與黏膜鱗狀上皮細胞 (squamous epithlium cells)，引起各種病變。

3.治療

皮膚疣屬於自限性疾病，因此患者多能在 1 至 2 年內不藥痊癒；然其外觀會令患者感覺不佳，因此可利用下列方法去除。

(1) 化學治療法：salicylic acid 、podophyllin 直接塗抹於患部。

(2) 物理治療法：冷療法 (cryosurgery) 、激光電燒法 (electrodessication) 、雷射手術 (laser therapy)。

第八節 傳染性軟疣

1.症狀

傳染性軟疣 (molluscum contagiosum) 屬於良性、自限性皮膚病變，病灶為圓形丘疹，周圍突起、中心凹陷。數目不多，僅零星散布在體表。此症好發於 1 至 10 歲之幼兒與兒童，通常不需治療，短則 6 個月、長則 4 年即自動消失，不會留下疤痕。罹癌者、愛滋病患或其他免疫功能較差者若感染傳染性軟疣，症狀不僅嚴重，甚至出現蜂窩性組織炎、續發性細菌感染等併發症。

2.病原菌

傳染性軟疣病毒 (molluscum contagiosum virus) 是痘病毒科中的一員，其外型、構造、特性、複製皆與天花病毒相同，相關說明見本章第五節「天花」。

3.傳播途徑

此症經由共用毛巾、直接接觸傳播；軟疣若出現在外生殖器則可以經性行為傳播；雖有人認為馬桶座、泳池邊、SPA 池亦能傳播病毒，但目前尚未獲得證實。

4.預防與治療

不與他人共用毛巾、避免與患者近身接觸能有效預防傳染性軟疣。臨床上治療此種皮膚病變的方法包括：(1) 雷射手術或液態氮冷療法移除；(2) 在患部塗抹

salicylic acid、podophillin 或 imiquimod；(3) 口服 cimetidine。除此之外，感染處應以紗布或 OK 繃包覆，避免因接觸將病毒帶至身體其他部位，造成蔓延。

第九節　手足口症

1.症狀

手足口症 (hand foot and mouth disease, HFMD) 是一種好發於嬰兒、幼兒、兒童的病毒性感染症，它的潛伏期約 3 至 7 日。初始症狀為發燒、倦怠、食慾不佳，接著口腔黏膜、手掌與腳掌皮膚出現小紅點，之後轉為水疱。水疱內含有大量病毒，感染力極強。患者產生特異性抗體後，症狀會完全消失。少數患者會併發無菌性腦膜炎 (aseptic meningitis)、類小兒痲痺癱瘓，死亡率將升高。

2.病原菌

微小 RNA 病毒科 (*Picornaviridae*) 中的腸病毒、克沙奇病毒、艾科病毒是引起手足口症的主因。此類病毒極小，擁有二十面殼體、線狀正性單股 RNA，它們耐酸、耐氯，可長存於環境中，進入宿主細胞後基因體立即轉譯為多蛋白，再經酵素作用，裂解為數個單一蛋白。

(1) 腸病毒 (enterovirus)：計有四型 (68, 69, 70, 71)，其中以 71 型的感染力最強，能引起手足口症與無菌性腦膜炎；68、69 型與呼吸道感染症有關，70 型能引起血性結膜炎。

(2) 克沙奇病毒 (coxsackie virus)：分為 A、B 二族，A 族能引起手足口症、無菌性腦膜炎等症；B 族與心臟感染症最為相關。

(3) 艾科病毒 (enteric cytopathic human orphan virus, echovirus)：它擁有 35 種血清型，引起的疾病與克沙奇病毒相似。

3.傳播途徑

接觸患者的唾液、病灶處破裂的水疱、鼻與咽喉分泌物，遭受污染的物體亦是重要的傳播媒介。

4.預防與治療

(1) 預防

A. 確實且勤於洗手，避免與患者近身接觸，勿與人共用毛巾或其他物品。

B. 家中有幼兒者應經常清洗玩具、地板、傢俱。

C. 患者應留滯家中，最好不要上學，避免感染其他人，未感染者應減少出入公共場所。

D. 照護患者時必須謹慎處理其嘔吐物、排泄物、鼻咽分泌物，先以吸水性強之紙巾或抹布清除，再以稀釋的漂白水擦拭污染處，避免感染家中其他成員。

(2) 治療

多喝水、多休息，口服鎮痛解熱劑能緩解口腔黏膜潰瘍、水疱帶來的疼痛感。

第十節　心臟感染症

1.心肌炎

(1) 症狀

心肌炎 (myocarditis) 是血中的病原菌直接進犯心臟引起的病變，若再加上抗體、補體、免疫細胞的作用，心肌將承受更嚴重的破壞。除心肌外，血管、間質、心包與心內膜亦蒙受其害，患者會出現倦怠、胸悶、胸痛、呼吸急促、肺臟積水、心律不整等症狀。

依據病程發展將心肌炎分為急性、亞急性與慢性三大類，急性心肌炎可能導至猝死，慢性心肌炎則引起進行性心肌衰竭。

(2) 病原菌

A. 克沙奇病毒 (coxsackie virus)、艾科病毒 (echovirus)：相關說明見本章第九節「手足口症」。

B. 流感病毒 (influenza virus)：本篇第二章第一節「流行性感冒」已詳述此種病毒的構造、種類與特性。

(3) 傳染途徑

水、食物、接觸、呼吸道。

(4) 預防與治療

A. 預防：病毒性心肌炎為小兒常見之病變，因此教導兒童正確洗手的方法、減少他們出入公共場所的機率，均能有效降低感染。由於腸病毒極容易在家中與幼兒園內擴散，因此定期以漂白水 (5% NaOCl) 消毒玩具、傢具、地板、衣物亦可收預防之效。

B. 治療：目前尚無治療病毒性心肌炎之藥物，除臥床休息，避免劇烈運動減少心臟負荷外，可針對症狀給予藥物（強心劑）、呼吸器、心臟起博器；必須注意的是，患者接受治療時應隨時監控其血壓與血量。若需滋養心臟肌肉，可以讓患者適量服用蔘類、維生素或輔酶 A。

2.心包膜炎

(1) 症狀：包膜炎 (pericarditis) 是指包裹心臟的膜衣遭受微生物感染後發生之病變，它好發於兒童。患者會出現胸痛、心包膜積水、頸動脈擴張；心包膜的積水使血液回流量減少，導致血壓下降、呼吸困難、心臟擴大等。

(2) 病原菌：克沙奇病毒 B 族是病毒性心包膜炎發生的的主因，相關說明見前述「心肌炎」。

3.肋肌痛

(1) 症狀：肋肌痛 (pleurodynia, Bornholm disease, epidemic myalgia) 亦稱魔鬼痛 (devil's grip, the grasp of phantom)，由此可見發生時帶來的恐懼與不舒服感。其典型症狀為持續數分鐘或數小時之突發性、陣發型劇烈胸痛，有時會伴隨發燒、頭痛、噁心、嘔吐，呼吸或轉動身軀時疼痛不已，雖無致命性，但病程可持續 1 至 2 週。

(2) 病原菌：克沙奇病毒 B 族是肋膜痛的主因，相關說明見本節「心肌炎」。

(3) 治療：服用止痛劑或熱敷疼痛處可以緩解症狀。

第十一節　登革熱

1.症狀

根據世衛組織統計，每年感染登革熱 (dengue virus) 的新病例數計有 3.9 億，且愈接近赤道感染人數愈眾。他們多集中在臺灣、東南亞、中國南部、印度、墨西哥、中南美洲、非洲與加勒比海沿岸國家。這些地區的人口總數（25 億）約占人類的四成。登革熱造成的龐大經濟損失與醫療支出，使其成為現今最受重視的節攝動物感染症。

登革熱的潛伏期約 4-7 日，初始症狀包括高燒、頭痛、眼窩痛、肌肉疼痛，數日後皮膚出現紅疹。病程約持續兩週左右，通常會自行痊癒；由於患者全身疼痛至無以復加的地步，臨床因此謂之折骨熱 (breakbone fever)。

患者若曾經感染過不同型登革熱，症狀將由前段所述之普通登革熱 (common dengue fever) 轉為嚴重的登革出血熱 (dengue hemorrhagic fever, DHF)、或登革休克症候群 (dengue shock syndrome, DSS)。理由是前次感染產生的抗體能與新近感染的病毒抗原反應，形成的免疫複合物會活化補體、加強吞噬作用等，登革病毒感染力因此大增，導致：(1) 血小板功能受創，牙齦、鼻孔、皮下、胃腸道出血；(2) 血漿滲出，血壓下降，甚至休克；(3) 肝臟與淋巴結腫大，部分患者出現肝衰竭。

婦女若在懷孕期間感染登革熱，病毒刺激免疫系統產生之抗體 IgG 能進入胎兒體內。胎兒出生後若不慎感染他型登革病毒，體內的 IgG 即與其作用，引起出血熱或休克症候群。除此之外，年長者、慢性病患者、15 歲以下兒童皆是登革重症的好發族群。

2.病原菌

登革病毒 (Dengue virus) 擁有外膜、二十面殼體、線狀正性單股 RNA，屬於黃病毒科 (*Flaviviridae*)；膜上的 E 蛋白是病毒與細胞接受器結合之處。研究認為，登革病毒原是專門感染猴類的病毒，數百年前起開始感染人類，如今已是最重要的節肢動物媒介病毒。學界視其為新興病原菌 (emerging pathogen)，同時將它分為 1、2、3、4 四種血清型。

3.傳播途徑

埃及斑蚊與白線斑蚊是登革病毒的主要傳播媒介。

4.預防與治療

(1) 預防：滅蚊，穿著長衫長褲、噴灑防蚊液以避免病媒叮咬；排空戶外的罐、盆、桶等容器中的水，減少孑孓的繁殖處。

(2) 治療：普通登革熱患者僅需居家休息，待症狀緩解即可；但切記不可以 aspirin 減輕疼痛，此種藥物會增加出血的機率。登革出血熱與登革休克症候群患者必須住院接受治療。

第七章 眞菌性皮膚、肌肉感染症

Fungal Skin and Muscle Infections

臺灣氣候潮濕悶熱，適合真菌生長。此種微生物多是無害的土壤腐生菌，或是供食用之蕈類；但仍有少數菌種能感染人類，引起俗稱癬症 (tinea, ringworm) 之表淺性真菌病 (cutaneous mycoses)，例如「不完全菌綱」中的皮癬菌 (dermatophytes)：髮癬菌、表皮癬菌、小芽孢癬菌等。它們感染表皮、指甲與頭髮後，釋出之酵素不僅能分解角質層，亦能協助其入侵真皮層。

另有一批真菌能經由表皮入侵皮下組織、肌肉、筋膜、甚至骨骼，它們能引起較嚴重之皮下真菌病 (subcutaneous mycoses)，例如足菌腫、接合菌病、孢子絲菌病、產色真菌病、暗色菌絲體病、洛博真菌病，此類疾病不會在人與人之間交互感染。

第一節 表淺性真菌病

1.種類、病原菌與症狀

見表 7.7.1。

2.治療

臨床上依據症狀之輕重程度進行治療，輕者僅需塗抹抗真菌劑，重者尚需口服或注射抗真菌劑，如 fluconazole、Ketoconazole、griseofulvin、clotrimazole 等。此類藥物的毒性甚強，治療時必須監控患者的肝腎功能。含抗真菌劑之洗髮精亦能用治療頭癬。表淺性真菌病的療程長達數週至數月之久，患者需待症狀完全消失後才能停止用藥，否則極容易復發。

3.傳播途徑

表淺性真菌病具高傳播性與傳染力，接觸患者、病獸、脫落之皮屑後極可能遭受感染。搓刀、指甲刀剪亦是常見的傳播媒介，因此患有甲癬者應使用不同指甲刀剪正常與遭受感染的指甲。另外，附著在鞋、襪、地板、被褥、衣物、髮梳等處之真菌最常引起家人間的交互感染。

4.預防

(1) 減少與患者、病獸接觸之機率，不與人共穿鞋、襪、衣褲，共用毛巾、物品及被褥。
(2) 家中若有人感染，應將其衣褲、被褥、毛巾分開後再行清洗。
(3) 癬症（尤其是足癬）多帶給患者無法忍受之癢感，抓癢時必須謹慎。一旦出現裂縫或傷口應立即以優碘消毒，否則體表的綠膿桿菌、化膿性鏈球菌或金黃色葡萄球菌可能入侵，引起丹毒、蜂窩性組織炎，甚至高死亡率之敗血症。

第二節 皮下真菌病

種類眾多之「子囊菌綱」是皮下真菌病的主要元兇，它們的孢子能經皮膚傷口、呼吸道、或動物接觸進入人體引起各種病變。

1.足菌腫 (mycetoma)

此症流行於印度、查德、蘇丹、葉門、墨西哥、塞內加爾、衣索匹亞、委內瑞拉、索馬利亞等開發中國家；患者多是

表 7.7.1

癬症	病原菌	症狀
變色糠疹 (pityriasis versicolor) 亦稱花斑癬汗	橢圓型皮屑芽孢菌 (*Pityrosporum ovale*)	胸、背部出現較膚色爲淺之斑塊
體癬 (tinea corporis) 亦稱圓癬或金錢癬	1. 鬚瘡毛癬菌 (*Trichophyton mentagrophytes*) 2. 犬小芽孢癬菌 (*Microsporun canis*)	軀幹、四肢出現環形或橢圓形紅斑，時而脫屑、時而發癢；嚴重時則會發炎、化膿
股癬 (tinea cruris) 俗稱跨下癢 (jock itch)	1. 鬚瘡毛癬菌 (*Trichophyton mentagrophytes*) 2. 紅色毛癬菌 (*Trichophyton rubrum*) 3. 絮狀表皮癬菌 (*Epidermophyton floccosum*)	鼠蹊部出現與體癬相同之症狀，紅斑會向大腿、生殖器蔓延
頭癬 (tinea capitis)	1. 犬小芽孢癬菌 (*Microsporun canis*) 2. 斷髮毛癬菌 (*Trichophyton tonsurans*)	好發於兒童，頭皮角質層遭破壞，引起掉髮、紅斑與皮屑增加
足癬 (tinea pedis) 亦稱香港腳	1. 鬚瘡毛癬菌 2. 紅色毛癬菌 3. 絮狀表皮癬菌	足底、足趾出現水泡、脫屑、紅斑，第 4、5 趾間最常出現潰爛。足癬病原菌常感染指甲，導致甲癬
甲癬 (tinea unguinum) 或稱灰指甲	1. 鬚瘡毛癬菌 2. 紅色毛癬菌 3. 絮狀表皮癬菌	多發生在足趾甲。甲板增厚、顏色變淺或變黃、與甲床分離，趾甲下聚集碎屑
髮癬 (tinea barbae)	1. 鬚瘡毛癬菌 2. 紅色毛癬菌	病原菌入侵髮幹與毛囊，皮膚出現發炎或斑塊狀病變。症狀好發於頸部及鬍鬚生長處，患者通常是成年男性
手癬 (tinea manuum) 或稱鵝掌風	1. 鬚瘡毛癬菌 2. 紅色毛癬菌 3. 絮狀表皮癬菌	症狀與足癬類似，但較爲少見。臨床認爲患有足癬者發生手癬的機率較一般人高

20 至 40 歲且從事耕種、畜牧或其他勞力工作。

(1) 症狀：足菌腫多發生在手與足，但頭、膝、胸、腹、陰囊等處亦可能出現症狀。病原菌之孢子自裂縫或傷口進入人體，萌芽為繁植體後逐漸破壞皮膚、皮下組織，引起慢性肉芽腫 (chronic granuloma)。初始症狀為突出體表之結節，之後軟化，形成竇管與膿瘡；病原菌聚集後形成之白色、紅色、黃色或黑色顆粒（視菌種而不同）會自其中釋出。病原菌有時會侵犯肌肉與骨骼，造成嚴重病變。由於印度的馬杜拉區是足菌腫最初發現處，因此又稱其為馬杜拉足 (maduramycosis, madura foot)。

(2) 病原菌：足菌腫之病因有二，其一為細菌，其二為真菌。前者是外型與特性皆似真菌之需氧型革蘭氏陽性菌，例如奴卡氏菌 (*Nocardia asteroides*, *Nocardia brasiliensis*)、鏈絲菌 (*Streptomyces somaliensis*)。七成足菌腫多是感染土麴菌、馬杜拉菌、新月灣孢真菌、波氏足腫菌等真菌所致。

A. 土麴菌 (*Aspergillus terreus*)：侵入型真菌，由於擁有耐熱基因，因此可於土壤 (25℃) 與宿主體內 (37℃) 繁殖。帶有土麴菌之禽、畜為主要傳染源，患者多是免疫力不足或使用免疫抑制劑的個體。

B. 馬杜拉菌屬 (*Madurella* spp.)：此類真菌棲息在熱帶與亞熱帶地區的土壤裡，由於它是新發現之菌屬，學界對其所知仍然有限；屬中能引起足菌腫者包括 *Madurella mycetomatis* 及 *Madurella grisea*，它們的繁殖速度較緩，前者能生長在 37℃，後者則否。

C. 新月彎孢真菌 (*Curvularia lunata*)：生長在土壤與腐木中的新月彎孢菌能感染玉米等作物、造成農損，亦能經由接觸或空氣感染人類，引起足菌腫與呼吸道疾病。

D. 波氏足腫菌 (*Pseudallescheria boydii*)：此菌能感染足癬患者，引起致命性足菌腫。

(3) 治療：足菌腫診斷不易，再加上治癒率約四成，因此必須在疑似感染時立即施以快速積極治療，有時需配合手術才能見效，否則恐有截肢之虞。臨床上使用之藥物包括 amphotericin B、itraconazole、voriconazole。

(4) 傳播途徑：體表的裂縫與傷口是足菌腫病原菌進入人體的主要入口，因此赤足走在泥土上最可能遭受感染。

2.孢子絲菌病 (sporotrichosis)

此種慢性皮下真菌病亦稱玫瑰園丁症 (rose handler's disease) 或玫瑰刺症 (rose thorn disease)，一般發生在經常接觸植物與動物者，如農夫、園丁、蒔花者、獸醫、流浪動物照護所工作人員。

(1) 症狀：申克氏孢子絲菌經傷口侵入皮下組織，數週或數月後感染處出現無痛性紅腫、潰瘍；病原菌接著侵入淋巴，引起膿瘍與結節。患者若免疫不足，孢子絲菌將在體內四處擴散，傷害腦、關節、脊髓，造成嚴重病變。

(2) 病原菌：申克氏孢子絲菌 (*Sporothrix schenckii*) 屬於二型性擔子菌，25℃（環境或培養基中）長出菌絲體，進入人體 (37℃) 即轉變為酵母菌型。它的棲息處極廣，如乾草堆、腐敗植物、覆蓋苔癬的土壤；此菌能藉由吸附、蛋白酶等致病因子感染人類與動物。

(3) 治療：一般患者以 fluconazole 、itraconazole 、terbinafine 或碘化鉀（口服型溶液）治療。發生在免疫力不足者的瀰散型孢子絲菌症則需使用 amphotericin B，療程為 3 至 6 個月，體內的病原菌才能被完全清除。

(4) 傳播途徑：皮膚傷口、接觸病獸、呼吸道（較為罕見）。

3.產氣眞菌病 (chromomycosis, chromoblastomycosis)

(1) 症狀

產氣真菌病是一種慢性皮下感染症，病原菌的孢子進入感染者體內後萌芽長出菌絲。數週至數月後，感染處會出現暗紅色病變，接著形成突出體表、外觀似花菜之疣狀結節或肉芽腫潰瘍。菌絲有時會進入淋巴或血液，並隨其擴散至四肢，使淋巴回流受阻，導致象皮病。部分患者出現淋巴結腫大、續發性細菌感染等併發症。

(2) 病原菌

A. 卡氏支孢菌 (*Cladosporium carrionii*)：生長緩慢之卡氏支孢菌需耗時一個月，才能在人工培養基上形成菌落，其表面布滿橄欖色或深褐色之細短菌絲。它能在環境中與宿主體內長出營養與繁殖菌絲。

B. 著色芽生菌屬 (*Fonsecaea* spp.)：此類真菌帶有色素，存在土壤與腐爛植物中，它擁有菌絲型與酵母菌型，可同時感染爬蟲類與溫血動物。其中兩個菌種 (*Fonsecaea pedrosoi*, *Fonsecaea compacta*) 與產氣真菌病的發生有關，前者盛行於日本與南美，較為常見；後者流行於中美、北美，較罕見。除產氣真菌病，它們亦能引起竇炎、角膜炎、致死性腦炎。

C. 疣狀瓶真菌 (*Phialophora verrucosa*)：它屬於菌絲型子囊菌，7 日內即可長出菌落，因此繁殖所需時間較卡氏支孢菌、著色芽生菌短。生長過程中菌絲會由白轉灰綠，最後為黑色；菌絲壁突起似疣，因此謂之「疣狀」瓶真菌。此菌引起之病變包括產氣真菌病（流行於日本、南美）、角膜炎、關節炎、骨髓炎、出血熱、出血熱、心內膜炎等。

(3) 治療

產氣真菌病不僅無致命性、預後亦佳，但療程耗時。臨床建議症狀嚴重者同時使用手術、抗黴菌劑 (5-flucytisine, itrconazole, voriconazole) 及液態氮冷療法，效果較為顯著。

第八章 寄生蟲性皮膚、肌肉感染症

Parasitic Skin and Muscle Infections

寄生蟲性皮膚炎的症狀十分相似，包括癢、丘疹、水疱。

第一節　皮膚型利什曼原蟲症

1.症狀

盛行於印度、肯亞、南美、地中海沿岸等地之東方瘡 (oriantal sore) 即醫學上所謂的皮膚型利什曼原蟲症 (cutaneous leishmaniasis)，它的潛伏期視寄生蟲種類而定，短則 2 週、長則 3 年。初始症狀為零星的丘疹，之後轉變為疼痛、產生滲出液之潰瘍。免疫正常者可獲痊癒，功能（尤其是細胞性免疫）不足者可能惡化為瀰散性病變；患者若有過敏體質，過敏者的症狀會在褪去後復發。

2.病原菌

引起此症之利什曼原蟲極多，學理上多依據流行處為其命名，例如熱帶利什曼原蟲 (*Leishmania tropica*) 、巴西利什曼原蟲 (*Leishmania braziliensis*)、大型利什曼原蟲 (*Leishmania major*) 、墨西哥利什曼原蟲 (*Leishmania B. mexicana*)、秘魯利什曼原蟲 (*Leishmania B. peruviana*) 、巴拿馬利什曼原蟲 (*Leishmania B. panamensis*) 等。

白蛉叮咬患者時，無鞭毛蟲型利什曼原蟲會進入其體內，之後在腸道發育為前鞭毛體（圖 7.8.1），繁殖後移至口器。當白蛉對健康者吸血時，口器內的前鞭毛體即進入人體，再為巨噬細胞所吞食，蟲體利用保護蛋白存活於細胞內並以二分裂法繁殖，接著釋入血液中，等待下一波的感染。

3.傳播途徑

白蛉叮咬，此種吸血性昆蟲在糞便、肥料、腐敗植物中產卵，繁殖後代。

4.預防與治療

防白蛉叮咬、清除白蛉繁殖處，臨床上以 pentamidine 、antimony sodium gluconate 治療。

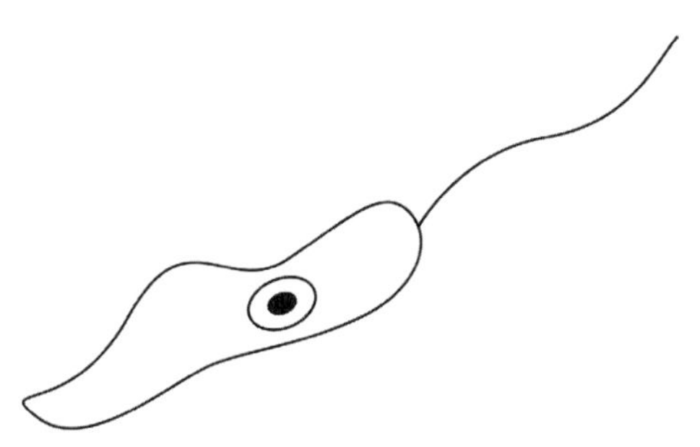

圖 7.8.1　利什曼原蟲

第二節　黏膜皮膚型利什曼原蟲症

1.症狀

黏膜皮膚型利什曼原蟲症 (mucocutaneous leishmaniasis) 與東方瘡相似，但病灶處較多，且經常擴及鼻腔、軟顎、硬顎等處之黏膜，患者可能因續發性細菌感染而死亡。

2.病原菌

巴西利什曼原蟲 (*Leishmania braziliensis*)、墨西哥利什曼原蟲 (*Leishmania B. mexicana*) 等。

3.傳播途徑

與皮膚型利什曼原蟲症相同。

4.預防與治療

與皮膚型利什曼原蟲症相同。

第三節　蟠尾絲蟲症

1.症狀

蟠尾絲蟲症 (onchocerciasis) 原是流行於中非、沙烏地阿拉伯之傳染性疾病，奴隸的買賣將其帶入南美國家。患者真皮中的微絲蟲及蟠尾絲蟲死亡後釋出之蛋白能誘導過敏，引起皮膚癢、熱、水腫、疼痛。症狀痊癒後會經常復發，最終造成皮下組織增厚，皮膚因失去彈性而萎縮或起皺摺（象皮病，elephantiasis），淋巴結腫大，病變多集中在顏面、頸部、鼠蹊部。

2.病原菌

黑蠅吸取患者血液時，蟠尾絲蟲 (*Onchocerca volvulus*) 的幼蟲（微絲蟲）順勢進入昆蟲體內，數月後發育為感染性幼蟲，它在黑蠅叮咬時進入人體，繼而發育為成蟲，雌蟲與雄蟲交配產下微絲蟲，完成生活史 (life cycle)。

3.傳播途徑

吸血性昆蟲（黑蠅）叮咬。

4.預防與治療

病媒叮咬是傳播蟠尾絲蟲的主要途徑，因此撲滅病媒即可有效預防感染；臨床治療時使用的是 Diethylcarbamazine (DEC)。

第四節　皮膚幼蟲移行症

1.症狀

有些寄生蟲的幼蟲會鑽入人體皮膚感染，由於無法發育為成蟲，因此僅能在皮下組織移行，引起皮膚幼蟲移行症 (cutaneous larva migrans)。症狀包括紅斑、水疱、結痂，預後良好，但患者常在結痂期因抓破皮膚而感染細菌。另外，幼蟲存在皮下組織達數月之久，再加上每日僅能爬行數毫米 (mm) 長，因此手、足皮膚常見結節與蛇狀般移動軌跡。

2.病原菌

引起此症之寄生蟲包括犬鉤蟲 (*Ancylostoma canunum*)、巴西鉤蟲 (*Ancylostoma braziliensis*) 等，兩者僅能在貓或犬的體內完成生活史；亦即由蟲卵孵化為幼蟲，幼蟲再發育為成蟲。雄蟲與雌蟲交配後產生大量蟲卵，它們會進入土壤中孵化。

3.傳播途徑

接觸含有犬鉤蟲或巴西鉤蟲幼蟲之泥土或沙粒。

4.預防與治療

避免接觸貓、犬出入之沙地，減少赤足走在泥土或施肥之土壤上，接觸後應確實清洗。臨床上以 Ivermectin、albendazole、thiabendazole 治療。

第五節　羅阿絲蟲感染症

1.症狀

羅阿絲蟲進入人體後經 2 個月至 1 年後即引起卡拉巴腫 (Calabar swelling)，或稱羅阿絲蟲感染症 (loa loa infection)。當蟲體在真皮及皮下組織竄行時，引起癢、紅斑、水腫、疼痛等症狀；若再加上過敏，病情將更嚴重。

2.病原菌

羅阿絲蟲 (*Loa loa*) 亦稱非洲眼蟲，其外型、生活史皆與蟠尾絲蟲相同。

3.傳播途徑

芒果蠅的叮咬。

4.治療

Ivermectin、diethylcarbamazine(DEC)。

第六節　尾動幼蟲皮膚炎

1.症狀

尾動幼蟲其實是血吸蟲的幼蟲，它們在池塘、湖泊或海洋中孵化，因此能鑽入游泳者或水中工作者的皮膚，引起尾動幼蟲皮膚炎 (cercarial dermatitis)。此症俗稱泳者之癢 (swimmer's itch)，典型症狀包括癢、丘疹、水疱。

2.病原菌

血吸蟲 (*Schistosama* spp.) 的蟲卵經感染者的糞便排出體外，進入螺螄體內發育為尾動幼蟲。它離開螺螄後會感染脊椎動物，並在其體內長成雌蟲與雄蟲，兩者受精後產生大量蟲卵。值得一提的是，吸蟲類中僅血吸蟲擁有雌雄異體，但細長的雌蟲總是存在雄蟲的抱雌溝中，如下頁圖 7.8.2 所示。

3.傳播途徑

在存有血吸蟲的水域中游泳或工作。

4.預防與治療

游泳或在水中工作後應立即沐浴；抓癢時若破皮染細菌的機率將大增，患者可塗抹止癢軟膏或乳液避免。

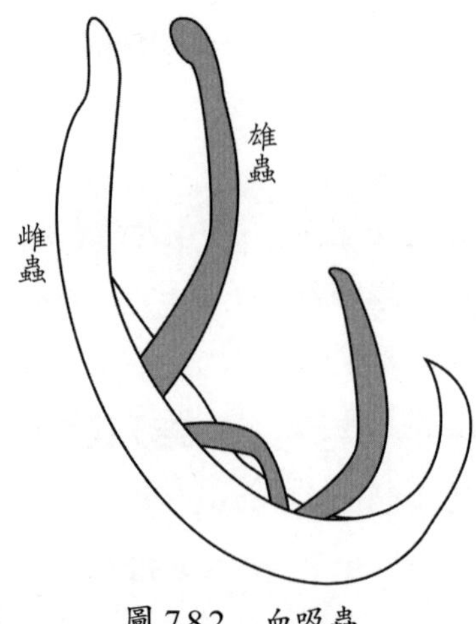

圖 7.8.2　血吸蟲

第九章 細菌性生殖泌尿道感染症

Bacterial Genitourinary Tract Infections

由上至下，泌尿道分為腎臟 (kidney)、輸尿管 (ureter) 、膀胱 (bladder) 、尿道 (urether)；女性生殖道包括卵巢 (ovary) 、輸卵管 (fallopian tube) 、子宮 (uterus) 、子宮頸 (cervix) 、陰道 (vagina) ，男性生殖道則有精囊 (seminal vesicle) 、輸精管 (vas deferense) 、陰莖 (penis) 、前列腺 (prostate gland)。

生殖道與泌尿道分屬不同系統，但兩者間存在著些許相關性，因此本章將它們合而為一，探討細菌感染引起的淋病、尿道炎、陰道炎、子宮頸炎、梅毒、花柳性淋巴肉芽腫。

第一節　尿道炎

1.症狀

就生理結構而言，女性的尿道較短，且與陰道、肛門間的距離較近，因此來自兩處的細菌極容易引起感染，造成尿道炎 (urethritis)。其典型症狀包括頻尿、尿急、少尿、腰痠、下腹痛、解尿時疼痛且有灼熱感，嚴重時會出現血尿。另外，病原菌亦能由尿道，經膀胱上行至腎臟，過程中可能引起膀胱炎、腎臟炎、腎盂腎炎。

醫學上根據病原菌種類將此症分為淋菌性 (gonococal urethritis) 與非淋菌性尿道炎 (non-gonococal urethritis, NGU) ，前者由淋病雙球菌引起，患者的尿液中因含膿而呈現混濁狀；後者通常是感染病毒、寄生蟲、淋球菌以外的細菌所致，尿液中無膿因此比較清徹。

2.病原菌

以下介紹的是引起非淋菌性尿道炎之細菌。

(1) 尿道致病性大腸桿菌 (uropathogenic *Escherichia coli*, UPEC)：此菌可引起近九成之尿道炎，其致病因子包括菌毛與吸附素，兩者能協助菌體吸附在泌尿道上皮細胞，進而大肆繁殖。其他相關敘述見本篇第三章第一節「細菌性腸胃炎」。

(2) 砂眼披衣菌 (*Chlamydia trachomatis*)：此菌缺乏胜醣，無法合成能量；它計有十二種 (A-L) 血清型，其中 D-K 型能引起尿道炎。披衣菌的詳細說明見本篇第二章第二節「肺炎」。

(3) 腐生性葡萄球菌 (*Staphylococcus saprophyticus*)：嚴格說來，腐生性葡萄球菌並不是致病菌，而是生殖泌尿道中的革蘭氏陽性常在菌。它僅能在性行為頻繁、複雜之女性體內大量繁殖，引起尿道炎。腐生性葡萄球菌與金黃色葡萄球菌不同之處在於它不僅缺乏凝固酶，亦不會產生複雜的毒素與酵素。

(4) 人類黴漿菌 (*Mycoplasma hominis*) 、溶尿尿漿菌 (*Ureaplasma urealyticum*)：兩者的構造、特性皆和肺炎黴漿菌相同，相關說明見本篇第二章第二節「肺炎」。

3.預防與治療

尿道炎好發於女性，因此多喝水、勤洗澡，保持清爽、穿著透氣吸濕之內褲，大小便後以衛生紙由前向後擦拭等，皆能避免肛門的細菌進入尿道。除此之外，提高免疫能力亦能積極預防尿道炎的發生。

治療尿道炎前必須先確認病原菌，若是尿道致病性大腸桿菌，可考慮使用 ciprofloxacin 或 trimethoprim/sulfamethoxazole；但它具有多重抗藥性，最好在敏感性試驗後再決定藥物。砂眼披衣菌、人類黴漿菌、溶尿尿漿菌引起者，則以 tetracyclines 為第一線治療劑。

第二節　淋病

1.症狀

淋病(gonorrhea)的潛伏期為2至7日，主要症狀為化膿、灼熱感、解尿疼痛與困難，因此與尿道炎的症狀極為類似。男性感染者中約一成無症狀或不明顯，女性感染者則有八成。淋病會併發多種泌尿生殖道病變，例如陰道炎、前列腺炎，副睪丸炎，輸卵管或輸精管若阻塞將導致不孕症。必須提醒的是，淋病雙球菌會存在孕婦產道內，新生兒感染後會出現新生兒眼炎 (ophthalmia neonatorum)，此症亦稱膿漏眼。

2.病原菌

淋病雙球菌 (*Neisseria gonorrhoeae*) 為革蘭氏陰性化膿性球菌，其抗原具有高度變異性，症狀因此經常復發。詳細說明見本篇第一章第二節「急性咽炎」。

3.傳播途徑

接觸、性行為。

4.預防與治療

淋病是一種盛行於全球之性行為感染症，再加上無症狀者（尤其是女性）與帶原者比例偏高，因此使用保險套、實施安全性行為、減少性伴侶人數均能有效預防。Penicillin 曾是首選治療劑，因抗藥性嚴重，建議改用 ceftriaxon（第三代頭孢菌素）或 fluroquinolone。

第三節　陰道炎

1.症狀

女性最常見的生殖道感染症為陰道炎 (vaginitis)，其中又以細菌性陰道炎的比例最高；它能發生在幼兒、新婚者、停經婦女、糖尿病患、使用避孕器者、經常沖洗陰道者、及擁有多重性伴侶者，部分個體在月經期間亦會出現此症。究其原因不外以下數種：(1) 免疫力低下；(2) 使用侵入型醫療器材；(3) 衛生習慣不佳或過度講求清潔；(4) 荷爾蒙改變使陰道的乳酸桿菌大減、酸鹼值升高，常在菌與病原菌因此大量繁殖，導致發炎。

目前雖無證據顯示陰道炎能經性行為感染，但性伴侶多者、性行為複雜者的確較容易發生。2 歲以下幼兒的陰道炎，是因在地上坐或爬所致。患者會出現癢、灼熱、發炎、性行為疼痛、魚腥味白色分泌物，症狀嚴重時陰道會充血。

2.病原菌

(1)陰道嘉德氏桿菌 (*Gardnerella vaginalis*)：

此菌存在血液、咽喉、女性生殖泌尿

道，亦是陰道炎發生的主要元兇。學界一直無法定義其屬性，曾經稱它為陰道棒狀桿菌（G(+) 菌）、陰道嗜血桿菌（G(-) 菌）。造成此種現象的原因在於陰道嘉德氏菌的細胞壁雖與其他革蘭氏陽性菌相同，但較薄，使得菌體在染色後呈現紅色而非藍色。經過多年的研究，如今終於將它歸入革蘭氏陽性菌，再冠以「嘉德氏」之屬名。

(2) 普雷沃氏桿菌屬 (*Prevotella* spp.)：一群革蘭氏陰性厭氧型正常菌，存在人類口腔、腸道與陰道；它們能引起肺炎、肺膿瘍、陰道炎、尿道炎、呼吸道、腸胃炎、中樞神經感染症等多種伺機感染症。

(3) 人類黴漿菌 (*Mycoplasma hominis*)：相關說明見本章第一節「尿道炎」。

3.預防與治療

陰道炎具高復發性，預防方式與尿道炎相似，但更需注意飲食與個人衛生，例如：(1) 少吃辛辣物或容易引起過敏之海鮮；(2) 經期間應多清洗，但陰道擁有自潔能力，因此不需使用熱水或過度沖刷；(3) 出現症狀時必須立即就醫、正確用藥，避免用力抓癢，導致續發性感染。

治療陰道嘉德氏菌與普雷沃氏桿菌引起之陰道炎可使用 metronidazole 、clidamycin 、或局部塗抹含有前述抗生素之軟膏；治療人類黴漿菌引起之陰道炎則選用 tetracycline。

第四節　子宮頸炎

1.症狀

子宮頸炎 (cervicitis) 的病灶包括化膿、充血、水腫、壞死、糜爛、潰瘍，患者因此出現腰痛、分泌物多且含膿、性行為後出血、下腹與骨盆疼痛。部分患者甚至有膀胱發炎的現象。值得一提的是，急性子宮頸炎的症狀與陰道炎十分相似，診斷時應審慎。

2.病原菌

子宮頸位於陰道之上，因此陰道炎病原菌亦能引起子宮頸炎，例如大腸桿菌 (*Escherichia coli*) 、淋病雙球菌 (*Neisseria gonorrhoeae*) 、砂眼披衣菌 (*Chlamydia trachomatis*) 、人類黴漿菌 (*Mycoplasma hominis*)。

3.預防與治療

定期接受婦科檢查、注意個人衛生習慣、減少人工流產或引產、施行安全性行為等皆可有效預防子宮頸炎的發生。治療前必須釐清病因後再給予適當藥物，才能根除。

第五節　梅毒

1.症狀

梅毒 (syphilis) 屬於慢性、全身性感染症，潛伏期約 2 至 4 週，症狀的變異極大；個體免疫力及患者是否再感染他種微生物皆能影響病程發展。臨床上的梅毒分類有兩種：(1) 三階段法：初期、二期與三期梅毒；(2) 二階段法：早期與晚期梅毒，早期梅毒包括初期、二期、早期隱性梅毒，晚期梅毒包括晚期隱性、神經性與心血管性梅毒。下段中的敘述採較簡單且常用之三階段法。

(1) 初期梅毒 (primary syphilis)：患者的陰莖或陰道皮膚出現丘疹，接著轉為無痛性潰瘍，臨床上謂之硬性下疳 (chancre)。由於病灶內處含有大量梅毒螺旋菌，因此傳染力極強。男性患者的症狀通常較女性明顯。若未接受治療，硬性下疳會持續 3 至 6 週。

(2) 二期梅毒 (secondary syphilis)：梅毒螺旋菌於初期梅毒結束後進入血液，引起發燒、頭痛、肌痛、關節痛、體重減輕、淋巴結腫大等症。除此之外，全身皮膚，包括足底與手掌，會出現點狀丘疹，臨床謂之黏膜疹 (condyloma latum) 或梅毒疹，其中含有高濃度病原菌。

(3) 隱性梅毒 (latent syphilis)：患者若未接受治療，病程會由初期、二期進展為無症狀之隱性梅毒，其體內的病原菌仍具破壞性。此段病程若少於 4 年稱為「早期隱性梅毒」，傳染力較高；多於 4 年謂之「晚期隱性梅毒」，傳染力較低。

(4) 三期梅毒 (tertiary syphilis)：此期多出現在感染後 3 至 7 年，患者的表皮、皮下組織、骨骼、肌肉出現梅毒腫（象皮腫，gumma），它是特異性抗體與病原菌抗原作用後產生之病變。此外，部分患者會發生心血管梅毒 (cardiovascular syphilis) 或神經性梅毒 (neurosyphilis)，前者的症狀為動脈瘤、主動脈炎，後者為癲癇、複視、脊髓癆、記憶力消退、全身癱瘓。

值得提醒的是，有些患者的症狀不會按上述病程發展，而是在感染後直接進入三期梅毒。其症狀雖然較為嚴重，但患者體內幾乎無梅毒螺旋菌，感染他人的能力因此減弱許多。

(5) 先天性梅毒 (congenital syphilis)：懷孕過程中若感染梅毒，血液內的病原菌會進入胎盤染胎兒，引起先天性梅毒，症狀包括水疱、鼻漏、禿髮、黏膜疹、假性麻痺、色素沉著形成斑點。

2.病原菌

梅毒螺旋菌 (*Treponema pallidum*) 是一種生長極為緩慢之革蘭氏陰性菌（但部分學者不以為然），平均分代時間為 33-38 小時；其螺旋數多且密（圖 7.9.1），因此被納入密螺旋體屬。固著於膜層間隙的內鞭毛，提供此菌運動的能力。梅毒螺旋菌雖不是胞內絕對寄生菌，卻高度依賴宿主細胞，一旦落入環境中，便容易因日光、氧氣、營養缺乏而死亡。目前仍無法人工培養梅毒螺旋菌，其致病因子與致病機轉至今仍然成謎。

3.傳播途徑

梅毒螺旋菌可以經由多種途徑在人與人之間傳播：(1) 性行為；(2) 懷孕：孕婦血液內的梅毒螺旋菌進入胎盤感染胎兒，導致先天性畸形；(3) 共用針頭：吸毒、刺青、紋眉、紋眼線、鑽耳洞；(4) 輸血：

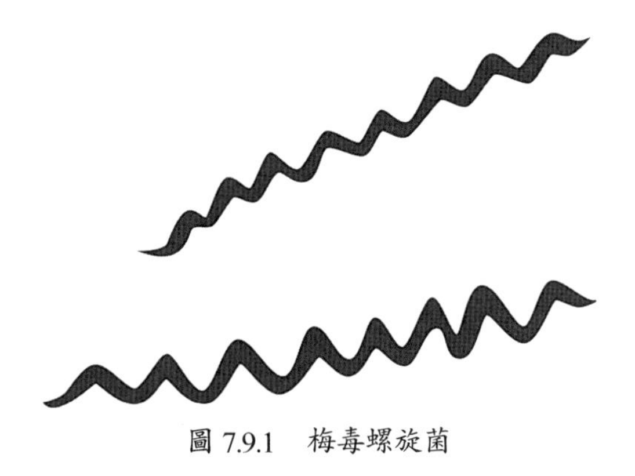

圖 7.9.1　梅毒螺旋菌

捐血中心嚴格檢驗血液中的病原菌，因輸血而感染梅毒已極為罕見。

4.預防與治療

Penicillin G（注射型青黴素）為首選之治療劑，對此種抗生素過敏者，可考慮使用 azithromycin。實施安全性行為、使用拋棄式注射針、感染此症之孕婦積極接受治療皆能有效預防梅毒。

5.臨床檢驗

為確保所有受血者皆能獲得無污染的血液，捐血中心必須對血源進行檢測。過程中以非螺旋菌試驗法 (Venereal Disease Research Laboratory test, VDRL)，檢驗非特異性抗體；之後再以螺旋菌試驗法 (TPPA, FTA-ABS)，檢驗特異性抗體 (IgG, IgM)。檢驗結果與判讀如下。

(1) VDRL(-)，TPPA(-)：未曾感染梅毒或已感染梅毒但尚未產生特異性抗體。

(2) VDRL(+)，TPPA(-)：感染梅毒但尚未產生特異性抗體，或罹患梅毒以外的疾病，如瘧疾、紅斑性狼瘡。

(3) VDRL(-)，TPPA(+)：感染梅毒且已接受治療。

(4) VDRL(+)，TPPA(+)：感染梅毒，但無法確定是否接受治療。

第六節　花柳性淋巴肉芽腫

1.症狀

花柳性淋巴肉芽腫 (lymphogranuloma venereum, LGV) 的潛伏期約 1 至 3 週。女性患者的小陰唇、陰道口、尿道口，男性患者的陰莖、龜頭、包皮出現水疱與潰瘍。兩種症狀消失後數週內，鼠蹊部淋巴結腫大、化膿、疼痛，多個腫大的淋巴結會逐漸融合，病灶上的皮膚呈現溝槽狀結構。接著淋巴結軟化、破裂、釋出膿液，形成瘻管。過程中患者會發燒、關節痛與肝脾腫大；症狀於數月後痊癒但會留下疤痕，且復發率極高。

2.病原菌

砂眼披衣菌 (*Chlamydia trachomatis*) 屬於絕對細胞內寄生菌，人類是其唯一感染對象。此菌擁有多種血清型，其中僅 L1、L2、L3 能引起花柳性淋巴肉芽腫。其他相關敘述見本篇第二章第二節「肺炎」。

3.預防與治療

安全性行為是預防花柳性淋巴腫的最佳方法，治療時可使用 tetracycline 或 sulfonamide。

第七節　軟性下疳

1.症狀

軟性下疳 (chancroid, ulcus molle) 的初始症狀為丘疹，繼而轉成極為疼痛之膿疱與潰瘍，鼠蹊部淋巴結腫大。外生殖器上的潰瘍使患者感染人類免疫缺失病毒（愛滋病毒）的機率大增，但此症在積極治療後多能痊癒。

2.病原菌

杜克氏嗜血桿菌 (*Haemophilus ducreyi*) 屬於營養挑剔、生長緩慢之革蘭氏陰性菌，X 因子是其生長所需之基本要素，因此培養此菌時需使用含有此種因子之巧克力瓊脂培養基。杜克氏嗜血桿菌經傷口侵犯人體，之後會以溶血素與細胞毒素破壞角質細胞、上皮細胞、纖維母細胞，同時誘導它們釋出細胞激素，吸引嗜中性白血球前往發炎處，使症狀更為嚴重。

3.預防與治療

施行安全性行為能有效防堵軟性下疳，azithromycin 、ciprofloxacin 、ceftriaxone 則用於治療。

第十章 病毒性生殖泌尿道感染症

Viral Genitourinary Tract Infections

第一節　生殖器疣

1.症狀

生殖器疣 (genital warts) 又名尖形濕疣 (condyloma acuminatum)，近年來患者人數不斷向上攀升，已成為十分常見之性行為傳染症。它的傳染力極強，潛伏期約 2 至 3 個月。初時通常無症狀，之後大、小陰唇，陰莖、包皮、龜頭、陰囊、肛門周圍，逐漸長出白色、紅色或褐色肉瘤般贅生物；由數個增加至一團，外觀似花椰菜，因此俗稱「菜花」，病變處出現癢、灼熱，且發出惡臭。

生殖器疣若出現在尿道或直腸則引起血尿、血便、排尿困難、常有便意卻無法排便。值得一提的是，肝炎與懷孕皆能使生殖器疣快速增生。

2.病原菌

目前所知的人類乳突瘤病毒 (human papillomavirus, HPV) 已超過 120 餘種，其中第 1、2、6、11、16、18、31、33、35、45、51、52、56 等型與生殖器疣有關。其中 16、18、31、33、35、45、51、52、56 屬於高致癌性病毒，它們的致癌蛋白 (E6, E7) 能分別與宿主細胞內的抑癌蛋白 p53、RB 結合，導致細胞快速分裂增生，最後引起子宮頸癌 (cervical carcinoma) 或陰莖癌 (testicular carcionma)。1、2、6、11、16 等型屬於低致癌性病毒，能引起生殖器疣、口腔乳突瘤、呼吸道乳突瘤。

3.傳播途徑

生殖器疣的感染方式有二：(1) 接觸藏有人類乳突瘤病毒之馬桶座、泳池邊、溫泉池邊、SPA 池邊；(2) 與患者進行口交、肛交或其他性行為。

4.預防與治療

施行安全性行為能有效預防生殖器疣的發生，使用溫泉、游泳池、SPA 設施後應立即淋浴。常用的治療法計有下列四種：

(1) 手術切除：用於清除口腔與呼吸道內的乳突瘤。

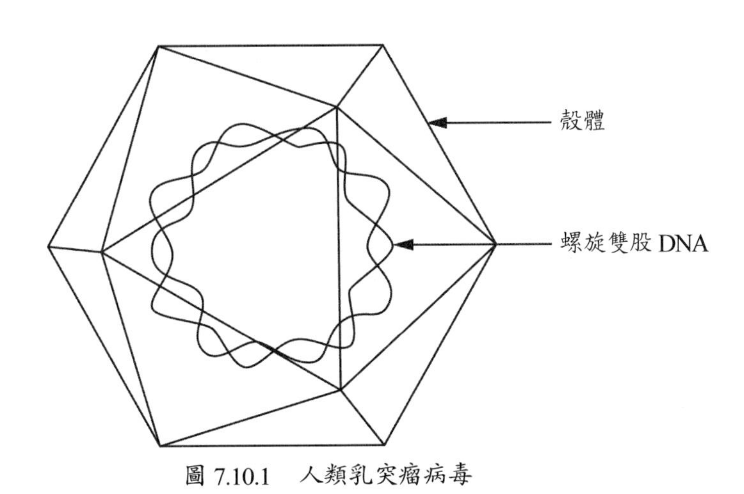

圖 7.10.1　人類乳突瘤病毒

(2) 冷療法：以液態氮冷凍疣組織，使其壞死脫落，但此法多用在疣的數目較少之病變處。
(3) 灼燒法：以二氧化碳激光燒灼疣組織，適用於大面積之病灶處。
(4) 藥物治療：以 podophlline 凝膠或 imiquimod 軟膏塗抹患部，但孕婦忌用。

第二節　生殖器疱疹

1.症狀

生殖器疱疹 (genital herpes) 是感染單純疱疹病毒後好發的疾病之一，它的潛伏期約 1 週左右，初期症狀為發燒、淋巴結腫大、病灶處皮膚極癢；接著是陰莖、龜頭、陰唇、陰道、子宮頸與肛門周圍出現水疱，數日後水疱破裂，轉為疼痛性潰瘍、排尿疼痛，最後結痂痊癒。

日曬、月經、疲勞、情緒低落、免疫力降低等因素，能使潛藏在神經細胞內的病毒活化，導致生殖器疱疹的復發。值得提醒的是，不論症狀出現與否，患者皆能經性行為感染他人。

2.病原菌

單純疱疹病毒 (herpes simplex virus, HSV) 計有二型，HSV-1 與 HSV-2。第一型多經呼吸道傳播，感染眼、腦、皮膚等處；第二型通常經性行為傳播，感染生殖泌尿道。隨著性行為方式的改變，它們的區分已不再明顯，因此兩種病毒皆能引起性行為感染症。其他相關敘述見本篇第一章第二節「急性咽炎」。

3.傳播途徑

性行為。

4.預防與治療

安全性行為能有效預防生殖器疱疹，已感染者應提高免疫力、避免過度日照、多運動、多休息、維持均衡營養，便能降低復發率。臨床治療此症時會使用 acyclovir、foscarnet、valacyclovir。

第三節　後天免疫缺乏症候群

將二十世紀黑死病置於本節其實有些不妥，因為它雖然經由血液、性行為散播，感染的對象卻是免疫細胞，病變則分散在身體各處。換言之，無任一感染章適合探討，因此決定以感染途徑進行定位。

1.症狀

後天免疫缺乏症候群 (aquired immunodeficiency syndrome, AIDS)：即眾所周知的愛滋病，它是世界衛生組織在 1983 年才完成命名的傳染症，數年後同一組織將愛滋病的病程發展分為以下三個階段。

(1) 急性感染期 (acute infection)：出現在感染後 2 至 4 週左右，患者血液中存有大量人類免疫缺失病毒，病徵包括發燒、頭痛、肌肉痛、喉嚨痛、丘疹、腹瀉、淋巴結腫大等，數週後症狀消失。由於此時的愛滋病症狀不具特殊性，常被診斷為流感或其他疾病，因此喪失治療的黃金時間。
(2) 臨床潛伏期 (clinical latency)：急性感染

期後，病程進入潛伏期，它短則半年，長則十餘年，平均約為 8 年。初時多無症狀，但潛伏期結束前患者會出現發燒、失重、肌肉痛、全身淋巴腺病與胃腸道不適等。另外，血中的愛滋病毒會進入感染細胞內，血中的輔助性 T 細胞 (T4 cell, CD4 T cell) 會減少，患者的的免疫能力逐漸不足，有些甚至出現伺機性感染症 (opportunistic infections)。

(3) 症狀期 (acquired immunodeficiency syndrome, AIDS)：當輔助性 T 細胞數目降至每微升 (microliter, μl) 僅 200 時，血中的愛滋病毒數量會劇增，表示病程進入症狀期，腹瀉、寒顫、體重減輕、持續發燒、夜間盜汗、神經病變、全身淋巴結腫大等是這個階段的典型病變。隨著 T 細胞數目的遞減，伺機性感染症（如表 7.10.1 所列）愈多且愈嚴重；臨床數據顯示，患者通常在症狀期出現後 3-5 年內死亡。

2.病原菌

人類免疫缺失病毒 (human immunodeficiency virus, HIV) 是愛滋病發生的主因，依據核酸排列順序將其分為兩型，HIV-1 與 HIV-2。前者的感染力較強，盛行於全球；後者的感染力較弱，僅流行於非洲。此種病毒專門感染擁有膜蛋白 CD4 之細胞，如單核球、巨噬細胞、微膠質細胞、輔助性 T 細胞等；臨床潛伏期時病毒會潛藏在前述細胞內，逃避免疫系統的辨識。

人類免疫缺失病毒屬於反轉錄病毒科 (*Retroviridae*)，擁有套膜、嵌入酶 (integrase)、蛋白酶 (protease)、反轉錄酶 (reverse transcriptase)，及下列四種構造與特性。

(1) 同時具有核蛋白與殼體，前者呈螺旋對稱、包裹核酸；後者呈錐形，包覆在核蛋白之外，如圖 7.10.2 所示。

(2) 基因體由兩條序列完全相同之線狀正性單股 RNA 組成，學理上稱此種核酸為雙套基因體 (diploid genome)。值得注意的是，反轉錄病毒科是唯一擁有雙套基因體病毒。

(3) 套膜上的醣蛋白 (gp120, gp41) 必須同時和細胞接受器 (CD4)、輔助接受器 (CCR5 or CXCR4) 結合，病毒才能進入宿主細胞內繁殖。

(4) 複製核酸時，反轉錄酶先將基因體反轉錄為雙股 DNA，接著進入宿主細胞核內；在嵌入酶的主導下，雙股 DNA 會插入染色體，之後才開始進行核酸複製與蛋白質合成。

3.傳播途徑

(1) 輸血與共用針頭：輸血、吸毒、刺青、紋眉、紋眼線。

(2) 哺乳：愛滋病毒能進入產婦的乳汁感染喝母乳的新生兒。

(3) 懷孕與生產：病毒經胎盤感染胎兒，亦能經產道感染新生兒。

(4) 性行為：最主要的感染途徑，因為精液與陰道分泌物中含有大量愛滋病毒。

表 7.10.1

	微生物	疾病
皮膚	水痘病毒 (varicell-zoster virue)	帶狀疱疹
	人類疱疹病毒第八型 (human herpesvirus 8)	卡波西氏肉瘤 *
	單純疱疹病毒 (herpes simplex virus)	唇疱疹、生殖器疱疹
呼吸道	卡氏肺囊蟲 (*Pneumocystis jerovecii*)	囊蟲性肺炎
	莢膜組織漿菌 (*Histoplasma capsalatum*)	眞菌性肺炎
	結核桿菌 (*Mycobacterium tuberculosis*)	結核
	鳥型細胞內結核桿菌	非典型結核
	嗜肺性退伍軍人桿菌 (*Legionella pneumophila*)	退伍軍人症
	肺炎鏈球菌 (*Streptococcus pneumoniae*)	肺炎
	巨細胞病毒 (cytomegalovirus)	肺炎
胃腸道	白色念珠菌 (*Candida albicans*)	鵝口瘡
	微隱孢子蟲 (*Cryptosporidium parvum*)	嚴重腹瀉
	沙門氏桿菌 (*Salmonella* spp.)	腹瀉
中樞神經	單純疱疹病毒	疱疹性腦炎
	JC 病毒 (JC virus)	進行性多部腦白質病變
	弓蟲 (*Toxoplasma gondii*)	腦炎
	新型隱球菌 (*Cryptococcus neoformans*)	慢性腦膜炎
生殖道	人類乳突瘤病毒 (human papillomavirus)	尖型濕疣、陰莖癌、子宮頸癌
	單純疱疹病毒	生殖器疱疹
	白色念珠菌	陰道炎
	梅毒螺旋菌 (*Treponema pallidum*)	梅毒
其他	巨細胞病毒 (cytomegalovirus)	視網膜炎
	BK 病毒 (BK virus)	腎病變

* 卡波西氏肉瘤 (Kaposis sarcoma)：出血性肉瘤，多出現在口、咽、顏面與陰莖。初時爲皮疹，之後顏色變深且病變處有水腫現象，外觀上似極血管瘤。皮疹繼而形成結節，數個結節會融合爲一，有時會潰爛。

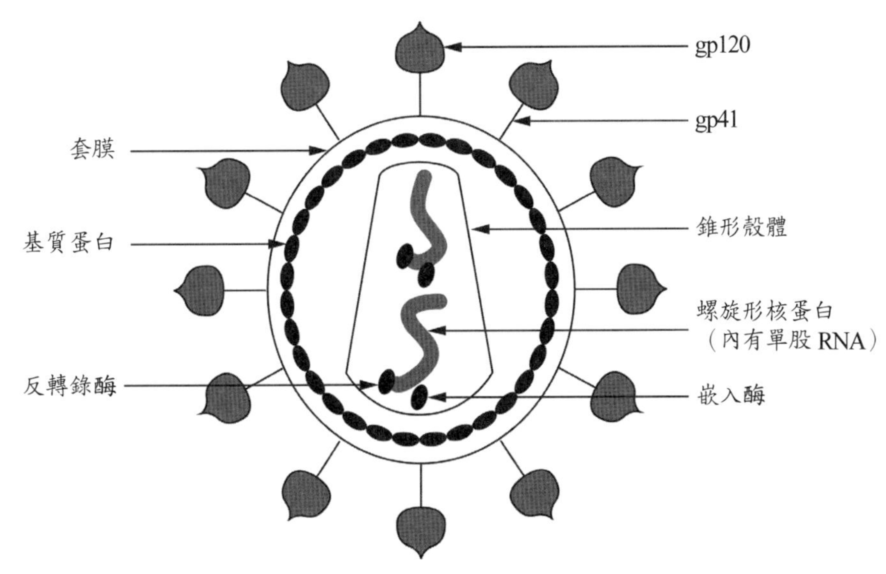

圖 7.10.2　人類免疫缺失病毒

4.預防

(1)篩檢血源與移植物，可避免患者於輸血或移植組織、器官時遭受感染。

(2)施行安全性行為、避免非必要輸血、不與他人共用牙刷、針頭、刮鬍刀。

(3)感染愛滋病之產婦最好不要哺乳，以降低嬰兒的感染率。

5.臨床檢驗

感染愛滋病毒後 6-12 週屬於無法檢出特異性抗體之「空窗期」，但此時的病毒量最高、感染力亦最強；患者若於此時捐血、器捐、或發生性行為，病毒皆能進入他人體內進行感染（不一定發病）。目前使用之檢驗技術具高靈敏度與高特異性，它可以將無法檢出期縮短至 1 週左右。

先以酵素結合免疫法 (enzyme linked immunosorbent assay, ELISA) 偵測患者血清中的抗體，需重複兩次，結果均為陽性需再以西方墨點法 (Western blot) 鑑定病毒抗原 (P24, gp41, gp120)。檢驗結果仍呈陽性時才能確認為感染個案。

6.治療

臨床上治療愛滋病時，使用的是高效抗反轉錄病毒療法 (highly active anti-retroviral therapy, HAART)，它是由何大一博士於 1996 年首創之三合一療法 (triple therapy) 或雞尾酒療法 (cocktail therapy)。療程中必須同時使用三種藥物，即一種蛋白酶抑制劑與二種反轉錄酶抑制劑，如表 7.10.2 所示。

值得提醒的是，愛滋病毒的蛋白酶與反轉錄酶容易發生抗藥性，再加上療程較長，治療期間應監控患者血中病毒核酸 (RNA) 與殼體 (P24) 的濃度。它們若上升即表示療效不佳，需考慮更換藥物。

第四節　尿道炎、陰道炎與子宮頸炎

1.症狀

見本篇第九章第一節「尿道炎」、第三節「陰道炎」、第四節「子宮頸炎」之說明。

2.病原菌

人類乳突瘤病毒 (human papillomavirus) 、單純疱疹病毒 (herpes simplex virus) ，兩者之相關敘述參見本章第一節「生殖器疣」與第二節「生殖器疱疹」。

表 7.10.2

	蛋白酶抑制劑 (protease inhibitor, PI)	核苷酸反轉錄酶抑制劑 (nucleotide reverse transcriptase inhibitor, NRTI)	非核苷酸反轉錄酶抑制劑 (non-nucleotide reverse transcriptase inhibitor, NNRTI)
種類	atazanavir(ATV) darunavir(DRV) indinavir(IDV) lopinavir(LPV) ritonavir(RTV) saquinavir(SQV) tipranavir(TPV)	abacavir (ABC) azidothymidine(AZT) didanosine(ddI) emtricitabine(FTC) lamivudine(3TC) nevirapine(NVP) stavudine(d4T) zalcitabine(ddC) zidovudine(ZDV)	delavirdine efavirenz(EFV) nevirapine(NVP)

第十一章 眞菌、寄生蟲泌尿生殖道感染症

Fungal and Parasitic Genitourinary Tract Infections

第一節　真菌性陰道炎

1.症狀

真菌型陰道炎的症狀包括陰道與外陰部癢、灼熱、紅腫、且有乳酪狀的白色分泌物；患者解尿時有疼痛感、鼠蹊部淋巴結腫大。孕婦若感染，症狀將更形嚴重。

2.病原菌

八至九成真菌性陰道炎皆因感染白色念珠菌 (*Candida albicans*) 所致，它是人類口腔、陰道、胃腸道的常在菌，屬於單細胞、酵母菌型真菌，如圖 7.11.1 所示。個體免疫力正常、陰道呈酸性時，白色念珠菌的數目較少，不會引起任何病變。免疫力下降、陰道酸鹼值上升、過度清潔陰道、荷爾蒙組成改變時，它會大量繁殖，引起白色念珠菌症 (candidiasis) ，如陰道炎、鵝口瘡、腸胃炎等。鵝口瘡是一種口腔黏膜潰瘍，最常發生在糖尿病患。

3.傳播途徑

真菌性陰道炎多是體內常在菌引起，但仍有少數能透過性行為感染男性，造成陰莖癢與灼熱感。

4.預防與治療

真菌性陰道炎的預防方法與細菌性陰道炎相同，詳細說明見本篇第九章第三節。治療時可口服 fungizone 或塗抹含 nystatin 、miconazole 、ketoconazole 、clotrimazole 之軟膏。

第二節　寄生蟲性陰道炎

1.症狀

根據世界衛生組織統計，每年感染寄生蟲性陰道炎 (parasitic vaginitis) 或陰道滴蟲症 (trichomoniasis) 者約 16,000,000 人，男女比例雖相同，但男性多無症狀。寄生蟲性陰道炎與真菌性陰道炎十分相似，前者的癢感更勝於後者；此外，具異味之白色、黃色或綠色液體會從陰道與陰莖排出。

2.病原菌

外型似梨之陰道滴蟲 (*Trichomonas vaginalis*) 擁有五條鞭毛，其中四條向前突出於蟲體，另一條則向後附著於蟲體表面，如圖 5.1.2 所示。此種原蟲能存活於尿液、精液、陰道分泌物中達 1 日之久，利用吸附素黏著在陰道黏膜上進行感染。

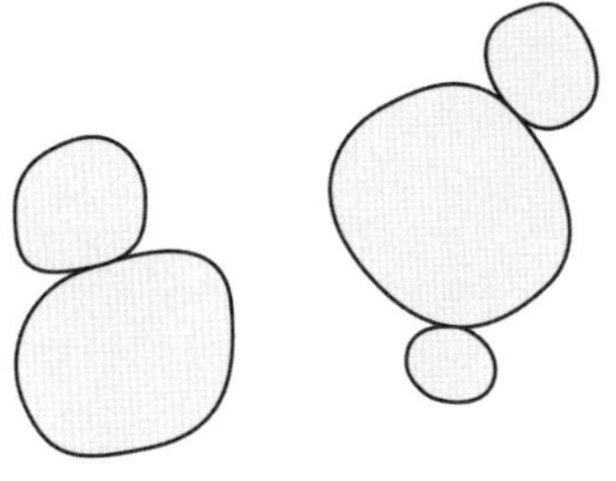

圖 7.11.1　白色念珠菌

3.預防與治療

施行安全性行為是杜絕寄生蟲性陰道炎的最佳方法，臨床治療時使用 tinidazole 或 metronidazole。值得注意的是，治癒後的再感染率極高，因此夫妻與性伴侶應同時接受治療，且應等待症狀完全消失後再有性行為。除此之外，孕婦若感染此症，胎兒恐出現早產、體重較輕等問題。

第十二章 中樞神經系統感染症

Infections of the Central Nervous System

腦 (brain) 、脊髓 (spinal cord) 組成中樞神經，兩者分別由顱骨與脊柱保護；腦可再分為大腦 (celebrum) 、小腦 (cerebellum) 、間腦 (diencephalon) 與腦幹 (brain stem) 四部分；這些構造皆有腦膜 (meninges) 覆蓋。腦膜遭受微生物感染後會出現發炎現象，臨床謂之腦膜炎 (meningitis)；若是腦或脊髓實體受到感染則為腦炎 (encephalitis)。部分病原菌會同時侵犯腦與腦膜，引起最為嚴重之腦膜腦炎 (meningoencephallitis)。

就症狀而言，腦炎與腦膜炎非常相似，如頭痛、突發性高燒、抽搐、瞻望、頸部僵硬、喪失記憶等，因此有時會混雜使用。就微生物而言，細菌性腦膜炎比病毒性腦炎嚴重，但前者能以抗生素治癒，後者不能；因此檢驗數據成為分辨兩種中樞神經感染症的重要依據。

細菌性腦膜炎患者的葡萄糖濃度低於正常值，蛋白質濃度與嗜中性白血球數目皆會上升；培養及革蘭氏染色能進一步鑑定菌種。相反地，病毒性腦炎患者的葡萄糖濃度不會改變，病變處無嗜中性白血球，蛋白質濃度稍微升高，培養或染色後不會出現細菌的蹤跡，因此亦稱無菌性腦炎 (aseptic encephalitis) 或無菌性腦膜炎 (aseptic meningitis)。

第一節　細菌性腦膜炎

1.病原菌

引起細菌性腦膜炎 (bacterial meningitis) 之細菌性病原菌因年齡層而略有不同：(1) 新生兒：大腸桿菌、無乳糖鏈球菌、單核球增多性李斯特桿菌；(2) 嬰幼兒與兒童：流感嗜血桿菌、腦膜炎雙球菌、肺炎鏈球菌；(3) 青少年與青年人：腦膜炎雙球菌、肺炎鏈球菌；(4) 其他人：肺炎鏈球菌、單核球增多性李斯特桿菌。

(1) 大腸桿菌 (*Escherichia coli*, *E. coli*)：兼性厭氧之大腸桿菌與 80% 新生兒腦膜炎 (neonatal meningitis) 有關，它是帶著 K1 莢膜的革蘭氏陰性菌，學理上常稱之為大腸桿菌 K1。此菌為陰道常在菌，再加上抗原性極弱，孕婦的免疫系統不會對它進行辨識。胎兒出生時，大腸桿菌會進入其體內，附著在腸壁上大量繁殖後侵犯血液。最終透過與腦微血管內皮細胞的結合感染中樞神經，引起嚴重病變。

新生兒腦膜炎好發於男嬰與早產兒，症狀包括發燒、厭食、嘔吐、抽蓄，較少出現頸部僵硬；部分患者出現失明、失聰、腦性麻痺等後遺症。大腸桿菌之相關敘述見本篇第三章第一節「細菌性腸胃炎」。

(2) 無乳糖鏈球菌 (*Streptococcus agalactiae*)：此種革蘭氏陽性菌在分類上屬於 B 族鏈球菌 (group B *Streptococcus*, GBS) ，它不僅擁有對抗吞噬作用之莢膜，並能分泌溶血素，破壞紅血球。臨床數據顯示，一至三成孕婦的胎盤或陰道中存有此種鏈球菌；早產兒、先天性免疫不足之新生兒若遭其感染可能出現早發型或遲發型腦膜炎。早發型腦膜炎 (early-onset meningitis) 多在出生後 12 小時至 1 週內發生，約占八成；晚發型腦膜炎 (late-onset meningitis) 出現在 6 至 90 日內，兩成感染屬於此類。

(3) 單核球增多性李斯特桿菌 (*Listeria monocytogenes*)：此菌屬於兼性厭氧型革蘭氏陽性，固著於細胞壁之周鞭毛使其具有運動能力，但溫度若上升至 37℃，菌體即靜止不動。單核球增多性李斯特桿菌的棲息處極廣，高溫 (45℃) 、低溫 (4-6℃) 、高鹽 (10-12% NaCl) 、鹼性環境中皆能繁殖。最為重要的是，它能進入胎盤感染胎兒。

感染時，菌體表面的內側蛋白 (internalin) 會吸附在宿主細胞表面，大量繁殖後入侵血液，再擴散至心臟、呼吸道、胃腸道、中樞神經等處，引起腦炎、敗血症、腸胃炎，患者通常是免疫力較差之個體。

除內側蛋白外，單核球增多性李斯特桿菌尚能利用溶血素 (listeriolysin O) 、磷脂酶 C (phospholipase C) 破壞吞噬小體的脂質雙層膜，使其不僅能存活於吞噬細胞並在其中繁殖，最後隨著單核球、巨噬細胞侵犯肝臟、脾臟與中樞神經。孕婦感染通常不會出現明顯症狀，但她的胎兒與新生兒皆會受到影響。胎兒可能出現瀰散性膿腫與敗血性肉芽腫，最後胎死腹中；新生兒可能發生腦膜炎、敗血症，存活率僅四成。

(4) 腦膜炎雙球菌 (*Neisseria meningitides*, Meningococcus)：腦膜炎雙球菌屬於嗜氧型革蘭氏陰性菌，它們經常成雙成對，如圖 7.12.1 所示。由於生長繁殖時需要轉鐵素 (transferin) 、乳鐵蛋白 (lactoferrin) ，因此同時擁有兩種物質的人類是其唯一感染對象與貯存宿主。腦膜炎雙球菌的抗性極低，遇冷、熱、鹼、日光、乾燥，皆會快速分解死亡。

腦膜炎雙球菌隨口鼻分泌物進入人體後，即以菌毛吸附至咽喉上皮細胞且開始繁殖、釋出內毒素；再利用莢膜（抗吞噬與抗補體）入侵血液，引起菌血症或更嚴重之敗血症。部分腦膜炎雙球菌甚至穿過血腦障壁層 (blood brain barrier, BBB) ，侵犯中輸神經，導致化膿性腦膜炎；患者除發燒、頭痛、噁心、嘔吐、畏光、頸部僵硬外，下肢皮膚會出現大塊斑疹。

學理上依據莢膜組成將腦膜炎雙球菌分為十三餘種，其中最常見者為 A 、B 、

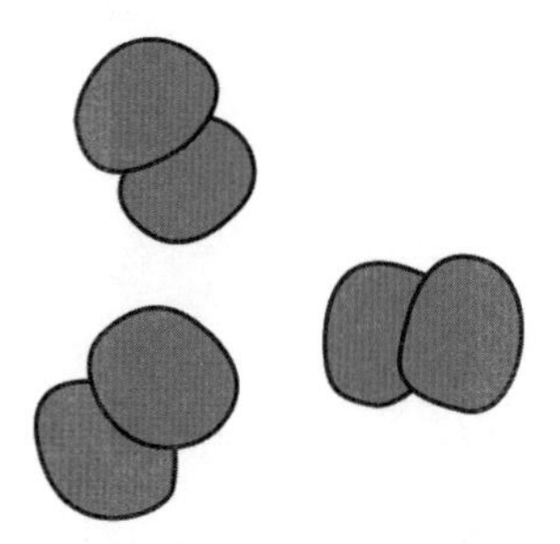

圖 7.12.1　腦膜炎雙球菌

C、Y 、W135。根據衛福部疾管署統計，這些菌株引起的病例占七成，死亡率約 10%；若出現敗血症，死亡率將升高至四成。併發症包括肺炎、關節炎、中耳炎等。部分患者痊癒後留下失聰、神經障礙等後遺症。

(5)流感嗜血桿菌 (*Haemophilus influenzae*)：幼兒型腦膜炎的元凶之一為流感嗜血桿菌，它是一種小型革蘭氏陰性菌，能存活於有氧與無氧環境中，生長時需要 V 因子 (NAD, NADP) 與 X 因子 (hemin)。其他相關敘述見本篇第一章第二節「急性咽炎」。

(6)肺炎鏈球菌 (*Streptococcus pneumoniae*)：高營養需求之肺炎鏈球菌是革蘭氏陽性菌，當它生長在血液瓊脂培養基時能產生綠色溶血環，因此屬於 α- 溶血性鏈球菌（半溶血性鏈球菌）。此菌擁有莢膜、IgA 蛋白酶、肺炎鏈球菌溶血素 (pneumolysin)，感染對象主要為嬰兒、幼兒與老年人，引起肺炎、腦膜炎、中耳炎等症。其他相關敘述見本篇第二章第二節「肺炎」。

2.傳播途徑

呼吸道、接觸。

3.預防與治療

(1)大腸桿菌：此菌的抗藥性極為嚴重，多數擁有 β- 內醯胺酶 (β-lactamase)。臨床治療前，必須對檢體中的大腸桿菌進行藥物敏感性試驗，否則可能錯失救治的黃金時間。另外，醫護人員應謹守確實洗手原則，以降低患者間交互感染的機率。

大腸桿菌性腦膜炎的療程約需 3 週，於此同時必須監控患者的聽力、視力與神經發育；出現水腦時，需做腦室引流。痊癒出院後應定期回診，繼續觀察上述三項指標，即早發現、即早治療，便能減少後遺症的發生。

(2)無乳糖鏈球菌：此菌引起之腦膜炎及其後遺症皆與大腸桿菌造成者類似，但死亡率更高。婦女倘能於懷孕達 35 週時接受「無乳糖鏈球菌」檢查，呈陽性者（陰道或直腸檢體中存有此菌）可以服用抗生素或改以剖腹方式生產，便能降低新生兒腦膜炎發生率。

患者必須接受 2 週或以上的治療，療程中的注意事項與大腸桿菌性腦膜炎相同；但無乳糖鏈球菌的抗藥性較低，因此仍對 penicillin 、cephalosporin 、erythromycin 等抗生素具感受性。

(3)單核球增多性李斯特桿菌：臨床上以 penicillin 、ampicillin 進行治療，對兩種抗生素過敏者可改用 trimethoprim/sulfamethoxazole 。

(4)腦膜炎雙球菌：第三代頭孢菌素 (cefotaxime, ceftriaxone) 為主要治療劑，四價單位疫苗（含 A, C, Y, W135 的多醣類莢膜）能預防腦膜炎雙球菌引起之腦膜炎，除非前往疫區否則不建議使用。

(5)流感嗜血桿菌、肺炎鏈球菌：兩者的抗藥性極為嚴重，治療前必須進行藥物敏感性試驗，再決定使用之抗生素。流感疫苗、肺炎鏈球菌疫苗能分別預防兩種病原菌引起的腦膜炎，它們的相關敘述見本篇第二章第一節「流感」與第二節「肺炎」。

第二節　病毒性腦炎

感染人類引起腦炎或腦膜炎的病毒固定集中在數個病毒科，本節因此不針對各別病毒進行說明，而是由病毒科切入再探討科內引起病變之成員。

1.病原菌

(1)微小 RNA 病毒科 (*Picornaviridae*)：幼兒與兒童型腦膜炎多是感染克沙奇病毒 (Coxsackievirus)、腸病毒 (enterovirus)、艾科病毒 (echovirus) 所致，它們的相關敘述見本篇第六章第九節「手足口症」。不論患者是否出現症狀，前述病毒均能自糞便排出體外，且長達兩個月之久。當個人衛生習慣不良或污水處理系統不佳時，極容易藏匿在家庭、國小、幼兒園、游泳池等處，引起臺灣夏季常見的腸病毒感染事件。幸好病毒性腦膜炎後遺症一般較輕、較少見，部分患者雖出現肢體麻痺，但皆屬短暫、可痊癒之病變。

(2)疱疹病毒科 (*Herpesviridae*)：科內的所有病毒於感染後皆潛伏在患者體內，它們受到日曬、外傷、憂鬱、癌症、愛滋病、免疫力下降等因素刺激後，即能再度活化導致症狀復發，其中之一便是腦膜炎。能引起此症者包括 EB 病毒 (EB virus)、巨細胞病毒 (cytomegalovirus)、單純疱疹病毒 (herpes simplex virus) 與水痘帶狀疱疹病毒 (varicella-zoster virus)。然而，臨床上總是將疱疹性腦膜炎 (herpes meningitis) 的病因鎖定在單純疱疹病毒，因為它引起的感染數最多，死亡率較高、後遺症亦較為嚴重，如癲癇、記憶喪失、語言障礙、性格改變等。

EB 病毒、巨細胞病毒、單純疱疹病毒之相關敘述見本篇第一章第二節「急性咽炎」，水痘帶狀疱疹病毒則參考第六章第二節「水痘與帶狀疱疹」。

(3)蟲媒病毒 (arboviruses)：此群病毒亦稱節肢動物媒介病毒 (arthropod-borne viruses)，或簡稱節攜病毒；它們利用蚊、蝨、蚤、蜱、白蛉等吸血性昆蟲為病媒 (vector)，在脊椎動物間散播。學理上所稱之蟲媒病毒計有以下四種病毒科。

A. 布尼亞病毒科 (*Bunyaviridae*)：擁有套膜、螺旋型殼體及三條 (L, M, S) 線狀雙性單股 RNA，如圖 7.12.2 所示。每條基因體上皆共價結合 RNA 複製酶 (RNA polymerase)，它是病毒複製核酸時必備的酵素。

布尼亞病毒科中能引起腦炎者包括加州腦炎病毒 (California encephalitis virus) 與拉克羅斯病毒 (La Crosse virus)，兩者皆屬於高感染性、高致死性之第三生物安全等級 (biosafety level 3, BSL 3) 病毒。

B. 黃病毒科 (*Flaviviridae*)：擁有套膜、二十面殼體與線狀正性單股 RNA（圖 7.12.3），科中能引起腦炎者包

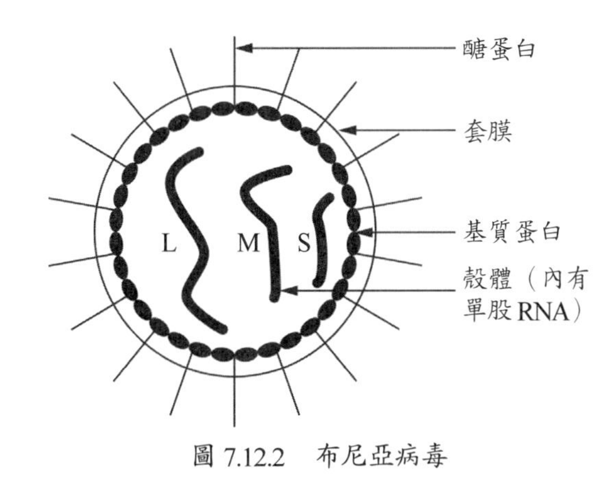

圖 7.12.2　布尼亞病毒

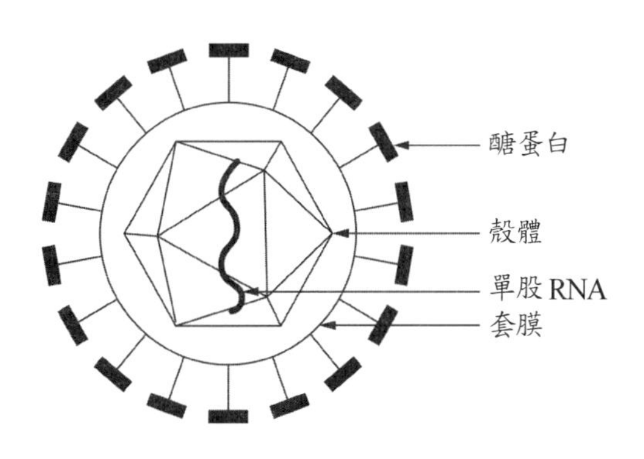

圖 7.12.3　黃病毒

括日本腦炎病毒 (Japanese encephalitis virus)、西尼羅病毒 (West Nile virus) 與聖路易腦炎 (St. Louis encephalitis virus)。

C. 套膜病毒科 (*Togaviridae*)：套膜病毒科與黃病毒科曾屬於同一病毒科，因此結構與性質十分類似；但核酸複製及轉譯順序的差異使兩者分開。套膜病毒科中的東部馬腦炎病毒 (eastern equine encephalitis virus, EEEV)、西部馬腦炎病毒 (western equine encephalitis virus, WEEV)、委內瑞拉馬腦炎病毒 (Venezuelan equine encephalitis virus, VEEV) 與腦炎的發生最為相關；其中以東部馬腦炎病毒引起的症狀最嚴重，死亡率亦最高，臨床上有時稱其為三 E 病毒 (triple E virus)。

(4) 副黏液病毒科 (*Paramyxoviridae*)：此科的成員極多，它們的共同構造包括套膜、螺旋形殼體、線狀負性單股 RNA、融合蛋白。套膜上的附著蛋白卻有些許不同，例如痲疹病毒擁有的是血球凝集素 (hemagglutinin, H)、副流感病毒與腮腺炎病毒擁有血球凝集素神經胺酸酶 (hemagglutinin-neuraminidase, HN)，其他病毒擁有的則是醣蛋白。

副黏液病毒科內能引起腦炎者有痲疹病毒 (measles virus)、立百病毒 (Nipah virus)、亨德拉病毒 (Hendra virus)。

A. 痲疹病毒：感染後腦炎、急性漸進性腦炎、亞急性硬化性泛腦炎皆與痲疹病毒有關，詳細敘述見本篇第六章第二節「痲疹」。

B. 立百病毒：1999 年於新加坡與馬來西亞發現的新病毒，飛蝠是它的天然宿主。目前所知的傳播過程始於飛蝠啃食水果，沾有飛蝠涎沫的水果落地後為豬隻所食，遭受感染的豬隻再將病毒傳給飼主；但出現症狀的飼主不會將病原菌傳給其他人，因此疫情仍局限在東南亞。值得注意的是，利百病毒引起的腦炎致死率極高。

C. 亨德拉病毒 (Hendra virus)：此種病毒的出現較立百病毒早五年，疫區為澳洲，它是一種人畜共通病原菌 (zoonotic pathogens)，構造、特性、附著蛋白、天然宿主皆與立百病毒相同；但感染的主要對象為馬，人類多是接觸病獸後感染。症狀包括肺水腫、肺出血以及腦膜炎，死亡率高達六成以上（圖 7.12.4）。

(5) 砂狀病毒科 (Arenaviridae)：擁有套膜、螺旋形殼體，以及兩條 (L, S) 線狀雙性單股 RNA ，如圖 7.12.5 所示。淋巴脈絡叢腦炎病毒 (lymphocytic choriomeningitis virus, LCMV) 是砂狀病毒科中，藉鼠類分泌物與排泄物感染人類之第四級生物安全等級病毒，它能破壞腦膜與腦組織，引起淋巴脈絡叢腦炎 (lymphocytic choriomeningitis)，死亡率極高。

(6) 桿狀病毒科 (Rhabdoviridae)：外型似子彈（圖 7.12.6）之桿狀病毒擁有套膜、螺旋形殼體、負性線狀單股 RNA。科中的狂犬病毒 (rabies virus) 能感染犬、貓、貂、浣熊、鼬獾等寵物或動物，引起狂犬病 (rabies)。值得一提的是，所有病獸中，蝙蝠體內的病毒含量最高。狂犬病毒自咬傷處進入人體或動物體內後，即利用套膜上的醣蛋白 (G) 結合至乙醯膽鹼接受器，接著啟動複製。當病毒數增加至一定量時，便由周邊神經進入腦與脊髓並繼續繁殖。人類的潛伏期自數週至數月，動物的潛伏期較短，約 10 日左右。

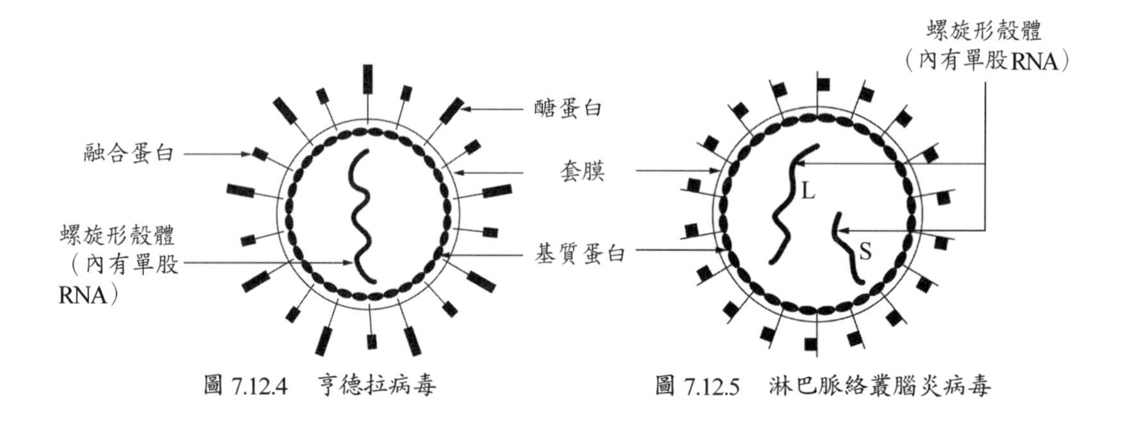

圖 7.12.4　亨德拉病毒

圖 7.12.5　淋巴脈絡叢腦炎病毒

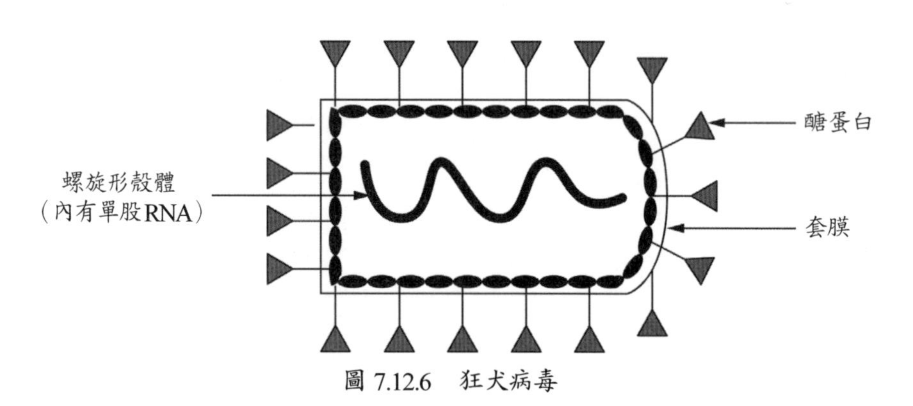

圖 7.12.6　狂犬病毒

狂犬病的初期症狀包括發燒、倦怠、不適等，之後咬傷處出現癢與刺痛感。當病毒對中樞神經展開破壞之際，症狀進入急性期，由沮喪、煩躁激動轉為狂暴、失眠、產生幻覺，死亡率接近100%。病程中患者雖覺口渴但因喉部肌肉收縮疼痛而無法喝水，導致見水時經常出現恐懼感，臨床上因此稱之為恐水症 (hydropobia)。值得注意的是，病獸或患者即便未出現症狀，唾液中已含有病毒，因此具感染力。

2.預防與治療

(1)微小 RNA 病毒科

腸病毒、EB 病毒、克沙奇病毒的預防與治療見本篇第六章第九節「手足口症」。

(2)疱疹病毒科：目前仍無疫苗預防，因此僅能藉提高個人免疫力，以減少復發之機率。

(3)蟲媒病毒：無預防性疫苗與治療藥物可供使用，消滅病媒，避免被叮咬是最佳的預防方法。

(4)副黏液病毒科

A. 麻疹病毒：接種活減毒疫苗（MMR 三合一疫苗）不僅能預防麻疹，亦能有效預防麻疹病毒引起的腦炎。

B. 立百病毒：預防性疫苗仍在研發中，臨床上以 ribavirin 治療患者。

C. 亨德拉病毒：目前已有動物用疫苗問世。馬施打此種單位疫苗 (subunit vaccine) 後便不會遭受飛蝠口沫中亨德拉病毒的感染。自然的傳播鏈（飛蝠→馬）一旦被打破，人類即可免於感染。

(5)淋巴脈絡叢腦膜炎病毒：無疫苗、亦無治療藥物，捕鼠、妥善處理鼠屍、維護家中及環境清潔，皆能有效阻止病毒的感染。

(6)狂犬病毒：此種病毒引起之感染症雖有近 100 % 的死亡率，卻是預防率最高的疾病。為寵物施打活減毒型疫苗 (live-attenuated vaccine)、減少寵物與野生動物接觸之機會、主動舉報流浪動物與染病動物等，皆能有效杜絕狂犬病。被動物咬傷後應立即前往醫院、清洗傷口，再由醫師決定治療的必要性。治療時先注射免疫球蛋白，再注射非活性疫苗 (inactivated vaccine)。

第三節　真菌性腦炎

皮膚與生殖泌尿道感染症的篇章中曾提及真菌極少感染免疫力正常的個體，此節所論之真菌性腦炎 (fungal encephalitis) 或真菌性腦膜炎 (fungal meningitis) 亦然。病原菌經空氣進入免疫力不足者體內，繁殖後利用血流侵犯中樞神經，引起發燒、頭痛、噁心、嘔吐、頸部僵硬等典型腦災之症狀。

1.病原菌

(1)新型隱球菌 (*Cryptococcus neoformans*)：代謝過程中能產生尿素之新型隱球菌屬於酵母菌型真菌，它可以長時間存在土壤、鴿糞與腐木中；當人類進行翻土播種或清除鴿糞時，此菌即隨著揚起的微塵進入肺臟。肺巨噬細胞會將其吞食，但有著肥厚莢膜的保護，新型隱球菌不僅能在其中大量繁殖，甚至隨巨噬細胞進入血液再直搗中樞神經，引起嚴重腦部病變。若未及時接受治療，死亡率恐高達 100%。

(2) 莢膜組織漿菌 (*Histoplasma capsulatum*)：此種真菌具有二型性，20-30℃下呈菌絲型，利用孢子繁殖後代。進入肺部後轉變為酵母菌型，菌體外包覆莢膜，能以出芽生殖增加菌數。莢膜組織漿菌會續留肺臟或進入血流，再擴散至全身，引起腦膜炎、心內膜炎、胃腸道潰瘍等症。

(3) 皮炎芽生菌 (*Blastomyces dermatitidis*)：它亦是一種二型性真菌，環境中為菌絲型、宿主體內呈酵母菌型。皮炎芽生菌的感染途徑與莢膜組織漿菌相同，但症狀較為嚴重，肺內與肺外均有，醫學上謂之芽生菌症 (blastomycosis)，由於病程發展快速，若未即時接受治療，恐有死亡之虞。值得注意的是，部分感染者即便接受治療，死亡率仍在四成以上，例如愛滋病患、心肺功能不佳的個體。

(4) 粗球孢子菌 (*Coccidioides immitis*)：粗球孢子菌雖屬於二型性真菌，但它在宿主體內卻非典型之酵母菌型，而是具厚壁之球型體，每個球體內約含近百個孢子。粗球孢子菌經呼吸道感染人類，因此症狀多在肺部；少數患者出現腦膜炎，病灶處可見肉芽腫。

2.傳播途徑

真菌的孢子經呼吸道進入肺部，繁殖後進入中樞神經引起腦炎、腦膜炎，它不會在人與人之間傳播。

3.預防與治療

臨床治療時通常會使用 azole 類，如 fluconazole、itraconazole；症狀嚴重時需改用 amphotericin B。翻土、清除鴿糞時需穿戴保護性衣物，避免遭受感染。

第四節　寄生蟲性腦炎

1.病原菌

(1) 弓蟲 (*Toxoplasma gondii*)：此種單細胞寄生蟲存在多種溫血動物體內，其中與人類關係最密切者為貓。弓蟲的卵囊經貓糞排出體外、進入環境，它能污染土讓、食物或水源，人、牛、羊、豬、鳥、鼠等誤食後，可能出現弓蟲症 (toxoplasmosis)，其病變緩和且數日內即可緩解。免疫功能不佳者遭受感染，症狀將較為嚴重，如發燒、頭痛、抽搐。其他相關敘述見本篇第二章第二節「肺炎」。

(2) 福氏內格里氏阿米巴原蟲 (*Naegleria fowleri*)：擁有鞭毛（圖 7.12.7），在水域中自由營生；人類游泳、跳水或泡溫泉時不慎吸入含有此原蟲之水霧，可能出現原發型原蟲性腦膜腦炎 (primary ambic miningoencephalitis, PAM)。初期症狀為發燒、頭痛、頸部僵硬，之後病情急轉直下，導致近 100% 之死亡率。

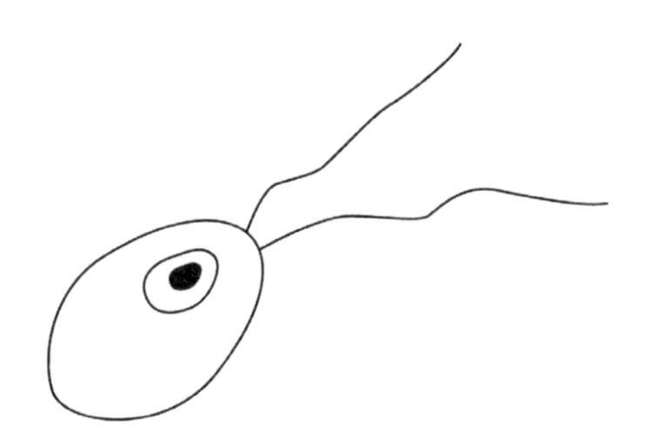

圖 7.12.7　福氏內格里氏阿米巴原蟲

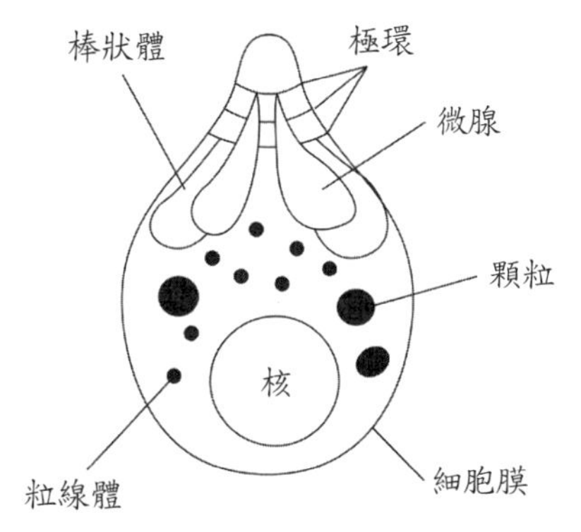

圖 7.12.8　瘧原蟲的裂殖體

此種腦膜炎不會在人與人之間傳播。值得一提的是，人類亦極少因飲用遭此原蟲污染之水而染病。

(3) 惡性瘧原蟲 (*Plasmodium falciparum*)：此種原蟲亦稱熱帶瘧原蟲，它是所有瘧原蟲（卵型瘧原蟲、間日瘧原蟲、三日瘧原蟲、惡性瘧原蟲）中感染力最強者。瘧原蟲的生活史極其複雜，包括有性生殖期與無性生殖期。

A. 有性生殖期（孢子生殖期）：存在瘧蚊胃內的雄配子與雌配子結合形成卵囊，再利用多分裂法產生大量孢子，囊壁破裂後孢子釋出、進入瘧蚊的口器。

B. 有性生殖期：瘧蚊叮人時口器中的孢子會進入血液，接著入侵肝細胞，並在其中轉形為裂殖體，如圖 7.12.8 所示；裂殖體分裂後產生許多裂殖子，它們在肝細胞破裂後釋出再感染紅血球。部分裂殖子會轉形為雌、雄配子，二者在瘧蚊叮咬患者之際進入蚊體內，由此開始新的生活史。全球人口中約有四成生活在瘧疾 (malaria) 疫區中，每年感染者近三億人，死亡率約 1% ，患者多是 5 歲以下的非洲幼童。潛伏期 7 至 30 日，瘧疾的典型症狀為寒顫、高燒、出汗，由於紅血球不斷遭受破壞，最後發生貧血。若病原菌為惡性瘧原蟲時，可能引起瘧疾重症 (severe malaria)；除上述症狀外，患者亦會出現痙攣、昏迷（腦性瘧疾）、肺水腫、腎衰竭、休克、黃疸。

2.預防與治療

(1) 弓蟲

A. 預防

(a) 避免飲用生水，肉類必須煮熟，水果、蔬菜應充分洗淨，以不同砧板切熟食與生食，確實清洗流理臺，尤其在處理生肉後。

(b) 養貓人士應每日更換貓砂且將其置於戶外，以罐頭或飼料作為貓食，不可餵以生肉或未煮熟之肉品。

(c) 免疫力較差者（包括孕婦）不要自行處理貓砂及其排泄物，勿接觸或接受流浪貓。

B. 治療：治療劑包括 pyrimethamine 、sulfadiazine 、folinic acid。

(2) 福氏內格里氏阿米巴原蟲

A. 預防：游泳、跳水、泡溫泉時可以使用鼻夾，避免水或水霧進入鼻腔內；炎熱、水溫高或低水位時切勿進行水上活動，理由是此時水中的福氏內格里氏阿米巴原蟲含量偏高。

B. 治療：此種原蟲引起的腦膜腦炎幾乎無藥可醫，近來發現抗利什曼原蟲症之製劑 (miltefosine) 與其他藥物併用時，對福氏內格里氏阿米巴原蟲具些許抑制效果。

(3) 瘧原蟲

A. 預防：臺灣已非瘧疾疫區，必須前往東南亞、中東、非洲等瘧疾好發地洽公或常住時，應隨時注意衛福部疾管署發布之瘧疾相關資訊，行前一個月需服用預防藥物，如 doxycycline 、chloroquine 、mefloquine。使用蚊帳、穿著淺色衣褲、傍晚至次日清晨減少外出能有效預防瘧蚊叮咬。

B. 治療：部分瘧原蟲已具有抗藥性，治療時需注意患者的症狀是否改善。

(a) 一般瘧疾：artequin 、hydrochloroquine、mefloquine、primaquine。

(b) 瘧疾重症：artesunate（孕婦不可使用）、quinine。

第五節　其他

本節中所列的兩種疾病與前述感染症不同，它們不會引起腦膜或腦實體發炎，而是干擾神經傳導。

1. 破傷風

(1) 症狀：破傷風 (tetanus) 的潛伏期約 3-21 日，感染處距離中樞神經愈遠，潛伏期愈長，死亡率亦愈低。症狀包括高燒、出汗、抽搐、角弓反張、血壓上升、頸部與腹部肌肉僵硬等；若要恢復正常，恐需數月之久。嚴重者可能因心肌衰竭、呼吸衰竭而亡。

以上所述為最常見之全身性破傷風 (generalized tetanus)，約占病例數的八成，死亡率最高。相同症狀若出現在新生兒，即謂之新生兒破傷風 (neonatal tetanus) 或簡稱臍帶風。另有兩型較為少見，一是局部型破傷風 (local tetanus)，患者的傷口周圍肌肉出現持續性抽搐；二是頭部型破傷風 (cephalic tetanus)，引起顏面肌肉收縮、抽搐。

(2) 病原菌：破傷風桿菌 (*Clostridium tetani*) 屬於革蘭氏陽性菌，擁有周鞭毛與末端芽孢，外形極似鼓棒，如圖 7.12.9 所示。此菌存在土壤與動物的腸道中，它能經傷口感染人類。在低氧、鈣離子與化膿性球菌三種條件下存在，芽孢會萌芽為繁殖體，分裂後即釋出兩種外毒素，破傷風溶血素 (tetanolysin) 與破傷風痙攣毒素 (tetanospasmin) 前者能破壞組織。

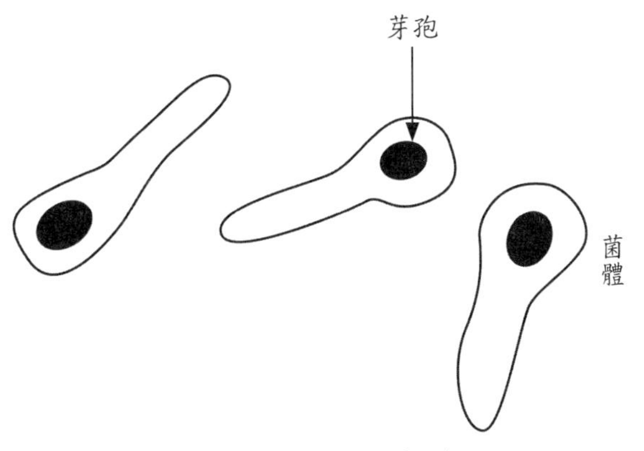

圖 7.12.9　破傷風桿菌

痙攣毒素是一種由菌體內的質體 (PE88) 製造的神經毒素 (neurotoxin)，結構分為 A 、B 兩部分，B 與神經元膜結合後，A 即開始進行破壞。它先取道血液或淋巴，再進入周邊神經，接著逆行而上進入中樞神經，干擾抑制性傳導物質 (GABA, glycin) 的作用，造成肌肉強直收縮。除骨骼肌外，平滑肌亦受影響。

(3) 傳播途徑

A. 新生兒破傷風：用於剪斷臍帶之醫療器械若遭汙染且未滅菌完成，即成為最佳傳播媒介。此症多發生在開發中國家。

B. 其他型破傷風：皮膚傷口是最主要的傳播途徑，但部分個體是因存在中耳的破傷風桿菌感染所致，極為罕見。

(4) 預防與治療

A. 預防：接種 DPT 或 DaPT 三合一疫苗，詳細說明見本篇第一章第六節「白喉」。

B. 治療：清洗傷口，清除壞死缺氧的組織；患者若出現抽搐必須給予維生輔助器。注射破傷風免疫球蛋白 (tetanus immune globulin, TIG) 亦屬必要，它能抑制血中破傷風毒素的作用。除此之外，患者尚需接受抗生素 (penicillin) 治療，目的是殺死感染處的病原菌。

2. 肉毒桿菌症

(1) 症狀：肉毒桿菌症 (botulism) 是感染肉毒桿菌後發生的鬆弛性痲痺 (flaccid paralysis)，它恰與破傷風桿菌造成的強直性痲痺相反（見前段說明）。臨床上依據年齡與感染途徑分為以下三種。

A. 創傷型肉毒桿菌症 (wound botulism)：較少見，患者多是吸毒者；肉毒桿菌經多次且重複注射毒品處進入人體所致，症狀包括複視、視力模糊、無法言語、眼皮下垂、吞嚥與呼吸困難等。

B. 食因型肉毒桿菌症 (foodborne botulism)：最為常見，吃入含肉毒桿菌毒素之食物後 18-36 小時（可能更短或更長），即出現上段所述之症狀。此外，尚有噁心、嘔吐、便秘、腹部絞痛、肌肉無力。

C. 新生兒型肉毒桿菌症 (neonatal botulinum)：好發於喝蜂蜜之嬰兒，初始症狀為便秘，接著出現煩躁、倦怠、流涎、哭聲微弱、無法進食等症狀。

(2)病原菌：肉毒桿菌 (*Clostridium botulinum*) 的屬性、外型、構造、棲息處皆與破傷風桿菌相同，它從傷口或腸道入侵人體，繼而由芽孢轉形為繁殖體，分裂後釋出能對抗腸道酵素之肉毒桿菌毒素 (botulinum toxin)。此種毒素會進入血液，接著由周邊神經侵犯中樞神經；它能抑制神經終端釋放乙醯膽鹼，導致肌肉無法收縮而呈現無力或麻痺的狀態。如此的特性被應用在去除顏面皺紋上。

肉毒桿菌毒素計有七型 (A-H)，其中與人類疾病有關者為 A（毒性最強）、B、E、F、H，引起食物中毒者則為 A、B、E 三型。

(3)傳播途徑

傷口、毒品注射處，含毒素或肉毒桿菌的食物，例如蜂蜜、罐頭、臘肉、香腸、真空包裝食品。

(4)預防與治療

A. 預防：家庭或食品工廠在製備食物時必須妥善謹慎，儘量不要餵嬰兒蜂蜜。購買罐頭時需注意外觀及賞味期，若有凸起或變形絕對不可食用。

B. 治療：一旦出現疑似症狀，必須盡早住院接受治療，包括注射肉毒桿菌抗毒素、使用呼吸補助器等。

第十三章　眼、耳感染症

Eye and Ear Infections

「眼」是人類通往世界的靈魂之窗，構造包括角膜 (cornea)、瞳孔 (pupil)、虹膜 (iris)、結膜 (conjunctiva)、前房 (anterior chamber)、水晶體 (lens)、視網膜 (retina)、玻璃體 (vitreous body)、視神經 (optic nerve) 等。

眼感染症已是臨床常見的疾病，如角膜炎、結膜炎、角膜結膜炎。以往，它們多是細菌、病毒與真菌引起的感染症，而今寄生蟲相關眼疾已不再罕見，理由是人們使用隱形眼鏡頻率變高，卻未妥善清洗。除此之外，砂眼與河川盲亦屬不容忽視的病變，每年因兩種感染症而失明者恐有數百萬之譜。

第一節　角膜炎

人們經常將角膜炎 (keratitis) 與結膜炎 (conjunctivitis) 混為一談，但二者的感染處不同，症狀亦不同，前者通常較後者嚴重。

1.症狀

角膜內無血管分布，一旦發生感染，嗜中性白血球等抗發炎細胞無法適時前往處理，使病程變長、恢復變緩。常見的症狀包括疼痛、畏光、流淚、強烈異物感、視力模糊、眼睛無法睜開，但分泌物較少；嚴重發炎會引起潰瘍，造成失明。發炎處若向下擴散，則會留下白色混濁不透明的瘢痕，若擋住瞳孔視力恐受影響，嚴重角膜發炎導致的潰瘍，造成失明的機率極高。

2.病原菌

感染角膜的微生物有：(1) 細菌：綠膿桿菌 (*Pseudomonas aeruginosa*)、金黃色葡萄球菌 (*Staphylococcus aureus*)、化膿性鏈球菌 (*Streptococcus pyogenes*)；(2) 病毒：單純疱疹病毒 (herpes simples virus)、水痘帶狀疱疹病毒 (varicella-zoster virus)；(3) 真菌：麴菌 (*Aspergillus* spp.)、念珠菌 (*Candida* spp.)；(4) 寄生蟲：棘阿米巴原蟲 (*Acanthamoeba*)，臨床上稱其引起之感染症為棘阿米巴角膜炎。

3.傳播途徑

(1) 棘阿米巴角膜炎：好發於戴隱形眼鏡者，此症多是清洗鏡片不當或戴者隱形眼鏡進行水上活動所致。棘阿米巴原蟲普遍存在水域中，若手、眼鏡盒、清洗劑中含有此種原蟲，便能轉移至隱形眼鏡的鏡片上。

(2) 黴菌性角膜炎：鋤草或栽種植物時，含有真菌孢子之碎屑進入眼睛，或是以沾有泥土的雙手擦揉眼睛。

(3) 病毒性角膜炎：親吻、性行為等親密接觸是傳播此症的主要途徑，新生兒在產道中感染單純疱疹病毒亦可能出現角膜炎。

4.治療

(1) 細菌性角膜炎：使用具療效之抗生素眼液、眼膏。

(2) 病毒性角膜炎：以 acyclovir 治療，但單純疱疹病毒與水痘帶狀疱疹病毒皆會潛藏在神經節中，因此即便痊癒亦有復發之虞。

(3) 真菌性角膜炎：症狀輕者以 natamycin 治療，重者以 amphotericin B 、fluconazole 或 voriconazole 治療；若仍無效果則需借助手術，有時甚至需依賴移植角膜才能重見光明。

(4) 棘阿米巴角膜炎：此症治療不易，有時必須併用手術與藥物才能見效；臨床上常用的藥物包括陽離子消毒劑 (chlorhexidine, polyhexamethyl biguanide)、芳香族雙胺、胺基醣苷類抗生素 (neomycin, paromomycin)。

第二節　結膜炎

1.症狀

結膜覆蓋整個眼球，它若遭受微生物感染，3 日至 2 週內可能出現結膜炎 (conjunctivitis) 或出血性結膜炎 (hemorrhagic conjunctivitis)。此症好發於夏日，俗稱紅眼症 (pink eye)，患者的症狀包括紅、腫、疼痛、畏光、淚液增加。

2.病原菌

引起結膜炎的微生物有：(1) 細菌：淋病雙球菌 (*Neisseria gonorrhoeae*)、金黃色葡萄球菌 (*Staphylococcus aureus*)、化膿性鏈球菌 (*Streptococcus pyogenes*)、砂眼披衣菌 (*Chlamydia trachomatis*)D-K 血清型；(2) 病毒：腺病毒 (adenovirus)、腸病毒 (enterovirus)70 型、克沙奇病毒 (Coxsackie virus)A24 型；(3) 真菌：麴菌 (*Aspergillus*)；(4) 寄生蟲：微孢子蟲 (*Microsporidium* spp.)。以上微生物已於其他章節中詳細說明，此處不再贅述。

3.傳播途徑

接觸患者眼分泌物或遭受污染的固體媒介物，如毛巾、臉盆、門把、水龍頭、游泳池水等。值得一提的是，砂眼披衣菌與淋病雙球菌感染婦女後會進入陰道，分娩時，兩種病原菌便能感染經過產道的新生兒引起結膜炎。臨床上常稱淋球菌性新生兒眼炎為膿漏眼。

4.治療

(1) 細菌性結膜炎：塗抹含有抗生素（如 tobromycin 、penicillin）的眼藥即可，對 penicillin 過敏或不能使用者（新生兒）可改用 erythromycin。砂眼披衣菌引起之結膜炎，必須以 tetracycline 或 erythromycin 治療，且需連續治療三週以上才見效。

(2) 病毒性結膜炎：使用含類固醇之眼藥以減緩症狀。

(3) 真菌性結膜炎：較為少見，一般以 fluconazole 眼藥連續治療 3-4 週。

(4) 寄生蟲性結膜炎：極為罕見，治療時可使用類固醇眼藥。

第三節　砂眼

砂眼 (trachoma) 是失明的主因之一，它的發現可以追溯至三千年前。就病理學而言，砂眼是一種慢性角膜結膜炎 (chronic keratoconjunctivitis)，目前流行於亞洲、非洲、中東、拉丁美洲、太平洋群島等處。臺灣曾經是砂眼的重要疫區，經過積極預防與治療，如今已少有聽聞。

1.症狀

砂眼的潛伏期約 5-12 日，初始症狀為紅腫、疼痛、懼光、流淚、分泌物增加。之後上眼瞼黏膜出現濾泡，角膜長出新血管。發炎反應緩解後出現睫毛倒插、眼皮內翻、角膜糜爛、結膜結痂，若未接受治療，角膜會混濁、眼皮會變形，其結果將是無可避免之「失明」。砂眼的病程發展極緩，再加上初期症狀與角膜炎、結膜炎十分類似，因此常被誤診或忽視。

2.病原菌

砂眼披衣菌 (*Chlamydia trachomatis*) A 、B 、Ba 、C 型皆是砂眼的病因，它無法合成能量，因此屬於細胞內絕對寄生菌；詳細說明見本篇第二章第二節「肺炎」。

3.傳播途徑

直接接觸患者的眼、鼻與喉，接觸遭砂眼披衣菌污染的固體表面，或是機械型病媒（蒼蠅）將患者病變處的砂眼披衣菌攜至健康人的眼與口鼻。

4.預防與治療

口服抗生素 (azithromycin) 、塗抹抗生素 (tetracycline) 眼膏。世衛組織為降低砂眼罹患率，特別提出 SAFE(surgery, antibiotics, facial cleanliness, enviranmental change) 預防計畫，其中之一便是以造價較高的 azithromycin 取代過去常用之口服型 tetracycline ，解決孕婦、嬰幼兒忌用之問題。值得注意的是，藥物不容易進入感染細胞，因此必須連續治療六週以上才有效果。

第四節　河川盲

河川盲 (river blindness) 是蟠尾絲蟲幼蟲引起的眼疾，感染者多集中在非洲與中南美洲。

1.症狀

微絲蟲經血液移行至角膜，初時引起點狀病變，繼而出現角膜與鞏膜發炎，導致組織增生，逐漸遮蔽角膜。虹膜接著出現病變，使瞳孔發生變形、移位，最後造成失明。

2.病原菌

蟠尾絲蟲 (*Onchocerca volvulus*) 是河川盲的主因，美洲與非洲皆有其蹤跡；黑蠅叮咬時能將體內的微絲蟲帶進人體的血液中，引起皮膚與眼睛的病變；詳細敘述見本篇第八章第三節「寄生蟲性皮膚、肌肉感染症」。

3.傳播途徑

黑蠅叮咬。

4.治療

臨床上以 DEC 、ivermectin 治療，但前者的副作用較大，後者的療效較緩。

第五節　中耳炎

解剖學將「耳」分為三個部分：(1) 外耳 (outer ear)：由耳廓 (pinna) 、外耳道 (external auditory canal) 組成；(2) 中耳 (middle ear)：包括鼓膜 (eardrum) 、砧骨 (anvil) 、鎚骨 (malleus) 、鐙骨 (stirrup)；(3) 內耳 (inner ear)：耳蝸 (cochlea) 、半規管 (semicircular canala)、歐氏管 (Eustachian tube) 、聽神經 (auditory nerve)。外耳與中耳能傳導聲波，負責聽覺；內耳是聲波與平衡刺激接受器，因此主宰聽覺與平衡感。

中耳是最常發生感染的部位，臨床謂之中耳炎 (otitis media) ，此症好發於六歲以下嬰幼兒，理由是他們的歐氏管（耳咽管）較短、較寬、較平。一旦發生流感、咽炎、鼻竇炎等呼吸道感染症時，病原菌極容易因鼻涕倒流而逆行至歐氏管，再入侵中耳腔引起病變。

1.症狀

中耳炎的症狀為發燒、焦躁、厭食、耳痛、耳漏 (otorrhea) 、分泌物增加、聽力變差；耳腔積水若未完全退去，復發率將向上攀升。由於患者多是無法清楚表達之嬰幼兒，因此父母必須在孩子發生呼吸道感染後注意其行為，若出現哭鬧或出現拍動耳朵時應立即就醫。治療若不當、延誤，或經常復發，極可能造成耳鳴、頭暈、重聽、平衡感變差、顏面神經麻痺等後遺症。

2.病原菌

中耳炎多是感染肺炎鏈球菌 (*Streptococcus pneumoniae*) 、流感嗜血桿菌 (*Haemophilus influenzae*) 所致，兩種細菌的詳細說明見本篇第二章第二節「肺炎」以及第一章第二節「急性咽炎」。

3.傳播途徑

呼吸道。

4.預防

接種肺炎鏈球菌疫苗或流感嗜血桿菌疫苗能有效預防，其他如加強幼兒免疫力、降低呼吸道感染症的發生率、使用空氣清淨器減少過敏原等，亦能減少中耳炎。

5.治療

臨床治療中耳炎時會使用抗生素治療 1 至 2 週，但引起此症之病原菌已有嚴重抗藥性，再加上過敏亦能引起中耳炎，醫師因此建議先使用鎮痛解熱劑、再觀察 2-3 日，症狀若更嚴重再使用適當、適量之抗生素。

國家圖書館出版品預行編目資料

實用微生物免疫學／汪蕙蘭著. -- 三版. --
臺北市：五南, 2016.03
面； 公分
ISBN 978-957-11-8533-0（平裝）

1.免疫學 2.微生物學

369.85 105002550

5K20

實用微生物免疫學

作　　者 — 汪蕙蘭（54.1）
發 行 人 — 楊榮川
總 經 理 — 楊士清
總 編 輯 — 楊秀麗
副總編輯 — 王俐文
責任編輯 — 金明芬
封面設計 — 斐類設計工作室
出 版 者 — 五南圖書出版股份有限公司
地　　址：106台北市大安區和平東路二段339號4樓
電　　話：(02)2705-5066　　傳　　真：(02)2706-6100
網　　址：http://www.wunan.com.tw
電子郵件：wunan@wunan.com.tw
劃撥帳號：01068953
戶　　名：五南圖書出版股份有限公司
法律顧問　林勝安律師事務所　林勝安律師
出版日期　2006年6月初版一刷
　　　　　2011年3月二版一刷
　　　　　2016年3月三版一刷
　　　　　2020年3月三版二刷
定　　價　新臺幣400元